数字中国·数字经济创新规划教材

刘征驰　编著

MACHINE LEARNING
AND ECONOMIC BIG
DATA ANALYSIS
BASED ON PYTHON

# 机器学习与经济大数据分析

## 基于 Python 实现

北京大学出版社
PEKING UNIVERSITY PRESS

图书在版编目（CIP）数据

机器学习与经济大数据分析：基于 Python 实现 / 刘征驰编著. —北京：北京大学出版社，2024.4

数字中国·数字经济创新规划教材

ISBN 978 - 7 - 301 - 34972 - 4

Ⅰ. ①机… Ⅱ. ①刘… Ⅲ. ①机器学习 – 教材②信息经济学 – 教材 Ⅳ. ①TP181②F062.5

中国国家版本馆 CIP 数据核字（2024）第 075142 号

| | |
|---|---|
| 书　　　　名 | 机器学习与经济大数据分析：基于 Python 实现<br>JIQI XUEXI YU JINGJI DASHUJU FENXI：JIYU Python SHIXIAN |
| 著作责任者 | 刘征驰　编著 |
| 责 任 编 辑 | 高 源　周 莹 |
| 策 划 编 辑 | 裴 蕾 |
| 标 准 书 号 | ISBN 978 - 7 - 301 - 34972 - 4 |
| 出 版 发 行 | 北京大学出版社 |
| 地　　　　址 | 北京市海淀区成府路 205 号　100871 |
| 网　　　　址 | http://www.pup.cn |
| 电 子 邮 箱 | 编辑部 em@ pup.cn　总编室 zpup@ pup.cn |
| 新 浪 微 博 | @北京大学出版社　@北京大学出版社经管图书 |
| 电　　　　话 | 邮购部 010 - 62752015　发行部 010 - 62750672　编辑部 010 - 62750667 |
| 印 刷 者 | 北京鑫海金澳胶印有限公司 |
| 经 销 者 | 新华书店 |
| | 720 毫米 ×1020 毫米　16 开本　19.75 印张　433 千字 |
| | 2024 年 4 月第 1 版　2024 年 12 月第 2 次印刷 |
| 定　　　　价 | 65.00 元 |

PREFACE

　　党的二十大提出要"促进数字经济和实体经济深度融合",数据是推动数字经济发展的关键要素,而数据分析能力是当今社会各领域专业人才不可或缺的重要技能。经济大数据分析是一个涉及经济学、数学和信息科学的交叉应用领域。传统宏微观经济分析中,面对的往往是统计年鉴和财务报表等人工处理的"小数据"。而在新兴技术赋能下,现代社会对经济运行的掌控更依赖于海量且多维的"大数据"采集与处理。相对于仅关注模型"解释"能力的计量经济学方法,机器学习方法更关注模型的"预测"能力,擅于从历史数据中抽离出普遍规律并指导未来,因而是挖掘经济大数据金矿的一把利器。

　　本书力求系统全面地展示机器学习模型原理及它在经济大数据分析中的应用,同时在内容编排上追求理论和实践的一种平衡。具体而言,不仅从"道"的层面阐释经济大数据分析的理论基础——各类机器学习算法的理论内涵与适用范围;而且从"术"的层面传授经济大数据分析的应用实践——基于实际业务场景,运用 Python 工具包构建算法模型并评估调优。对于每个具体的机器学习模型,通常会以一个简洁的例子引入其应用场景,然后通过数学建模介绍算法的内在逻辑并辅以核心代码实现,最后结合实际业务场景展示模型应用效果。

　　与现有类似教材相比,本书具有以下两大特色:

　　第一,巧妙地将机器学习建模普遍原理分散融入各类模型介绍中。与同类教材相似,本书也采用每章一个模型的方式组织章节内容。然而,相较于掌握单个模型原理,深刻领会贯通性的机器学习建模思想更为重要。因此,本书采用了一种独创性的内容组织方式,即将模型介绍与建模思想两类知识点进行合理地穿插搭配。例如,"线性回归与模型拟合""支持向量机与核函数"和"决策树与集成学习"等。这有利于读者在掌握各类典型算法原理的同时,"润物细无声"地体会到隐藏于模型背后的机器学习建模核心思想,有效降低学习成本。

第二,特别注重模型原理、代码实现与应用场景的紧密结合。纵观市面上同类教材,由统计学专家编写的教材往往偏重模型数学原理,由计算机专家编写的教材大多注重算法代码实现,而由行业领域专家编写的教材则更偏重具体应用场景。本书尝试以通俗易懂的方式阐述机器学习模型原理,再结合应用场景给出核心实现代码,力图达到理论、技术与应用的融汇贯通。

本书共分为 8 章,各章内容相对独立,但前后又多有联系,主要内容如下:

第 1 章为"经济大数据分析概论"。本章介绍了大数据的基本概念、特征及其产业链发展现状。机器学习以大数据为基础,通过从数据中识别模式和规律,完成预测、分类、聚类等任务。机器学习的应用场景十分广泛,在经济数据分析领域也发挥着越来越重要的作用。

第 2 章为"机器学习与数据分析"。本章介绍了机器学习的关键要素和 sklearn 工具包的基本框架,并通过一个简洁的案例展示了经济大数据分析的一般流程。作为对后续学习的铺垫,本章内容"麻雀虽小,五脏俱全",可看作全书结构的一个缩影:机器学习理论、算法代码实现和场景应用实践。

第 3 章为"线性回归与模型拟合"。本章介绍了机器学习中最基础却也最重要的模型——线性回归模型。以多项式回归为例,展示了机器学习可能出现的欠拟合、恰拟合和过拟合三种典型情况。机器学习模型预测误差主要源于偏差和方差,可通过正则化方法解决模型复杂度过高引发的过拟合问题。在学习本章时,读者应着重体会经典统计方法与机器学习的本质区别——前者是人在学习,而后者是计算机在学习。

第 4 章为"逻辑回归与模型评估"。本章介绍了用于解决二元分类问题的逻辑回归模型,其本质上也是一种特殊的线性回归。机器学习模型效果可通过各种评估指标来衡量,常用的评估指标有查全率、查准率、$F_1\text{-}score$ 和 AUC 等。与传统计量经济学仅关注模型解释性不同,机器学习更注重模型在未知样本上的泛化能力,从而凸显了模型评估的重要性。

第 5 章为"支持向量机与核函数"。本章介绍了被称为"万能分类器"的支持向量机模型,该模型通过在特征空间中寻找最优分离超平面将样本分成不同类别。通过引入核函数将原始特征映射到一个更高维度的特征空间,支持向量机也可解决非线性分类问题。本章进一步将支持向量机从分类问题拓展至回归问题,并通过一个财政收入预测案例说明支持向量回归模型的实际应用。

第 6 章为"决策树与集成学习"。本章介绍了模拟人类思考过程的决策树模型,这是一种简洁而有效的白盒模型。基于决策树的同质集成中,采用 Bagging 方法横向集成得到随机森林模型,采用 Boosting 方法纵向集成得到梯度提升树模型。此外还可将决策树与其他算法进行异质集成,达到取长补短的效果。本章最后的银行借贷风险预测案例展示了数据分析工作中数据平衡化、调参优化和模型选择等重要步骤。

第 7 章为"贝叶斯分类与生成式学习"。本章介绍了一种与之前章节完全不同的建模思路:基于生成式学习的贝叶斯分类。其中朴素贝叶斯模型直接假定各特征之间相互独立,常用于非结构化的文本数据处理。根据文本处理的不同特征提取方式,分别适用于三种朴素贝叶斯模型:伯努利模型、多项式模型以及高斯模型。本章结尾还延伸探讨了频率学派与贝叶斯学派在理论视角和实现途径上的观点争锋。

第 8 章为"聚类降维与无监督学习"。本章将机器学习方法从监督学习延伸到无监督学习,分别介绍了两种代表性的聚类和降维算法。$K$ 均值聚类根据数据点之间的距离将数据分配至 $K$ 个类,而主成分分析通过找到数据中的主要方差方向来实现降维。最后,本章通过一个客户价值分析案例展示了聚类算法的实践应用。

考虑到掌握 Python 语言及其工具包是学习大数据分析课程的先决条件,本书还提供了两项附加内容:附录 A 给出了 Python 语言的数据类型、程序控制、函数、模块和面向对象等编程基础语法;附录 B 分别介绍了数据分析中最为常用的三个 Python 工具包——用于数值计算的 Numpy、用于数据处理的 Pandas 和用于数据可视化的 Matplotlib。

本书既可以作为相关专业本科生和研究生大数据分析课程的教材,也可以作为相关从业者和爱好者的学习参考书。本书各章机器学习算法理论介绍和代码实现在不同程度上参考了李航老师的《统计学习方法》、周志华老师的《机器学习》和唐亘老师的《精通数据科学:从线性回归到深度学习》,在此也向三位作者表示感谢。本书某些代码实现思路部分参考了一些网络资源,包括但不限于 CSDN、博客园、简书和知乎专栏等,在此一并表示感谢。

湖南大学经济与贸易学院领导与数字经济系同事们对本书的写作给予了鼓励与帮助。博士生周莎、黄雅文、陈文武、李慧子、叶宇阳、黄思佳、杨千帆,硕士生范艺圆、周雅晴、匡诗榕等担任本课程助教或承担本书内容编写、绘图和校对工作,在此表示衷心感谢!　最后,特别感谢北京大学出版社的张昕、裴蕾、高源等编辑老师及其同仁们,为本书出版提出了宝贵的建议,并付出了辛勤的劳动。

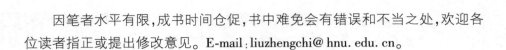

因笔者水平有限,成书时间仓促,书中难免会有错误和不当之处,欢迎各位读者指正或提出修改意见。E-mail:liuzhengchi@hnu.edu.cn。

刘征驰

2024 年 4 月 20 日

目 录
CONTENT

# 第1章
# 经济大数据分析概论

## 1.1 数字经济时代的大数据

以互联网、云计算、人工智能和区块链为代表的信息科技革命和第四次工业革命正在深刻改革着人类的生产与生活方式，催生了数字经济这一新的经济形态。在数字经济时代，数据被誉为"新石油"，是继土地、劳动、资本、技术等要素之后的关键生产要素。大数据的来源广泛，包括社交媒体、卫星遥感、交通物流、工业监控以及各类网络交易平台等。随着数字经济的蓬勃发展以及各类传感设备的迅速增长，经济社会中的数据正在源源不断地产生和积累。例如，电商平台每天产生的交易量高达数千万单；搜索公司存储的网页数量在万亿页以上；社交软件巨头每天生成 TB（太字节）级以上的日志数据等。随着数据规模的爆炸式增长以及与社会经济发展的高度融合，一个大数据时代正在到来。

### 1.1.1 大数据特性

**大数据**（Big Data）的概念最早在 1980 年出版的《第三次浪潮》（*The Third Wave*）一书中被提出，美国著名的未来学家 Alvin Toffler 将大数据盛赞为"第三次浪潮的华彩乐章"。简单理解，大数据就是规模庞大的数据集合。然而仅从数量上显然无法体现"大数据"与"海量数据""超大规模数据"等传统概念之间的本质区别。通过归纳大数据应具备的关键特征，可进一步深化其定义。"**5V 特性**"是大数据最具代表性的特征定义，即大数据需满足**规模性**（Volume）、**多样性**（Variety）、**高速性**（Velocity）、**真实性**（Veracity）和**价值性**（Value）5 个基本特性。

"规模性"指的是数据量巨大，数据存储量不再以 GB（吉字节）和 TB 来衡量，而是以 PB（拍字节）、EB（艾字节），甚至 ZB（泽字节）为计量单位。数据量巨大具体包括两方面含义：一方面指大数据拥有非常大的样本容量，许多大数据常常包含上千万条样本观测值；另一方面也指单个样本拥有的特征维度特别多。

"多样性"主要体现在大数据种类繁多且形式多样。除传统的数值表格形式外，大数据还包含图片、音频、视频和日志等半结构化和非结构化数据，数据类型庞杂。

"高速性"则是指大数据增长速度和处理速度都很快，能够在高频甚至实时条件下被记录或收集。这一特性使得即时数据分析与预测成为可能。

"真实性"意味着大数据准确度和可信度较高，体现了数据质量。数据分析输入的原始数据越真实，其挖掘所得到的经济运行规律越可信，数据分析结果也越有代表性。

上述 4 个特征决定了大数据具有不可估量的"价值性"，然而大数据的价值挖掘犹如大浪淘沙，数据量庞大导致数据价值密度低。比如，每天数十亿次的搜索申请中，只有少数固定词条的搜索量会对某些分析研究有用处。

### 1.1.2 大数据产业链

大数据产业指以数据生产、采集、存储、加工、分析和服务为主的相关经济活动，包括数据资源建设，数据软硬件产品的开发、销售和租赁活动，以及相关信息技术服务。当前，我国大数据产业链已初具雏形。基础设施、数据服务和行业应用相互交融，共同构建完整的大数据产业链。

大数据产业链上游是基础支撑层。该层是整个大数据产业的引擎和基础，涵盖硬件设备、基础软件、底层云资源管理平台以及各类与数据采集、预处理、分析和展示相关的方法和工具。其中，硬件设备包括传感器、智能终端、网络设备和存储设备等，承载数据的采集、传输、计算和存储；基础软件包括大数据平台、操作系统和数据库；底层云资源管理平台包括计算、网络、存储系统的云资源管理平台。

大数据产业链中游是数据服务层。该层围绕各类应用和市场需求，提供辅助性的服务，包括数据交易、数据资产管理、数据采集、数据加工分析、数据安全，以及基于数据的 IT 运维等。

大数据产业链下游是融合应用层。该层主要包含了与政务、工业、金融、交通、医疗和空间地理等行业应用紧密相关的软硬件和服务解决方案。

## 1.2 大数据分类

大数据形式多样且种类繁多，为便于理解和应用，可以基于不同视角对大数据进行分类。

### 1.2.1 按数据结构划分

根据数据结构不同，可将大数据大致分为结构化数据（Structured Data）、非结构化

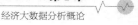

数据（Unstructured Data）和半结构化数据（Semi-Structured Data）。

所谓结构化数据是指可以用二维表结构进行展示的数据，如统计年鉴、财务报表、员工名单等。非结构化数据则是指数据结构不规则，不能用二维表进行展示的数据，如文本、图像、音频、视频等。此外，还有一类介于完全结构化数据和完全非结构化数据之间的数据，被称为半结构化数据。和非结构化数据相比，半结构化数据具有一定结构性，但是结构变化很大。员工简历是一个半结构化数据的例子。比如某公司的员工简历通常包含个人基本信息、教育经历、工作经历和技术技能等内容，有着一定的结构性。但纵览全部简历，不同简历的结构可能有显著差异。如有的简历没有工作经历，有的简历增加了项目经历。XML、HTML 文档都属于半结构化数据，典型应用场景包括邮件系统、档案系统、系统访问日志等。

近年来，随着互联网和传感设备的广泛应用，以及多媒体与社交网络的快速发展，非结构化数据所占比重越来越大。这些复杂数据往往蕴藏着传统结构化数据所没有的信息，因而越来越受到数据分析师的青睐。随着数据规模及处理技术的不断提高，非结构化数据的价值正在被深入挖掘和利用。

### 1.2.2　按数据主体划分

按照数据主体的不同，可将大数据分为个人数据（Personal Data）、企业数据（Enterprise Data）和政府数据（Government Data）。

个人数据是指已识别到的或可被识别的自然人的所有信息。个人数据不仅包括明显属于个人的详细信息，如姓名、地址、电子邮件、电话号码、出生日期等，还包括个人的经济状况、社交媒体活动和健康状况等各种个人行为和特征信息。在数字经济时代，个人大部分行为都可被转化为数据记录。

企业数据指企业或组织在运营过程中产生的数据，大致可细分为三类：①企业在研发生产和经营管理活动中产生的数据，如企业财务数据、经营数据以及人力资源数据等；②通过授权直接或间接采集的个人数据，如企业在正常运营过程中，通过为用户提供产品及服务，合理、合规地采集并留存的用户数据；③企业基于数据的增值服务，包括采集、加工和整理等数据服务中产生的数据。

政府数据是指政府部门在履行职责和提供公共服务过程中产生的数据。政府作为社会管理和城市治理的主体，所拥有数据资源占全社会数据总量的很大比重。随着我国数据资源体系建设进程不断加快，地方政府数据开放平台数量和开放有效数据集数量不断增加。值得注意的是，政府数据开放利用的隐含逻辑是先分类再分级。通常情况下，需要先根据政府数据的敏感程度确定数据类型，然后对不同类别的数据制定相应的开放和共享策略。一些非敏感的政府数据可能会完全开放给公众，而涉及敏感信息的政府数据则可能只对特定的机构或个人开放，并在共享时采取相应的安全措施和权限控制。这样的分类和分级策略可以确保政府数据的合理利用和个人隐私的有效保护。

### 1.2.3 按数据特征划分

根据数据的表现特征，可将大数据分为高大数据（Tall Big Data）和胖大数据（Fat Big Data），这种分类方式主要关注数据维度和样本容量。

如果大数据样本容量非常大且远大于解释变量的维数，那么这种大数据被称为高大数据。高大数据主要关注数据容量，庞大的样本容量意味着可从大数据，尤其是其中的非结构化数据中获取更多有价值信息。此外，大数据也可能有非常高维度的解释变量，这种大数据被称为胖大数据。胖大数据主要关注数据维度，每个样本包含了大量特征信息。在高维度解释变量集合中，许多解释变量可能对被解释变量并没有显著影响，同时解释变量之间还可能存在多重共线性等问题。因此，处理胖大数据时常面临特征选择和降维等方面的挑战。

## 1.3 机器学习简述

### 1.3.1 人工智能与机器学习

机器学习起源于计算机科学的人工智能领域。人工智能的主要目标是通过计算机模拟人的智能行为，让计算机能够像人类一样思考。在人工智能发展的早期阶段，以知识工程为核心技术的专家系统占据主流地位。专家系统针对具体问题的专业领域特点建立专家知识库，利用这些知识完成推理和决策。例如在疾病诊断领域，可以基于医学专家的经验规则建立知识库，然后基于该库中的知识分析病人的症状和体征，进而给出可能的诊断和建议。然而，由于将专家的知识转化为计算机可用的形式是一项复杂的任务，因此需要针对每个具体疾病建立相应的知识库。此外，专家系统通常只能解决特定领域内的问题，难以适应新的情境或领域，比如为识别病人是否感冒而建立的知识库无法用于识别病人是否过敏。这些特性限制了专家系统的灵活性和通用性，严重制约了人工智能的进一步发展。

既然把专家知识总结出来再灌输给计算机的知识工程方式非常困难甚至在很多场合不可行，那么可以考虑让人工智能系统自己从数据中学习领域知识。机器学习就是一类让计算机从数据中自动分析获得规律，并利用规律对未知数据进行预测的方法。类似人脑思考，机器学习经过大量样本的训练，掌握一定的规律（模型），从而产生了预测新的事物的能力，如图 1 - 1 所示。这种预测能力，本质上是输入到输出的映射。自 20 世纪 90 年代中期以来，机器学习得到迅速发展并逐步取代传统专家系统成为人工智能的主流核心技术，人工智能逐步进入机器学习时代。

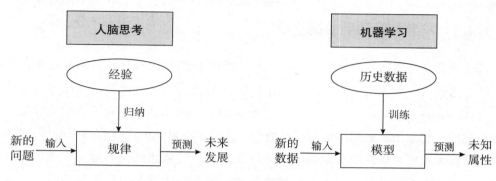

图 1 - 1　机器学习与人脑思考

### 1.3.2　机器学习的应用场景

机器学习以大数据为基础，通过从数据中识别模式和规律，从而完成预测、分类、聚类等任务。机器学习的应用场景十分广泛，应用的典型领域有网络安全、搜索引擎、产品推荐、自动驾驶、图像识别、语音识别、自然语言处理等。在经济学领域，机器学习也发挥着越来越重要的作用。在宏观经济领域，机器学习可以利用历史数据来预测宏观经济指标，如通货膨胀率、GDP 增长率、就业率等。通过分析大量经济数据，机器学习模型能够识别出隐藏在数据中的模式和趋势，从而更准确地分析预测各项经济指标，为政策制定和决策提供有价值的洞察。在微观经济领域，机器学习方法也能够应用于金融、医疗、电商等多种场景。如在金融领域，通过分析客户的历史借贷行为，机器学习模型可以帮助金融机构更准确地评估风险并做出决策。目前，机器学习在多个领域取得的巨大成功已使它成为社会各界关注的焦点和引领社会未来发展的战略性技术。

## 1.4　机器学习与计量经济学的方法差异

在实证革命时代，计量经济学作为经济学实证研究最重要的方法论，在推动经济学研究方面发挥了至关重要的作用。然而在数字经济时代，大量非结构化数据及新型结构化数据的出现给统计科学带来了新的挑战。相较于传统结构化数据，这些新型数据包含更丰富的信息，客观上要求对计量经济学方法与工具进行创新和发展，计量经济学理论与方法也因此在大数据时代有取得原创性突破的可能性。随着技术的不断进步，许多统计学方法被整合到机器学习框架中，同时计量经济学也开始采用机器学习算法来提高预测和估计的准确性，计量经济学和机器学习之间的界限变得模糊。下面分别介绍机器学习与计量经济学方法的主要差异。

### 1.4.1 从模型驱动到数据驱动

传统经济学建模的基本思想是从随机样本推断总体分布特征。然而受客观条件限制，样本选择很难做到完全随机，可能存在样本偏差等问题。比如，统计消费者物价指数（Consumer Price Index，CPI）时，一般由调查员采用抽样调查方式收集原始价格信息。然而与整个国家的总体市场情况相比，抽样样本量仅占总体市场量的极小比例。在样本选择和数据可得性受到限制时，经济学建模十分依赖经济学理论。在现代经济学中，很多经济理论基于一些关于制度、技术、经济主体偏好与行为等假设建立数学模型。这种理论建模方法是对复杂经济系统的一种高度简化与抽象，聚焦于主要经济变量之间的因果关系，以揭示经济运行的内在本质。然而，由于数学模型的高度简化与抽象，现实中很多其他因素没有被考虑进来。因此，当经济模型用于解释现实观测数据时，可能会出现模型误设的情形，从而对经济实证研究结论造成不可忽略的影响。这是模型驱动的计量经济学实证研究的一个主要弊端。

大数据的出现使得数据驱动的机器学习模式成为可能。在大数据时代，可直接获取全体数据或者接近全体的数据，而无须通过随机抽样的方式进行样本分析。通常来说，数据规模越大，从数据挖掘中所得到的事物发展规律越可信，数据分析的结果也越有价值。因此可直接采用机器学习方法建模，而无须事先假设具体模型或函数形式。这样基于数据本身获取真实的函数关系，可突破传统模型局限性，缩小模型证据和数据证据之间的差异。对大多数传统数据来说，线性模型常比非线性或复杂模型在预测时表现更好。但在大数据条件下，样本容量、变量维度以及噪声都大幅度提高，线性模型无法刻画大数据的非线性、异质性和动态性等重要特征，而机器学习方法则能有效刻画它们并进行精准预测。

### 1.4.2 从样本内拟合到样本外预测

机器学习与计量经济学的建模目标有所不同。计量经济学侧重于"样本内拟合"，而机器学习则更关注"样本外预测"。

计量经济学模型利用样本数据来检验经济理论或揭示经济规律，非常看重模型结果的解释性，特别是所揭示的因果关系的解释力。经济学家通常对函数形式做出假定，比如假设线性回归模型，然后致力于得到未知参数的估计量并进行统计推断。传统计量经济学模型大多是低维模型。低维模型存在模型误设的可能性，如遗漏重要解释变量。事实上，任何一种科学理论或假说都需要在同样条件下独立重复地通过验证。计量经济学模型对函数形式做出较强假定，可能与现实不符，因此样本外预测效果一般不理想。

一种科学理论或模型不但需要能够解释已经发生现象，更重要的是能够进行精准的样本外预测，即拥有良好的泛化能力。机器学习方法重视解释变量对于被解释变量的预测效果。机器学习一般不预先设定模型形式，而是使用更加灵活的函数形式拟合复杂的变量关系。因此，机器学习模型一般具有更好的样本外预测能力，但也经常像"黑箱"一样无法解释。为了得到具备优良样本外预测能力的模型，机器学习通常采用"正则化"方法和"实证调优"方法。所谓"正则化"是通过对模型参数进行惩罚，迫使模型选择更简单的参数值或降低不重要参数的权重，进而防止过拟合并提高模型泛化能力。"实证调优"则是将所有观测数据分成两个子集——训练集和测试集（包括验证集）。训练集用于获取数据中蕴含的规律（模型），测试集则用于评价最终模型的泛化能力。

### 1.4.3　从传统数据到新型数据

机器学习不仅可以对传统的结构化数据进行分析，还适用于分析半结构化数据、非结构化数据和新型结构化数据。

大数据中大部分数据都是非结构化数据。不同于传统结构化数据，非结构化数据一般是高维的，包括文本、图像、视频、音频等，可用于定量刻画结构化数据无法描述的社会经济活动与现象。文本数据就是一种典型的非结构化数据，常见文本数据如政策文件、新闻报道和社交评论等。文本数据包含大量的词汇和文本片段，每个词汇或片段都可以被视为一个维度，故文本数据具有高维度的特点；又因为自然语言的含义和表达方式多样，所以文本数据还具有较高复杂性。因此，分析非结构化数据通常需要借助贝叶斯分类等机器学习方法，如利用语音识别确定音频中的声调，以及通过计算机视觉提取图片中蕴含的文字信息等。

机器学习还适用于新型结构化数据。新型结构化数据例子包括矩阵数据、函数数据、区间数据以及符号数据等。长期以来，很多经济金融数据所包含的信息没有得到充分利用。比如，对金融波动率建模时，通常只使用金融资产每天的收盘价数据。事实上，由金融资产每天最高价和最低价组成的价格区间，以及每天从开盘到收盘的价格波动，所含信息要比每天收盘价数据更加丰富，却长期没有得到有效利用。机器学习方法可以帮助挖掘这些数据中的有效信息。

# 1.5 机器学习与计量经济学的融合应用

在大数据时代，计量经济学和机器学习在数据科学领域都扮演着重要角色。尽管机器学习在大数据和云计算的背景下得到了迅速发展和广泛应用，但仍然无法完全取代经典统计分析。机器学习在样本外预测和模式识别等方面发挥了巨大作用，但计量经济学在推断分析、维数约简、因果识别和结果解释等领域具有独特优势。机器学习与计量经济学是互补的，两者的交叉融合可以为经济学、统计学与数据科学提供新工具与新方法。具体地，机器学习与计量经济学的融合应用如下。

## 1.5.1 使用机器学习生成新的数据

传统计量经济学建模数据主要来源于官方年鉴、问卷调查、实地调查、田野或者实验室实验，以横截面、时间序列和面板的结构型数据为主。机器学习方法极大拓展了可供利用的数据来源，并且使得大规模、非结构化数据的价值挖掘成为可能。例如，机器学习能够通过网络爬虫、文本挖掘及图像识别等方式获得新型数据，生成新的解释变量或预测变量。机器学习不仅提高了数据搜集和整理的效率，还可将不同来源和类型的历史截面数据相匹配，形成更加完整和准确的面板数据集。

## 1.5.2 使用机器学习选择关键变量

重要解释变量参数的显著性和稳定性是计量经济学模型非常关注的问题。为缓解混杂因素对参数估计的干扰，通常会在计量模型中加入一些控制变量。如果加入的控制变量是无关变量，那么解释变量的系数不会受到影响，但会带来模型精度下降等问题，所以应尽量避免引入无关变量。如果候选变量数量众多，传统主观或人工筛选变量的方法不太可行，这种情况下可采用机器学习中的特征缩减技术对关键控制变量进行挑选。特征缩减实际上就是正则化，即在损失函数中引入惩罚项。相对于普通最小二乘估计，该方法会让一些不重要的协变量估计系数向着零值衰减，只保留重要特征。因此这个方法常用于选择关键变量，最常用的两种特征缩减技术是 Ridge 回归和 LASSO 回归。

## 1.5.3 使用机器学习构建工具变量

经典计量模型的基本假设之一是解释变量是严格外生的。如果存在一个或多个解释变量是内生解释变量（即与随机扰动项相关），则称原模型存在内生性问题。工具变量是消除内生性的一种常用方法，可帮助研究者进行精确因果识别。工具变量必须同时满足相关性和外生性，即要求工具变量与内生解释变量是相关的，并且是严格外生的。由此，寻找工具变量的问题可以被转化为一个机器学习中的预测问题。工具变量方法的实施关键在于第一阶段，除了需要论证工具变量具有外生性，还要通过统计指标说明该工具变量和内生解释变量之间存在足够强的相关关系。因此，在工具变量方法的第一阶段，可以利用机器学习方法寻找符合条件的最优工具变量，用来预测内生解释变量。例如，有学者采用正则化回归，比如采用 LASSO 回归和 Ridge 回归等方法来构建第一阶段估计；也有学者采用神经网络等非线性方法来进行第一阶段估计。

### 1.5.4  使用机器学习预测反事实

反事实框架是因果推断的基础框架。当想要研究一件已经发生的事情所带来的影响时，总会希望知道如果它没有发生那么情况会是怎样。例如，在同等条件下，对已经实施某项政策的观测结果与假设没有实施该政策的反事实进行比较，便可以评估该项政策的实施效应。在大数据时代，经济因果关系依旧是经济学家与计量经济学家在经济学实证研究中的主要目的。虽然机器学习不能直接揭示因果关系，但它可以通过准确估计虚拟事实帮助精确识别与测度因果关系。由于反事实不会真正发生，因此需要对它进行估计，这实质上是一种预测，可转化为机器学习中的预测问题。利用这一思想可将计量经济学常用的因果推断方法，如双重差分、断点回归、工具变量等方法的实施步骤进行拆分，借助机器学习算法强大的预测能力，将其中用于获得反事实结果的步骤模拟得更加准确，帮助研究者获得更为精准的因果推断结果。

## 本章小结

本章介绍了大数据的相关概念，并指出机器学习的出现为大数据的价值实现提供了技术支撑。

大数据具有规模性、多样性、高速性、真实性和价值性五大特征。我国大数据产业链初具规模。基础设施、数据服务和行业应用相互交融，协力构建完整的大数据产业链。

机器学习以大数据为基础，通过从数据中识别模式和规律，完成预测、分类、聚类等任务。机器学习的应用场景十分广泛，在经济学领域也发挥着越来越重要的作用。机器学习与计量经济学存在诸多差异。计量经济学通常以理论为基础，预先设定模型形式，而机器学习则以数据为驱动；计量经济学的主要目标是拟合样本内数据且关注因果性，而机器学习旨在进行样本外预测且关注相关性。机器学习与计量经济学各有优势，两者交叉融合可以为统计科学与数据科学提供新工具与新方法。机器学习在经济预测方面具有很大潜力，但需要充分考虑数据质量和模型可解释性等因素。此外，经济学建模中涉及许多因素和不确定性，包括政治和社会因素。机器学习可能无法考虑这些因素，其预测结果可能会有局限性。

## 课后习题

1. 与传统数据相比，大数据有哪些主要特征？

2. 请判断下述应用场景属于专家系统还是机器学习，并简要说明理由。

参考答案
请扫码查看

（1）将一系列法律规则编码到一个系统中，形成一个法律知识库。当客户提出法律问题时，系统通过匹配知识库中的规则进行推理，并提供对应的判断结果和法律建议。

（2）基于大量聊天对话数据训练一个超级对话机器人。该机器人可以清晰理解并流畅回答用户的问题，还能完成一些复杂任务，包括按照特定文风撰写诗歌、假扮特定角色对话、修改错误代码等。

3. 简述机器学习与计量经济学在模型设定与研究目标方面有哪些差异。

4. 机器学习与计量经济学可以在哪些方面进行融合应用？

# 第2章
## 机器学习与数据分析

## 2.1　机器学习基本原理

### 2.1.1　概念定义

**机器学习**（Machine Learning）是一门通过计算挖掘数据中蕴含的深层次规律的学科。Tom Mitchell 从流程视角对机器学习给出了一个精辟定义：**A computer program is said to learn from experience E with respect to some class of tasks T and performance measure P, if its performance at tasks in T, as measured by P, improves with experience E**。此定义可用中文表达为：假设用 P 衡量计算机程序在任务 T 上的性能，如果计算机程序在任务 T 上的性能随着经验 E 而提高，则称计算机程序从经验 E 中学习。

机器学习流程大致如图2－1所示：针对现实问题 T 设计或选择算法，使用输入数据集 E 对算法进行训练，生成捕捉数据中蕴含规律的模型（所学得的知识以模型参数集形式储存）。然后引入**新的数据集**评估模型效果 P，根据效果不断调整算法，形成良性反馈和优化闭环。

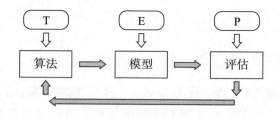

图2－1　机器学习定义

在整个过程中，计算机可完全自动化地读入数据、训练模型、调整参数和优化迭代，这正是机器学习方法的强大之处。以经典的垃圾邮件过滤情境为例，机器学习流程中的 T、E 和 P 可分别理解为：面对的现实问题是将电子邮件分类为垃圾邮件或正常邮件（T）；输入数据集是已手工标注的邮件列表（E）；最后通过正确分类邮件的概率

（P）评估模型效果。

1952 年，Arthur Samuel 在 IBM 公司研制了一个具有上述"机器学习"能力的跳棋机器人。对于人类而言，学习下棋的途径很清晰：首先必须不断参与或观摩对局积累经验；其次在大量经验基础上形成下棋模式或理念；最后据此判断棋局形势采取相应最优行动。那么，对于一个机器人棋手而言，它将如何"学会"下棋呢？一种传统而直接的方法是：通过显式编程告诉计算机在某种局势下应采取何种行动，这样可以完全复刻人类下棋思路，完成下棋任务。然而，这需要写入大量的规则和特例，导致系统的维护和更新十分烦琐且容易出错。另一种更为灵活且"一劳永逸"的处理方法是：让机器人在实践中积累经验，逐步学会判断在各种局势下的最优行动，从而实现自主领悟对弈技巧。在这种情况下，编程者并不需要具备高超棋艺，计算机可脱离编程者自主学习。例如，可将大量历史对弈棋局作为学习数据，计算机从海量数据中不断学习调整其行棋规则，从而成长为高级棋手。

显然，机器学习解决问题的思路完全不同于传统计算机程序。传统计算机程序编写者的思路是："**我知道该怎么做，程序按照我指定的步骤去做，就能得到我预想的结果**"；机器学习程序编写者的思路是："**虽然我不知道该怎么做，但程序按照我所规定的学习路径，可从经验（数据）中学会该如何做**"。换言之，前者追求的是给程序提供一份详细的操作手册，让程序自动执行规定步骤；后者则是给程序一个学习框架，让程序根据数据优化具体行动细节。

机器学习是人工智能的子集，是实现人工智能的一种途径，但并不是唯一途径。机器学习研究的是计算机怎样模拟人类学习行为以获取新知识或技能，并重新组织已有知识结构，使之不断改善自身。从实践意义上来说，机器学习是在大数据支撑下，通过各种算法让计算机对数据进行深层次的统计分析以进行"学习"，使人工智能系统获得归纳推理和决策能力。深度学习（Deep Learning）是机器学习的子集，由人工神经网络（Artificial Neural Network，ANN）组成，它模仿人脑中相互关联的多层"神经元"网络进行建模。

## 2.1.2 关键要素

机器学习包括**数据**（Data）、**算法**（Algorithm）、**模型**（Model）三个关键要素（如图 2 - 2 所示）。简而言之，这三个要素之间的关系为**算法通过在数据上进行运算而产生模型**。从问题导向视角，真正有用的是机器学习模型而不是机器学习算法，但算法是计算机通过在数据中学习而获得模型的必要工具。要得到高质量的模型，算法很重要，但更重要的往往是数据。某种意义上来说，实践中的机器学习就是获取充足数据，然后应用合适算法，最后生成优良模型的过程。

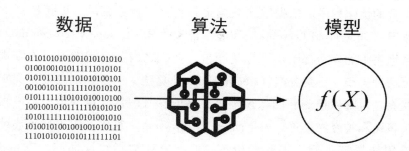

图 2-2　机器学习三要素

### 2.1.2.1　数据

数据是算法运行的输入，一般来自对客观现象的描述，可从历史积累中获取。数据是信息的载体，也是机器学习的原料。数据依据其表现形式可划分为**结构化数据**和**非结构化数据**。结构化数据是指由二维表结构来表达和实现的数据，而非结构化数据是指没有预定义结构的数据，包括图片、文字、语音和视频等。机器学习大多数时候使用的是结构化数据，即二维数据表，如图 2-3 所示。

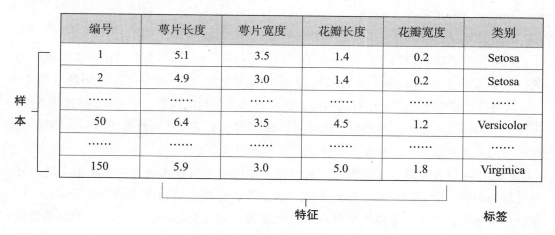

| 编号 | 萼片长度 | 萼片宽度 | 花瓣长度 | 花瓣宽度 | 类别 |
|---|---|---|---|---|---|
| 1 | 5.1 | 3.5 | 1.4 | 0.2 | Setosa |
| 2 | 4.9 | 3.0 | 1.4 | 0.2 | Setosa |
| …… | …… | …… | …… | …… | …… |
| 50 | 6.4 | 3.5 | 4.5 | 1.2 | Versicolor |
| …… | …… | …… | …… | …… | …… |
| 150 | 5.9 | 3.0 | 5.0 | 1.8 | Virginica |

图 2-3　结构化数据示例

一般将数据集中的一条记录称为一个**样本**（Sample）或者**实例**（Instance），例如学生数据表中的每一位学生。反映样本某方面性质的变量称为**特征**（Feature）或**属性**（Attribute），例如学生数据表的"学号""姓名""年龄"和"籍贯"等数据列。关于样本"类型"或"结果"的数据列称为**标签**（Label），例如学生数据表的标签可能是"成绩"或"录取与否"等。

对于实际的机器学习任务，常常将整个数据集划分为**训练集**（Train Set）和**测试集**（Test Set），前者用于训练机器学习模型，后者用于测试模型在未知数据上的效果。

### 2.1.2.2　算法

算法是通过数据创建模型的工具。通常情况下，算法是某种从数据中学习或者对数据进行拟合的优化程序。依据输入数据集是否存在标签变量,可将机器学习算法分为**监督式学习**(Supervised Learning)和**非监督式学习**(Unsupervised Learning)两大类。

如果数据集中的样本都给出了标签变量,则称之为监督式学习。监督式学习算法可分为以下两种类型。一是**分类**(Classification)**算法**,用于识别离散型类别变量,常见应用场景有垃圾邮件检测和图像识别等。典型算法包括支持向量机、逻辑回归、随机森林、决策树和神经网络等。二是**回归**(Regression)**算法**,用于预测连续型数值变量,常见应用场景有预测气温和股价等。典型算法包括线性回归、支持向量回归、Ridge 回归、Lasso 回归和贝叶斯回归等。

如果数据集中样本不存在标签变量,则称之为非监督式学习。非监督式学习算法也可分为两种类型。一是**聚类**(Clustering)**算法**,用于识别具有相似属性的样本并将其分组,常见应用场景有客户类型分组等。典型算法包括 $K$ 均值聚类、谱聚类、均值偏移、分层聚类和 DBSCAN 聚类等。二是**降维**(Dimensionality Reduction)**算法**,用于去除噪声或者不重要的特征维度,常见应用场景有高维数据预处理等。典型算法包括主成分分析(Principal Component Analysis,PCA)和非负矩阵分解(Nonnegative Matrix Factorization,NMF)等。

### 2.1.2.3 模型

机器学习算法从数据中自动分析获得规律(模型),并利用模型对未知数据进行预测。基于某种算法从数据中推理出模型的过程称为**学习**(Learning)或**训练**(Training)。模型是机器学习算法运行的输出,表示算法所学到的内容。例如,线性回归算法生成一个由稀疏向量构成的模型;决策树算法生成一个由条件判断语句树构成的模型;神经网络算法生成一个由节点图和权重矩阵构成的模型等。

机器学习过程实际上可被视为,从数据中学习一个将输入特征变量映射为输出标签变量的函数。由于这个函数形式未知,因而需要选择合适的方法对其进行拟合。依据设定目标函数的不同思路,可将它划分为**参数模型**(Parametric Model)和**非参数模型**(Non-parametric Model)。

参数化机器学习方法需要**预先指定目标函数形式**,通过固定大小的参数集刻画数据规律。无论赋予模型何种训练数据,其算法生成的参数数量都不会受到影响。当拥有较多先验知识而训练数据很少时,通常可应用参数化机器学习,其建模过程包含两个步骤。一是选择合适的目标函数形式;二是通过算法训练学习函数参数。例如,作为最常见的参数模型,线性回归假设变量之间具有线性关系。据此设定目标函数形式为 $Y = aX + b$,再通过最小二乘法等拟合目标函数参数。其他常见的参数模型还有逻辑回归等。参数模型的优势是理论简洁易解释,训练速度快且对数据量要求不高;其缺点是模型局限性大,通常只能应对较为简单的建模场景。

非参数化机器学习方法**不需要对目标函数形式做过多假设**,算法可通过拟合训练数据学习出任意函数形式。当拥有海量训练数据而先验知识很少时，通常可应用非参数化机器学习。非参数模型的一个典型例子是 $k$ 近邻聚类算法，除指定聚类个数 $k$ 外，几乎不需要对目标函数做任何假设。常见的非参数机器学习模型有：决策树、朴素贝叶斯、支持向量机和神经网络等。非参数模型的优势是函数形式灵活，不需要过多先验假设且可应对复杂建模场景；其缺点是可解释性差且训练过程比较慢。

需要注意的是，不能望文生义地认为非参数化方法不需要模型参数。恰恰相反，非参数化方法可能存在更多参数，例如神经网络中的权重和偏差。事实上，机器学习算法分类的理论渊源来自数理统计领域。在统计学中，参数化方法通常假设总体服从某个分布，这个分布可以由一些参数确定，如正态分布由参数均值和标准差确定；而非参数化方法对于总体分布不做过多先验假设，因而也就无法预先设定其分布参数，只能通过非参数统计推断获得。由此可见，参数化和非参数化方法中的"参数"并不是指模型中的参数，而是数据分布的参数。

## 2.1.3 基本流程

机器学习过程主要包含**数据预处理**（Processing）、**模型学习**（Learning）、**模型评估**（Evaluation）和**新样本预测**（Prediction）四个步骤，如图 2-4 所示。数据预处理指将未经处理的原始特征和标签数据，通过特征缩放、特征选择、维度约减、采样等方法，输出为适合机器学习算法处理的规范数据集。进一步，一般还需将处理后的数据集划分为训练集和测试集。训练集用于模型学习和参数优化，而测试集用于评估最终模型效果。模型学习指针对目标任务类型选择合适的机器学习算法，采用训练数据集进行模型训练。如果涉及超参数选择，可通过交叉验证等方法评估各种参数组合的模型效果，并选择最优组合作为模型学习的结果。模型评估指采用参数调优后的最终模型对测试数据集进行预测，并对预测结果进行评分。由于测试数据和训练数据是完全隔离的，测试集得分可用来评估模型在未知数据集上的泛化能力。

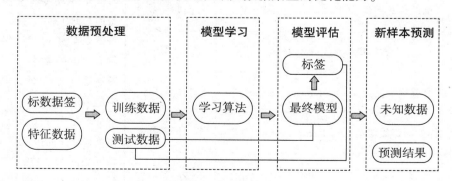

图 2-4 机器学习基本流程

经过上述步骤以后，机器学习模型即处于可用状态，可以对新样本进行预测。通过将模型应用于具体业务场景，可得到相应预测结果。然而模型上线部署并非一劳永逸，还需对模型性能保持跟踪与监控，根据实际情况持续优化模型。

# 2.2　机器学习工具包：Scikit-learn

基于 Python 语言实现的 **Scikit-learn 工具包**（常简称为 sklearn）建立在 NumPy、SciPy、Pandas 和 Matplotlib 之上，是专门针对机器学习应用的第三方开源框架。sklearn 实现了各种监督式和非监督式学习算法，能够进行数据预处理、特征工程、数据集切分、模型训练和模型评估等工作，是一个高效的数据分析框架。

sklearn 工具包的三大核心 API（Application Programming Interface，应用程序编程接口）分别是**估计器**、**预测器**和**转换器**，几乎所有机器学习建模过程都会用到这三大 API。下面首先介绍工具包自带的数据集，然后结合具体应用场景展示工具包中典型功能模块的使用方法。

## 2.2.1　内置数据集

sklearn 自带了一些数据集供学习使用，如表 2 - 1 所示。

表 2 - 1　sklearn 内置数据集

| 序号 | 数据集名称 | 调用方式 | 使用目的 | 数据描述 |
|---|---|---|---|---|
| 1 | 鸢尾花数据集 | load_iris（） | 多分类任务 | 特征矩阵为（150，4），标签值为三种花卉名称 |
| 2 | 波士顿房价数据集 | load_boston（） | 回归任务 | 特征矩阵为（506，13），标签值为每套房产价格 |
| 3 | 糖尿病数据集 | load_diabetes（） | 回归任务 | 特征矩阵为（442，10），标签值为糖尿病测度值 |
| 4 | 手写数字数据集 | load_digits（） | 多分类任务 | 特征矩阵为（1797，64），标签值为0—9 数字 |
| 5 | 乳腺癌数据集 | load_breast_cancer（） | 二分类任务 | 特征矩阵为（569，30），标签值为是否患癌症 |
| 6 | 体能训练数据集 | load_linnerud（） | 多元回归任务 | 特征矩阵为（20，3），标签值为运动体征指标 |
| 7 | 葡萄酒数据集 | load_wine（） | 多分类任务 | 特征矩阵为（178，13），标签值为三种葡萄酒名称 |

鸢尾花数据集是常用的多分类任务数据集，包含山鸢尾（setosa）、变色鸢尾（versicolor）和维吉尼亚鸢尾（virginica）三种花卉（如图 2-5 所示）每种各 50 条样本数据，每条样本数据包含 4 项特征属性：萼片长度、萼片宽度、花瓣长度和花瓣宽度。可通过这 4 项特征预测某花卉属于三种鸢尾花中的哪一类。

| 维吉尼亚鸢尾 virginica | 变色鸢尾 versicolor | 山鸢尾 setosa |
|---|---|---|

请扫码
查看原图

图 2-5　三种鸢尾花

作为示例，下面导入并展示鸢尾花数据集内容。

```
from sklearn. datasets import load_iris

iris = load_iris( )

iris. keys( ) #数据以"字典"格式存储
```

输 出

dict_keys(['data', 'target', 'frame', 'target_names', 'DESCR', 'feature_names', 'filename', 'data_module'])

在鸢尾花数据集中，特征数据集和标签数据集是分开存储的。其中，iris. data 中存放了特征值矩阵，运行下面代码进一步查看特征数据细节。

```
n_samples, n_features = iris. data. shape

print('特征值矩阵形状为:', (n_samples, n_features))
print('所有特征名称为:', iris. feature_names)
print('特征值矩阵(前5行)为:\n', iris. data[0:5])
```

输 出

特征值矩阵形状为：(150, 4)
所有特征名称为：['sepal length（cm）', 'sepal width（cm）', 'petal length（cm）', 'petal width（cm）']
特征值矩阵(前 5 行)为：
[[5.1 3.5 1.4 0.2]
 [4.9 3.  1.4 0.2]
 [4.7 3.2 1.3 0.2]

[4.6 3.1 1.5 0.2]

[5.　3.6 1.4 0.2]]

　　iris. target 中存放了标签值向量。运行下面代码查看标签数据细节。

```
print('标签值向量形状为:', iris. target. shape)
print('所有标签值名称为:', iris. target_names)
print('标签值向量为:\n', iris. target)
```

**输 出**

标签值向量形状为: (150,)

所有标签值名称为: ['setosa' 'versicolor' 'virginica']

标签值向量为:

[0 0 0 0 0 0 0 0 0 0 0 0 0 0 0 0 0 0 0 0 0 0 0 0 0 0 0 0 0 0 0 0 0 0 0 0 0

0 0 0 0 0 0 0 0 0 0 0 0 1 1 1 1 1 1 1 1 1 1 1 1 1 1 1 1 1 1 1 1 1 1 1 1

1 1 1 1 1 1 1 1 1 1 1 1 1 1 1 1 1 1 1 1 1 1 1 1 2 2 2 2 2 2 2 2 2 2

2 2 2 2 2 2 2 2 2 2 2 2 2 2 2 2 2 2 2 2 2 2 2 2 2 2 2 2 2 2 2 2 2 2]

　　将特征数据集和标签数据集合并，构建 DataFrame 格式的完整数据集。

```
import pandas as pd

iris_data = pd. DataFrame( iris. data, columns = iris. feature_names)
#将数字标号(0,1,2)替换为具体名称(Setosa、Versicolour, Virginica)
iris_data['species'] = [iris. target_names[i] for i in iris. target]
iris_data
```

**输 出**

| | sepal length（cm） | sepal width（cm） | petal length（cm） | petal width（cm） | species |
|---|---|---|---|---|---|
| 0 | 5.1 | 3.5 | 1.4 | 0.2 | setosa |
| 1 | 4.9 | 3.0 | 1.4 | 0.2 | setosa |
| 2 | 4.7 | 3.2 | 1.3 | 0.2 | setosa |
| 3 | 4.6 | 3.1 | 1.5 | 0.2 | setosa |
| 4 | 5.0 | 3.6 | 1.4 | 0.2 | setosa |
| ... | ... | ... | ... | ... | ... |
| 145 | 6.7 | 3.0 | 5.2 | 2.3 | virginica |
| 146 | 6.3 | 2.5 | 5.0 | 1.9 | virginica |
| 147 | 6.5 | 3.0 | 5.2 | 2.0 | virginica |
| 148 | 6.2 | 3.4 | 5.4 | 2.3 | virginica |

（续表）

|  | sepal length（cm） | sepal width（cm） | petal length（cm） | petal width（cm） | species |
|---|---|---|---|---|---|
| 149 | 5.9 | 3.0 | 5.1 | 1.8 | virginica |

150 rows × 5 columns

为进一步深入探查鸢尾花数据集，下面借助 seaborn 工具包的 pairplot 方法展现各个特征之间的关系。对角线位置展示了鸢尾花各特征的分布图，非对角线位置的图形则展示了不同特征之间的相关性。从图中可以看出，花瓣（petal）长宽度和萼片（sepal）长宽度之间存在较为明显的相关关系。

```
import seaborn

#hue:分类列名;palette:控制色调;markers:类别图形

seaborn. pairplot( iris_data, hue = 'species', palette = 'husl', markers = [ 'v', 'P', 'h'] )
```

输 出

< seaborn. axisgrid. PairGrid at 0x1e1e6b1a0c8 >

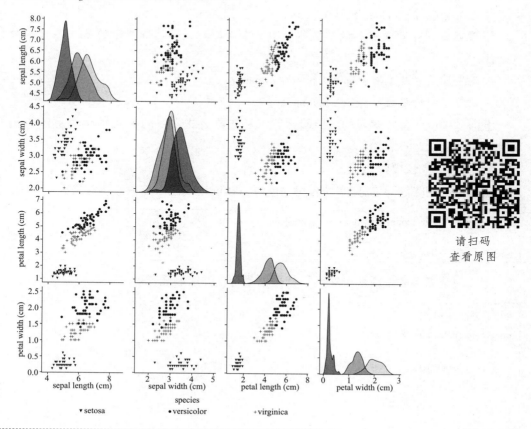

请扫码
查看原图

从对角线分布图和分类散点图中都可观察到，不同种类鸢尾花的萼片长度（sepal length）、花瓣长度（petal length）、花瓣宽度（petal width）三个特征分布差异较大，而萼片宽度（sepal width）特征分布差异较小。换言之，前三个特征对于区分鸢尾花类型更有价值。比如，对于萼片长度和花瓣长度较小，而花瓣宽度较小的花，可推断其大概率是山鸢尾（setosa）。

### 2.2.2　估计器

**估计器**（Estimator）的功能是基于训练数据对模型参数进行估计，是一类实现了某种机器学习算法的 API。使用估计器包含三个步骤：首先创建估计器并设置超参数（Hyperparameter）；其次使用训练数据集拟合模型；最后获取从数据中学习到的模型参数。其最重要的是 **fit 方法**，用于实现模型在训练数据集的拟合。具体代码实现模板如下。

1. 创建估计器：model = Constructor（hyperparameter）
2. 训练估计器：
· 有监督学习：model. fit（X_train，y_train）
· 无监督学习：model. fit（X_train）
3. 参数访问：预设超参数的名称后面没有下划线，而训练获得的参数名称后面有下划线

· 预先设置的超参数：model. hyperparameter
· 训练得到的参数：model. parameter_

下面分别以监督式学习的线性回归算法和非监督式学习的 $K$ 均值聚类算法为例说明其使用方法。

#### 2.2.2.1　线性回归

从 sklearn 机器学习工具库导入相关模块，并创建线性回归估计器对象。

```
from sklearn. linear_model import LinearRegression

model = LinearRegression（）#采用默认参数
```

生成一个简单的呈线性分布的模拟数据集合，并绘制图像。

```
import numpy as np
import matplotlib. pyplot as plt

x = np. arange（10）
y = 2 * x + 1
plt. plot（x，y，'o'）
plt. show（）
```

输 出

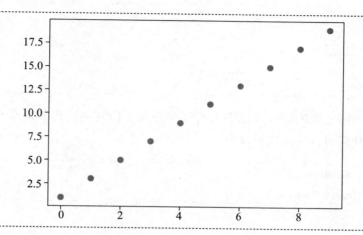

在刚刚生成的数据集里，$x$ 是一维向量。

```
x
```

输 出

```
array([0, 1, 2, 3, 4, 5, 6, 7, 8, 9])
```

sklearn 中估计器的 fit 方法要求输入的训练数据集必须为特征数据值的矩阵，矩阵中每列代表一个特征数据值。因此，这里必须先将一维向量转换为二维矩阵。

```
X = x[ :, np. newaxis] #np. newaxis 添加一个维度
X
```

输 出

```
array([[0],
       [1],
       [2],
       [3],
       [4],
       [5],
       [6],
       [7],
       [8],
       [9]])
```

然后，把 $X$ 和 $y$ 作为输入参数，通过估计器的 fit 方法来拟合线性回归模型。

```
model. fit(X, y)
```

```
LinearRegression( )
```

表面上，训练完成的估计器似乎没有任何变化，但其实已可获取学习到的模型参数，运行下面代码可以访问这些参数。

```
print('斜率为:', model. coef_)
print('截距为:', model. intercept_)
```

```
斜率为:［2.］
截距为:1. 0000000000000053
```

#### 2.2.2.2 *K* 均值聚类

下面展示一个非监督式学习建模的例子，建模目标是根据鸢尾花的特征数据将所有样本划分为三种类型。下面先导入相关模块，并创建一个 *K* 均值聚类估计器对象。

```
from sklearn. cluster import KMeans

model = KMeans(n_clusters = 3) #设置超参数:已知 iris 数据集有 3 类标签
```

鸢尾花数据集一共有四个特征：萼片长度、萼片宽度、花瓣长度、花瓣宽度，为方便可视化聚类结果，这里只选取花瓣长度和花瓣宽度两个特征进行聚类操作。注意，虽然鸢尾花数据集中已包含类别标签，但在本次非监督式学习建模中暂时忽略这个信息。

```
from sklearn. datasets import load_iris

iris = load_iris( )
X = iris. data[:, 2:4] #提取花瓣长度和花瓣宽度特征数据值
model. fit(X)
```

```
KMeans(n_clusters = 3)
```

模型训练完成后，可视化聚类效果。

```
plt. rcParams['font. family']  = 'SimHei' #解决中文显示乱码问题

colors  =  ['r', 'g', 'b']
markers  =  ['+', 'v', 'h']

cluster_centers  =  model. cluster_centers_
label  =  iris. target
true_centers  =  np. vstack( ( X[label  = = 0,  :]. mean( axis = 0) ,
                               X[label  = = 1,  :]. mean( axis = 0) ,
                               X[label  = = 2,  :]. mean( axis = 0) ) )

plt. figure( figsize = (12, 6) )

plt. subplot( 1, 2, 1)
for i  in range( X. shape[0] ):
    plt. scatter( X[i,0], X[i,1], c = colors[iris. target[i] ], marker = markers[iris. target[i] ] )
plt. scatter( true_centers[ :,0], true_centers[ :,1], marker = '*', s = 400, c = 'w', edgecolors = 'k')
plt. xlabel('petal length ( cm)')
plt. ylabel('petal width ( cm)')
plt. title('真实类型')

plt. subplot( 1, 2, 2)
for i  in range( X. shape[0] ):
    plt. scatter( X[i,0], X[i,1], c = colors[model. labels_[i] ], marker = markers[model. labels_[i] ] )
plt. scatter( cluster_centers[ :,0], cluster_centers[ :, 1], marker = '*', s = 400, c = 'w', edgecolors = 'k')
plt. xlabel('petal length ( cm)')
plt. ylabel('petal width ( cm)')
plt. title('聚类结果')

plt. show( )

print('三个簇中心坐标为:\n', model. cluster_centers_, '\n')
print('聚类后的标签值分布为:\n', model. labels_, '\n')
print('所有点到对应簇中心的距离平方和( 越小越好) 为:', model. inertia_, '\n')
```

输 出

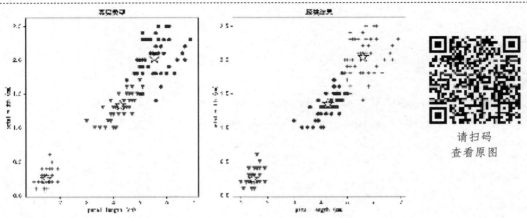

请扫码
查看原图

三个簇中心坐标为：

[[5. 59583333 2. 0375      ]

[1. 462        0. 246      ]

[4. 26923077  1. 34230769]]

聚类后的标签值分布为：

[1 1 1 1 1 1 1 1 1 1 1 1 1 1 1 1 1 1 1 1 1 1 1 1 1 1 1 1 1 1 1 1 1 1 1 1 1 1

1 1 1 1 1 1 1 1 1 1 1 1 2 2 2 2 2 2 2 2 2 2 2 2 2 2 2 2 2 2 2 2 2 2 2 2 2 2

2 2 2 0 2 2 2 2 2 0 2 2 2 2 2 2 2 2 2 2 2 2 2 0 0 0 0 0 0 2 0 0 0 0

0 0 0 0 0 0 2 0 0 0 0 0 2 0 0 0 0 0 0 0 0 0 0 2 0 0 0 0 0 0 0 0 0]

所有点到对应簇中心的距离平方和(越小越好)为：31. 371358974358976

虽然上面仅以线性回归和 $K$ 均值聚类举例，但实际上可将它们替换成其他估计器
对象，比如监督学习的逻辑回归和无监督学习的 DBSCAN 等，其实现流程基本一致。

### 2.2.3  预测器

**预测器**（Predictor）的功能是使用训练好的估计器对象对未知数据做出预测，是估
计器的延展功能。其最重要的是 **predict 方法**，可以在测试数据集上对模型预测效果进
行评价。具体代码实现模板如下。

1. 获取预测结果：y_pred = model. predict（X_test）

2. 评估预测效果：model. score（X_test，y_test）

这里采用 sklearn 自带的糖尿病数据集演示预测器的使用过程。

```
from sklearn. datasets import load_diabetes

diabetes = load_diabetes( )
```

查看数据集的特征与标签。

```
import pandas as pd

df = pd.DataFrame(diabetes.data, columns = diabetes.feature_names)
df['label'] = diabetes.target
df
```

**输 出**

| | age | sex | bmi | bp | s1 | s2 | s3 | s4 | s5 | s6 | label |
|---|---|---|---|---|---|---|---|---|---|---|---|
| 0 | 0.038076 | 0.050680 | 0.061696 | 0.021872 | −0.044223 | −0.034821 | −0.043401 | −0.002592 | 0.019908 | −0.017646 | 151.0 |
| 1 | −0.001882 | −0.044642 | −0.051474 | −0.026328 | −0.008449 | −0.019163 | 0.074412 | −0.039493 | −0.068330 | −0.092204 | 75.0 |
| 2 | 0.085299 | 0.050680 | 0.044451 | −0.005671 | −0.045599 | −0.034194 | −0.032356 | −0.002592 | 0.002864 | −0.025930 | 141.0 |
| 3 | −0.089063 | −0.044642 | −0.011595 | −0.036656 | 0.012191 | 0.024991 | −0.036038 | 0.034309 | 0.022692 | −0.009362 | 206.0 |
| 4 | 0.005383 | −0.044642 | −0.036385 | 0.021872 | 0.003935 | 0.015596 | 0.008142 | −0.002592 | −0.031991 | −0.046641 | 135.0 |
| ... | ... | ... | ... | ... | ... | ... | ... | ... | ... | ... | ... |
| 437 | 0.041708 | 0.050680 | 0.019662 | 0.059744 | −0.005697 | −0.002566 | −0.028674 | −0.002592 | 0.031193 | 0.007207 | 178.0 |
| 438 | −0.005515 | 0.050680 | −0.015906 | −0.067642 | 0.049341 | 0.079165 | −0.028674 | 0.034309 | −0.018118 | 0.044485 | 104.0 |
| 439 | 0.041708 | 0.050680 | −0.015906 | 0.017282 | −0.037344 | −0.013840 | −0.024993 | −0.011080 | −0.046879 | 0.015491 | 132.0 |
| 440 | −0.045472 | −0.044642 | 0.039062 | 0.001215 | 0.016318 | 0.015283 | −0.028674 | 0.026560 | 0.044528 | −0.025930 | 220.0 |
| 441 | −0.045472 | −0.044642 | −0.073030 | −0.081414 | 0.083740 | 0.027809 | 0.173816 | −0.039493 | −0.004220 | 0.003064 | 57.0 |

442 rows × 11 columns

按照 80:20 的比例将数据划分为训练集和测试集。

```
from sklearn.model_selection import train_test_split

X_train, X_test, y_train, y_test = train_test_split(diabetes['data'],
                                        diabetes['target'], test_size = 0.2,
                                        random_state = 84)

print('训练数据集特征矩阵形状为:', X_train.shape)
print('训练数据集标签矩阵形状为:', y_train.shape)
print('测试数据集特征矩阵形状为:', X_test.shape)
print('测试数据集标签矩阵形状为:', y_test.shape)
```

**输 出**

训练数据集特征矩阵形状为：(353, 10)

训练数据集标签矩阵形状为：(353,)

测试数据集特征矩阵形状为：(89,10)

测试数据集标签矩阵形状为：(89,)

采用线性回归模型训练估计器。

```
from sklearn. linear_model import LinearRegression

model = LinearRegression( )
model. fit(X_train, y_train)
```

**输 出**

LinearRegression( )

采用估计器对训练数据进行拟合后，下一步就可采用预测器对测试数据进行预测。

```
y_pred = model. predict(X_test)

print('真实标签值为:', y_test)
print('预测标签值为:', y_pred)
```

**输 出**

真实标签值为：[252.  84. 242. 225.  54. 128.  99. 246.  66. 185.  42. 170. 220. 129.

233. 248.  53. 142. 308. 180. 202. 108. 230.  59.  70.  77.  53.  89.

101.  64.  68.  97. 233. 265.  63. 232. 281.  91. 321. 277.  42. 129.

302.  92.  47. 107. 317.  84.  90.  48.  66. 136. 217.  52. 281. 214.

241. 270. 296. 116. 281.  60. 129. 122. 264. 135. 178. 208. 142. 336.

 96.  63.  80.  87. 178. 292. 101. 200.  70.  59. 192.  85. 257. 151.

 83. 161. 272. 138.  78. ]

预测标签值为：[162.91544492   191.17849591   169.37228938   167.41629019   97.97637512

165.68897994   56.91559913   221.34753293   170.45587091   142.36997329

128.68368732   131.86536755   175.90778091   187.71984107   259.8482799

195.31263842   82.14110834   196.08293128   262.52418148   222.43640041

139.95311376   99.88189119   282.70622222   134.92490042   64.10937032

82.74184361   100.04261534   124.33585711   187.69189188   109.09086961

200.2510823   103.59123622   206.82171597   164.47091335   59.9596788

227.68501329   227.39748929   186.36923008   231.51794469   176.30409866

80.74303681   157.28023978   149.28412475   74.24811619   102.81502502

181.27219372   238.3278587   89.83021032   51.88175135   71.7267378
```
```

| | | | | |
|---|---|---|---|---|
| 117. 9864575 | 146. 40648848 | 173. 54471398 | 65. 23253618 | 244. 94583923 |
| 139. 88533392 | 189. 67249673 | 226. 22842088 | 210. 69738247 | 148. 66825045 |
| 277. 01386652 | 136. 54806564 | 106. 32934618 | 171. 5341585 | 244. 40211833 |
| 127. 00816957 | 160. 54358946 | 227. 14695123 | 138. 5419371 | 248. 88979581 |
| 85. 0218197 | 55. 8723317 | 81. 5986963 | 85. 35816075 | 126. 02202248 |
| 193. 27680696 | 96. 93515156 | 143. 39846672 | 167. 23879709 | 67. 39714379 |
| 220. 48439801 | 57. 42734584 | 221. 87263981 | 203. 75270757 | 71. 76191261 |
| 184. 07969939 | 238. 27533815 | 76. 23238102 | 55. 8066072 ] | |

预测器的另一个重要方法是 **score 方法**，调用可返回模型预测效果。在有监督学习模型中，score 方法通过比较预测值与真实值来评估模型拟合度。

```
print('模型得分为:', model. score( X_test, y_test)) #此处 score 是决定系数 R2,也称拟合优度
```

**输 出**

模型得分为：0. 5746525777617726

### 2.2.4 转换器

**转换器**（Transformer）主要用于对原始数据集进行格式变换，比如将数据进行类别编码和特征缩放等。转换器最重要的是 **fit 方法**和 **transform 方法**。相对于预测器拟合后做预测（fit + predict），转换器拟合后做转换（fit + transform）。具体代码实现模板如下。

1. 创建转换器：trm = Constructor（hyperparameter）
2. 获取参数：trm. fit( X_train)
3. 执行转换：X_trm = trm. transform( X_train)

另外，还可以通过 **fit_transform 方法**将获取参数和执行转换这两步通过一行代码完成：X_trm = trm. fit_transform( X_train)。此时 fit_transform 方法等同于先调用 fit 方法再调用 transform 方法。

#### 2.2.4.1 类别编码

在数据预处理中，经常遇到数据取值为字符串等非数值型变量，而计算机只能处理数值型数据，此时需要采用转换器进行类别编码。下面通过一个例子说明转换器的应用，分别给出需要编码的字符串列表和要解码的字符串列表。

```
enc = ['red', 'blue', 'yellow', 'red']
dec = ['yellow', 'blue', 'blue', 'red', 'yellow']
```

采用 LabelEncoder 转换器进行标签编码。

```
from sklearn. preprocessing import LabelEncoder

LE = LabelEncoder( )
LE. fit( enc)
print('类别排序为:', LE. classes_)
dec_trm = LE. transform( dec)
print('编码结果为:', dec_trm)
```

**输 出**

类别排序为:['blue' 'red' 'yellow']

编码结果为:[2 0 0 1 2]

上面这种转换方法存在一个问题:不同类别编码之间形成了事实上的大小关系。然而三种颜色本质上是平等的,并不存在这种大小关系。**独热编码**(One-hot Encoding)方式则可以解决这个问题,其本质是用向量形式表达每一个类别(见图2−6)。

标签编码

| color | | color |
|---|---|---|
| red | | 0 |
| green | | 1 |
| yellow | | 2 |
| blue | | 3 |

独热编码

| color | red | green | yellow | blue |
|---|---|---|---|---|
| red | 1 | 0 | 0 | 0 |
| green | 0 | 1 | 0 | 0 |
| yellow | 0 | 0 | 1 | 0 |
| blue | 0 | 0 | 0 | 1 |

**图2−6 标签编码和独热编码**

下面对 LabelEncoder 编码后的 dec_trm 进行独热编码,这通过转换器 OneHotEncoder 实现。由于 OneHotEncoder 只能接受矩阵类型的输入,需要将一维数组 dec_trm 转换成二维数组(矩阵)再作为 OneHotEncoder 的输入。

```
from sklearn. preprocessing import OneHotEncoder

OHE = OneHotEncoder( )
OHE_y = OHE. fit_transform( dec_trm. reshape( −1, 1))  #转换为 n 行 1 列的矩阵,作为转换器的输入
OHE_y
```

**输 出**

<5x3 sparse matrix of type ' < class 'numpy. float64' > '

  with 5 stored elements in Compressed Sparse Row format >

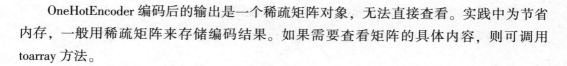

OneHotEncoder 编码后的输出是一个稀疏矩阵对象，无法直接查看。实践中为节省内存，一般用稀疏矩阵来存储编码结果。如果需要查看矩阵的具体内容，则可调用 toarray 方法。

```
OHE_y. toarray( )
```

**输 出**

```
array([[0. , 0. , 1. ],
       [1. , 0. , 0. ],
       [1. , 0. , 0. ],
       [0. , 1. , 0. ],
       [0. , 0. , 1. ]])
```

### 2.2.4.2  特征缩放

数据预处理中最重要的工作之一是**特征缩放**（Feature Scaling）。一些机器学习模型对不同特征的幅度差异非常敏感，如逻辑回归和神经网络等，因此要求所有输入特征的数据变化范围相似。

特征缩放的第一种方法是**数据归一化**（Normalization）。MinMaxScaler 转换器令每个维度的特征 $X$ 减去其最小值 $X_{\min}$，除以该特征的最大值 $X_{\max}$ 与最小值 $X_{\min}$ 之差，计算公式为

$$X' = \frac{X - X_{\min}}{X_{\max} - X_{\min}}$$

通过数据归一化操作，特征数据的取值范围将被映射至 $[0,1]$ 区间。

```
from sklearn. preprocessing import MinMaxScaler

X = np. array([3, 6.5, 10, 15, 24, 108])
X_scale = MinMaxScaler( ). fit_transform( X. reshape( -1, 1))
X_scale
```

**输 出**

```
array([[0.        ],
       [0.03333333],
       [0.06666667],
       [0.11428571],
       [0.2       ],
       [1.        ]])
```

特征缩放的第二种方法是**数据标准化**（Standardization）。StandardScaler 转换器令每个维度的特征 $X$ 减去其均值 $\mu$，再除以该维度特征的标准差 $\sigma$，计算公式为

$$X' = \frac{X - \mu}{\sigma}$$

实施数据标准化操作后，特征数据的分布会尽量接近零均值和单位标准差的标准正态分布。

```
from sklearn. preprocessing import StandardScaler

X = np. array([ -4, 0.5, 1, 1.5, 2, 10])
X_scale = StandardScaler( ). fit_transform(X. reshape( -1, 1))
X_scale
```

**输出**

```
array([[ -1.40563383],
       [ -0.32128773],
       [ -0.20080483],
       [ -0.08032193],
       [  0.04016097],
       [  1.96788736]])
```

**注意**：fit 方法只能作用在训练集上，如果希望对测试集变换，那么只能用训练集上 fit 好的转换器做 transform 操作即可。绝对不能在测试集上先 fit 再 transform，否则训练集和测试集的变换规则将会不一致。

# 2.3　Scikit-learn 高级 API

除了上面介绍的估计器、预测器和转换器三大核心 API，Scikit-learn 工具包还提供了一系列高级功能接口。下面以流水线、模型集成和模型选择三种 API 为例介绍其使用方法。

## 2.3.1　流水线

**流水线**（Pipeline）又称管道，通过将各种转换器和估计器首尾相连组成一条流程化数据处理方案，可以提升数据处理效率（见图 2-7）。在使用流水线时，既可将所有数据置于一条流水线中进行处理，也可将数据分类放入不同流水线中并行处理。相应功能在 sklearn 工具包的 Pipeline 模块中实现。

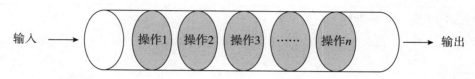

**图 2 – 7　流水线**

### 2.3.1.1　单条流水线

下面的例子使用单条流水线连续完成填补缺失值和数据标准化这两步操作。

构建含缺失值"NaN"的数据集 $X$，将其转换成二维矩阵格式。

```
X = np. array([[56, 40, 30, 5, 7, 10, 9, np. NaN, 12],
               [1.68, 1.83, 1.77, np. NaN, 1.9, 1.65, 1.88, np. NaN, 1.75]])
X = np. transpose(X) #转换矩阵的维度,二维矩阵可理解为转置操作
X
```

**输 出**

```
array([[56.  ,  1.68],
       [40.  ,  1.83],
       [30.  ,  1.77],
       [ 5.  ,   nan],
       [ 7.  ,  1.9 ],
       [10.  ,  1.65],
       [ 9.  ,  1.88],
       [  nan,   nan],
       [12.  ,  1.75]])
```

单条流水线可以通过 Pipeline 类实现。这里采用两个流程组件构建 Pipeline：处理缺失值的转换器 SimpleImputer 和实现归一化的转换器 MinMaxScaler。只需在 Pipeline 构造函数中输入元组（名称，估计器）构建流水线过程列表，一条流水线即创建完毕。

```
from sklearn. pipeline import Pipeline
from sklearn. impute import SimpleImputer
from sklearn. preprocessing import MinMaxScaler

pipe = Pipeline([('impute', SimpleImputer(missing_values = np. nan, strategy ='mean')),
                 ('normalize', MinMaxScaler())])
```

下面调用并连续执行流水线内部组件操作。

```
X_proc = pipe. fit_transform( X)
X_proc
```

**输 出**

```
array([[1.          , 0. 12        ],
       [0. 68627451, 0. 72       ],
       [0. 49019608, 0. 48       ],
       [0.          , 0. 52       ],
       [0. 03921569, 1.          ],
       [0. 09803922, 0.          ],
       [0. 07843137, 0. 92       ],
       [0. 31617647, 0. 52       ],
       [0. 1372549 , 0. 4        ]])
```

结果显示，缺失值都已被填满，而且两列数据也已被归一化。为验证上面流水线操作结果是否达成目的，可按顺序分别运行这两个转换器，查看结果是否相同。

```
X_impute = SimpleImputer( missing_values = np. nan, strategy = 'mean'). fit_transform( X)
X_impute
```

**输 出**

```
array([[56.    , 1. 68 ],
       [40.    , 1. 83 ],
       [30.    , 1. 77 ],
       [ 5.    , 1. 78 ],
       [ 7.    , 1. 9  ],
       [10.    , 1. 65 ],
       [ 9.    , 1. 88 ],
       [21. 125, 1. 78 ],
       [12.    , 1. 75 ]])
```

```
X_normalize = MinMaxScaler( ). fit_transform( X_impute)
X_normalize
```

**输 出**

```
array([[1.          , 0. 12        ],
       [0. 68627451 , 0. 72       ],
```

```
[ 0.49019608 , 0.48       ],
[ 0.         , 0.52       ],
[ 0.03921569 , 1.         ],
[ 0.09803922 , 0.         ],
[ 0.07843137 , 0.92       ],
[ 0.31617647 , 0.52       ],
[ 0.1372549  , 0.4        ]])
```

由此可见，依次完成填补缺失值和数据归一化操作，和采用流水线完成这两步的结果是相同的。

### 2.3.1.2 并行流水线

同时并行几条流水线的需求可通过 FeatureUnion 实现。

构建一个 DataFrame 模拟数据集。其中，前两列特征 IQ 和 temper 是类别型变量，后两列特征 income 和 height 是数值型变量，同时每列均存在缺失值。

```
data = { 'IQ' : ['high', 'avg', 'avg', 'low', 'high', 'avg', 'high', 'high', None],
'temper' : ['good', None, 'good', 'bad', 'bad', 'bad', 'bad', None, 'bad'],
'income' : [50, 40, 30, 5, 7, 10, 9, np.NaN, 12],
'height' : [1.68, 1.83, 1.77, np.NaN, 1.9, 1.65, 1.88, np.NaN, 1.75]}
X = pd.DataFrame(data)
X
```

输 出

| | IQ | temper | income | height |
|---|---|---|---|---|
| 0 | high | good | 50.0 | 1.68 |
| 1 | avg | None | 40.0 | 1.83 |
| 2 | avg | good | 30.0 | 1.77 |
| 3 | low | bad | 5.0 | NaN |
| 4 | high | bad | 7.0 | 1.90 |
| 5 | avg | bad | 10.0 | 1.65 |
| 6 | high | bad | 9.0 | 1.88 |
| 7 | high | None | NaN | NaN |
| 8 | None | bad | 12.0 | 1.75 |

要求按照下列步骤对数据集进行预处理：针对类别型变量，先采用众数填充缺失值，再使用独热编码方法对其进行类别编码；对于数值型变量则先采用均值填充缺失值，再对数据进行归一化操作。

在建立流水线之前，首先自定义类 DataFrameSelector，其功能是基于列名从 DataFrame 里面获取数据列。在后续流水线中，DataFrameSelector 将用于获取不同类别的特征数据。注意这个类必须实现 fit 和 transform 方法。

```
from sklearn. base import BaseEstimator, TransformerMixin

class DataFrameSelector(BaseEstimator, TransformerMixin):
        def __init__(self, attribute_names):
                self. attribute_names = attribute_names
        def fit(self, X, y = None):
                return self
        def transform(self, X):  #根据特征名称获取 DataFrame 中的特征数据
                return X[self. attribute_names]. values
```

　　接下来建立流水线 full_pipe，它包含两条并联执行的流水线。流水线 categorical_pipe 负责处理类别型变量：DataFrameSelector 用来获取类别型特征数据；SimpleImputer 用众数填充缺失值；OneHotEncoder 进行类别编码。流水线 numeric_pipe 负责处理数值型变量：DataFrameSelector 用来获取数值型特征数据；SimpleImputer 用均值填充缺失值；MinMaxScaler 进行归一化处理。具体代码实现如下。

```
from sklearn. pipeline import Pipeline
from sklearn. pipeline import FeatureUnion
from sklearn. impute import SimpleImputer
from sklearn. preprocessing import MinMaxScaler
from sklearn. preprocessing import OneHotEncoder

categorical_features = ['IQ', 'temper']
numeric_features = ['income', 'height']

categorical_pipe = Pipeline([
    ('select', DataFrameSelector(categorical_features)),
    ('impute', SimpleImputer(missing_values = None, strategy = 'most_frequent')),
    ('one_hot_encode', OneHotEncoder(sparse = False))])

numeric_pipe = Pipeline([
    ('select', DataFrameSelector(numeric_features)),
    ('impute', SimpleImputer(missing_values = np. nan, strategy = 'mean')),
    ('normalize', MinMaxScaler())])

full_pipe = FeatureUnion(transformer_list = [('numeric_pipe', numeric_pipe),
                                    ('categorical_pipe', categorical_pipe)])
```

下面执行并行流水线操作并显示操作结果。

```
X_proc = full_pipe.fit_transform(X)
X_proc
```

**输 出**

```
array([[1.        , 0.12    , 0.    , 1.    , 0.    , 0.    , 1.    ],
       [0.77777778, 0.72    , 1.    , 0.    , 0.    , 1.    , 0.    ],
       [0.55555556, 0.48    , 0.    , 0.    , 0.    , 0.    , 1.    ],
       [0.        , 0.52    , 0.    , 0.    , 1.    , 1.    , 0.    ],
       [0.04444444, 1.      , 0.    , 1.    , 0.    , 1.    , 0.    ],
       [0.11111111, 0.      , 1.    , 0.    , 0.    , 1.    , 0.    ],
       [0.08888889, 0.92    , 0.    , 1.    , 0.    , 1.    , 0.    ],
       [0.34166667, 0.52    , 0.    , 1.    , 0.    , 1.    , 0.    ],
       [0.15555556, 0.4     , 0.    , 1.    , 0.    , 1.    , 0.    ]])
```

### 2.3.2 模型集成

**模型集成**（Ensemble）是指基于某种方式"取长补短"地融合各个模型，从而整体提高组合模型的预测能力。模型集成讲究"和而不同"，所谓"不同"是指每个子模型学习到的侧重点不一样。例如，数学考试中 A 完成的算术题比 B 好，B 完成的几何题比 A 好，那么他们合作完成的分数通常高于他们各自单独完成的分数。

常见的模型集成方法主要有以下三种类型。一是**装袋法**（Bagging），先训练多个独立的子模型，再将这些子模型预测结果以投票等方式汇总成为最终预测结果。二是**提升法**（Boosting），将一些子模型串联起来，每个模型都在上个模型预测结果的基础上调整优化预测结果。三是**堆叠法**（Stacking），在不同子模型已经得出预测结果的基础上，再训练一个模型将它们整合在一起，类似于非线性 Bagging。

下面以 Bagging 集成方法为例，分别采用同质模型集成器 RandomForestClassifier 和异质模型集成器 VotingClassifier 阐述模型集成原理。使用 sklearn 工具包内置的葡萄酒数据集进行演示。

```
from sklearn.datasets import load_wine

wines = load_wine()
```

首先将数据划分成训练集和测试集。

```
from sklearn. model_selection import train_test_split

X_train, X_test, y_train, y_test = train_test_split (wines['data'],
                                    wines['target'], test_size = 0.3)
```

### 2.3.2.1 同质集成

**随机森林分类器**（RandomForestClassifier）由多棵相对独立但同质的决策树组成，下面构建并训练随机森林模型。

```
from sklearn. ensemble import RandomForestClassifier #随机森林由4棵决策树组成,每棵树最大深度为5
RF = RandomForestClassifier(n_estimators = 4, max_depth = 5)
RF. fit(X_train, y_train)
```

**输出**

```
RandomForestClassifier(max_depth = 5, n_estimators = 4)
```

训练完成后，可查看随机森林的组成结构。

```
print('随机森林中共包含', RF. n_estimators, '棵决策树。\n\n 决策树列表为:')
RF. estimators_
```

**输出**

随机森林中共包含 4 棵决策树。

决策树列表为：

```
[DecisionTreeClassifier(max_depth = 5, max_features = 'auto', random_state = 619915262),
DecisionTreeClassifier(max_depth = 5, max_features = 'auto', random_state = 612929545),
DecisionTreeClassifier(max_depth = 5, max_features = 'auto',
                    random_state = 1346417280),
DecisionTreeClassifier(max_depth = 5, max_features = 'auto', random_state = 56833233)]
```

下面使用测试数据集检验随机森林模型效果，可采用 metrics 模块的 accuracy_score 方法计算预测准确率。

```
from sklearn import metrics

print('随机森林在训练集上的准确率为：%.4g' %
    metrics. accuracy_score(y_train, RF. predict(X_train)))
print('随机森林在测试集上的准确率为：%.4g' %
    metrics. accuracy_score(y_test, RF. predict(X_test)))
```

随机森林在训练集上的准确率为：1

随机森林在测试集上的准确率为：0.9259

### 2.3.2.2 异质集成

与上述同质集成的随机森林分类器不同，下面的**投票分类器**（VotingClassifier）由若干个异质分类器组成：逻辑回归（LR）、随机森林（RF）和高斯朴素贝叶斯（GNB）。

```
from sklearn. linear_model import LogisticRegression
from sklearn. naive_bayes import GaussianNB
from sklearn. ensemble import RandomForestClassifier
from sklearn. ensemble import VotingClassifier

#构建三个异质分类器
LR  = LogisticRegression( solver = 'lbfgs', multi_class = 'multinomial')
RF  = RandomForestClassifier( n_estimators = 5)
GNB = GaussianNB( )

#模型集成与模型训练
Ensemble  = VotingClassifier( estimators = [ ( 'lr', LR), ( 'rf', RF), ( 'gnb', GNB) ], voting = 'hard')
Ensemble. fit( X_train, y_train)
```

```
VotingClassifier( estimators = [ ( 'lr',
                          LogisticRegression( multi_class = 'multinomial') ),
                          ( 'rf', RandomForestClassifier( n_estimators = 5) ),
                          ( 'gnb', GaussianNB( ) ) ] )
```

训练完成后，可查看投票分类器的组成结构。

```
print('投票分类器中共包含异质分类器列表为：\n', Ensemble. estimators_)
```

投票分类器中共包含异质分类器列表为：

[ LogisticRegression( multi_class = 'multinomial'), RandomForestClassifier( n_estimators = 5), GaussianNB( ) ]

下面对比单独应用各种分类器和模型集成的表现。

```
#单独训练三个不同的子模型
LR. fit( X_train, y_train)
RF. fit( X_train, y_train)
GNB. fit( X_train, y_train)
#评估效果
print('逻辑回归在训练集上的准确率为：%. 4g' % metrics. accuracy_score(y_train,
                                        LR. predict(X_train)))

print('随机森林在训练集上的准确率为：%. 4g' % metrics. accuracy_score(y_train,
                                        RF. predict(X_train)))

print('高斯贝叶斯在训练集上的准确率为：%. 4g' % metrics. accuracy_score(y_train,
                                        GNB. predict(X_train)))

print('投票集成在训练集上的准确率为：%. 4g' % metrics. accuracy_score(y_train,
                                        Ensemble. predict(X_train)))

print('\n')
print('逻辑回归在测试集上的准确率为：%. 4g' % metrics. accuracy_score(y_test,
                                        LR. predict(X_test)))

print('随机森林在测试集上的准确率为：%. 4g' % metrics. accuracy_score(y_test,
                                        RF. predict(X_test)))

print('高斯贝叶斯在测试集上的准确率为：%. 4g' % metrics. accuracy_score(y_test,
                                        GNB. predict(X_test)))

print('投票集成在测试集上的准确率为：%. 4g' % metrics. accuracy_score(y_test,
                                        Ensemble. predict(X_test)))
```

**输 出**

逻辑回归在训练集上的准确率为：0.9758
随机森林在训练集上的准确率为：0.9919
高斯贝叶斯在训练集上的准确率为：0.9839
投票集成在训练集上的准确率为：0.9919


逻辑回归在测试集上的准确率为：0.963
随机森林在测试集上的准确率为：0.9259
高斯贝叶斯在测试集上的准确率为：0.963
投票集成在测试集上的准确率为：0.963

### 2.3.3　模型选择

模型选择（Model Selection）是指对于给定模型的比较、验证和选择，其主要目的是通过参数调整提升模型性能。本例采用 sklearn 内置的手写数字数据集演示模型选择器的超参数调优过程。数据集中包含 1797 张手写数字图片及其真实数字标签，每张图片包含 8×8 个像素点（见图 2-8）。

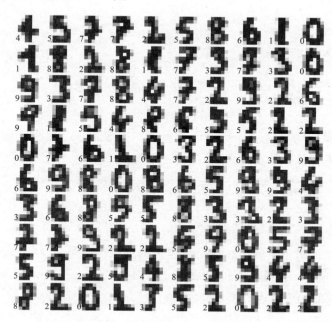

图 2-8　手写数字数据集示例

下面导入手写数字数据集的特征数据矩阵和标签向量。二维空间的 8×8 像素手写数字图片被处理成长度为 64 的一维数组存储，一张图片数据表示为特征数据矩阵的一行。

```
from sklearn. datasets import load_digits

digits = load_digits( )
X = digits. data
y = digits. target

print('手写数字数据集特征数据矩阵为:\n', X)
print('特征数据矩阵形状为:', X. shape)
print('\n手写数字数据集标签值向量为:', y)
print('标签值向量形状为:', y. shape)
```

输　出

手写数字数据集特征值矩阵为：

[[ 0.　0.　5. ... 0.　0.　0. ]

 [ 0.　0.　0. ... 10.　0.　0. ]

```
[ 0.   0.   0. ... 16.   9.   0. ]
...
[ 0.   0.   1. ...  6.   0.   0. ]
[ 0.   0.   2. ... 12.   0.   0. ]
[ 0.   0.  10. ...12.   1.   0. ]]
```

特征数据矩阵形状为：(1797, 64)

手写数字数据集标签值向量为：[ 0 1 2 ... 8 9 8 ]

标签值向量形状为：(1797,)

特征数据矩阵（$X$）和标签（$y$）已准备就绪，这是一个典型的监督式学习问题。下面构建一个随机森林分类器用于手写数字识别问题。

```
from sklearn. ensemble import RandomForestClassifier

RFC = RandomForestClassifier( n_estimators = 20 )
```

随机森林分类器最重要的超参数是它包含的决策树数量 n_estimators，上面代码中已设定。然而，还有一系列其他超参数如 max_depth、max_features、min_samples_spli 和 criterion 等，它们的取值也对模型性能有重要影响。

下面分别采用随机搜索和网格搜索模型选择器在超参数取值空间进行遍历搜寻，并通过交叉验证方法比较各种参数组合下的模型得分，从而获得最优超参数组合。

### 2.3.3.1　交叉验证

**交叉验证**（Cross-Validation，CV）是一种常用的模型选择方法。本例中将采用 $K$ 折交叉验证（$K$-Fold）方法进行超参数调优，其实现步骤如下。

1. 通过网格搜索或随机搜索生成候选超参数组合
2. 将整个数据集均匀划分为 $K$ 组子样本
3. 给定某一组候选超参数：
· 采用 $K-1$ 组子样本作为**训练集**拟合模型
· 采用剩下 1 组子样本作为**验证集**评估此模型效果
· 重复上述过程 $K$ 次，以 $K$ 个模型得分的平均值为该组超参数的最终得分
4. 对比各组超参数的最终得分，选取分数最高的组合作为模型选择结果

交叉验证通过重复运用随机子样本数据集进行训练和验证，可从有限数据中最大程度获取有效信息，其基本原理如图 2-9 所示。

这里只介绍 sklearn 中最常用的两个模型选择器：一是**网格搜索交叉验证**（Grid Search CV），它在参数取值空间根据给定离散数值设定超参数，并采用交叉验证方法选择最优组合；二是**随机搜索交叉验证**（Randomized Search CV），它在参数取值空间上根据指定分布随机设定超参数，并采用交叉验证方法选择最优组合。

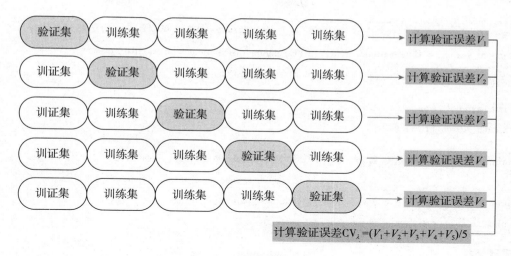

图 2 – 9　交叉验证法原理

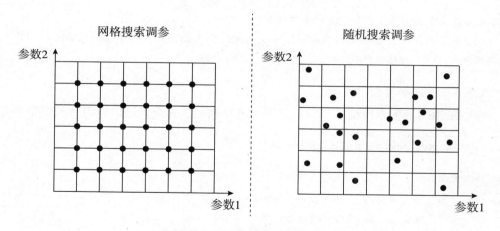

图 2 – 10　网格搜索和随机搜索

下面是随机搜索和网格搜索方法的代码实现。

### 2.3.3.2　随机搜索

首先采用随机搜索模型选择器对超参数进行调优，并查看超参数组合和模型得分。

```
from sklearn. model_selection import RandomizedSearchCV
from time import time
from scipy. stats import randint

#随机搜索超参数
param_dist = {'max_depth': randint(3, 8), 'max_features': randint(1, 11),
              'min_samples_split': randint(2, 11), 'criterion': ['gini', 'entropy']}
#设置随机抽样训练的次数
n_iter_search = 15
```

```
#cv = 5:将数据分为5个部分,4个用作训练,1个用作验证,对5个模型评分求均值得到最终得分
random_search = RandomizedSearchCV(RFC, param_distributions = param_dist, cv = 5,
                                   n_iter = n_iter_search)

start = time()
random_search.fit(X, y)

print('随机搜索共耗费%.2f秒,尝试了%d种参数设置' % ((time() - start),
                                   len(random_search.cv_results_['params']))))
print('最佳超参数的组合为:', random_search.best_params_)
print('最高得分为:', random_search.best_score_)
```

**输 出**

随机搜索共耗费 4.07 秒,尝试了 15 种参数设置

最佳超参数的组合为：{'criterion': 'entropy', 'max_depth': 6, 'max_features': 9, 'min_samples_split': 6}

最高得分为: 0.9120875889817395

### 2.3.3.3  网格搜索

然后采用网格搜索模型选择器对超参数进行调优，并查看超参数组合和模型得分。

```
from sklearn.model_selection import GridSearchCV

#网格搜索超参数
param_grid = {'max_depth': [3,5], 'max_features': [1,3,10],
             'min_samples_split': [2,3,10], 'criterion': ['gini', 'entropy']}
grid_search = GridSearchCV(RFC, param_grid = param_grid, cv = 5)

start = time()
grid_search.fit(X, y)

print('网格搜索共耗费%.2f秒,尝试了%d种参数设置' % (time() - start,
                                   len(grid_search.cv_results_['params'])))
print('最佳超参数的组合为:', grid_search.best_params_)
print('最高得分为:', grid_search.best_score_)
```

**输 出**

网格搜索共耗费 7.17 秒,尝试了 36 种参数设置

最佳超参数的组合为：{'criterion': 'entropy', 'max_depth': 5, 'max_features': 10, 'min_samples_split': 2}

最高得分为: 0.8953946146703806

在本例中，随机搜索比网格搜索的耗时更短，而且其超参数组合获得了更高模型得分。

# 2.4 经济数据分析案例

下面试图通过分析历史房产交易数据，基于机器学习方法构建一个简单的房价预测模型。本案例原始数据来自从房产交易网站爬取的某城市二手房交易信息，包含每一套房产的户型（Layout）、位置（Region）、电梯（Elevator）、年份（Year）、装修（Renovation）、面积（Size）、楼层（Floor）和售价（Price）等。

## 2.4.1 数据导入

导入数据并进行初步观察，包括了解数据特征的缺失值和异常值，以及大致的描述性统计。

```
import pandas as pd
import numpy as np

house_df = pd. read_excel('house. xlsx')
house_df
```

输 出

| | Elevator | Floor | Layout | Price | Region | Renovation | Size | Year |
|---|---|---|---|---|---|---|---|---|
| **0** | NaN | 6 | 3室1厅 | 780.0 | 东城 | 精装 | 75 | 1988 |
| **1** | 无电梯 | 6 | 2室1厅 | 705.0 | 东城 | 精装 | 60 | 1988 |
| **2** | 有电梯 | 16 | 3室1厅 | 1400.0 | 东城 | 其他 | 210 | 1996 |
| **3** | NaN | 7 | 1室1厅 | 420.0 | 东城 | 精装 | 39 | 2004 |
| **4** | 有电梯 | 19 | 2室2厅 | 998.0 | 东城 | 精装 | 90 | 2010 |
| **...** | ... | ... | ... | ... | ... | ... | ... | ... |
| **23672** | NaN | 16 | 2室1厅 | 1010.0 | 东城 | 简装 | 97 | 2008 |
| **23673** | NaN | 6 | 2室1厅 | 468.0 | 东城 | 简装 | 66 | 1995 |
| **23674** | NaN | 6 | 3室2厅 | 1400.0 | 东城 | 简装 | 155 | 2000 |
| **23675** | NaN | 6 | 4室1厅 | 1100.0 | 东城 | 简装 | 107 | 1990 |
| **23676** | NaN | 15 | 1室1厅 | 790.0 | 东城 | 精装 | 81 | 2008 |

23677 rows × 8 columns

初步观察到数据集共有 23677 个样本，包含 8 列数据，其中房产价格 Price 列是模型预测的标签变量，其余 7 列是特征变量。显然，二手房价格可能与这些特征变量高度相关。下面使用 info 方法获取数据的一些基本信息，如数据类型、非空值数量、内存占用等。这对于数据探索和初步分析非常有用。

```
house_df. info( )
```

输 出

```
< class 'pandas. core. frame. DataFrame' >
RangeIndex：23677 entries, 0 to 23676
Data    columns   ( total 8 columns)：
 #   Column        Non-Null Count   Dtype
---  ------        --------------   -----
 0   Elevator      15440 non-null   object
 1   Floor         23677 non-null   int64
 2   Layout        23677 non-null   object
 3   Price         23677 non-null   float64
 4   Region        23677 non-null   object
 5   Renovation    23677 non-null   object
 6   Size          23677 non-null   int64
 7   Year          23677 non-null   int64
dtypes：float64(1), int64(3), object(4)
memory usage：1. 4 + MB
```

上述运行结果显示，Elevator 特征列明显存在大量缺失值，仅有 15440 条非空记录。后续需要对缺失值进行处理。下面通过 describe 方法对数据集进行描述性统计，进一步了解特征列的各项指标，包括平均数、标准差、中位数、最小值、最大值和分位数等。该方法运行结果仅给出数值型特征的统计值。

```
house_df. describe( )
```

输 出

|  | Floor | Price | Size | Year |
|---|---|---|---|---|
| count | 23677. 000000 | 23677. 000000 | 23677. 000000 | 23677. 000000 |
| mean | 12. 765088 | 610. 668319 | 99. 149301 | 2001. 326519 |
| std | 7. 643932 | 411. 452107 | 50. 988838 | 9. 001996 |

（续表）

| | Floor | Price | Size | Year |
|---|---|---|---|---|
| min | 1. 000000 | 60. 000000 | 2. 000000 | 1950. 000000 |
| 25 % | 6. 000000 | 365. 000000 | 66. 000000 | 1997. 000000 |
| 50 % | 11. 000000 | 499. 000000 | 88. 000000 | 2003. 000000 |
| 75 % | 18. 000000 | 717. 000000 | 118. 000000 | 2007. 000000 |
| max | 57. 000000 | 6000. 000000 | 1019. 000000 | 2017. 000000 |

观察到房产面积 Size 的最大值为 1019 平方米，而最小值仅为 2 平方米，这似乎并不符合现实情况。如果存在异常值，可能就会严重影响模型性能。后续可通过数据可视化等手段进一步深入探查数据细节。下面重新排列各特征列的位置，Price 作为标签变量，一般放在数据表末尾。

```
columns = ['Floor', 'Size', 'Layout', 'Elevator', 'Year', 'Region', 'Renovation', 'Price']
df = pd. DataFrame(house_df, columns = columns)
df
```

输 出

| | Floor | Size | Layout | Elevator | Year | Region | Renovation | Price |
|---|---|---|---|---|---|---|---|---|
| 0 | 6 | 75 | 3 室 1 厅 | NaN | 1988 | 东城 | 精装 | 780. 0 |
| 1 | 6 | 60 | 2 室 1 厅 | 无电梯 | 1988 | 东城 | 精装 | 705. 0 |
| 2 | 16 | 210 | 3 室 1 厅 | 有电梯 | 1996 | 东城 | 其他 | 1400. 0 |
| 3 | 7 | 39 | 1 室 1 厅 | NaN | 2004 | 东城 | 精装 | 420. 0 |
| 4 | 19 | 90 | 2 室 2 厅 | 有电梯 | 2010 | 东城 | 精装 | 998. 0 |
| ... | ... | ... | ... | ... | ... | ... | ... | ... |
| 23672 | 16 | 97 | 2 室 1 厅 | NaN | 2008 | 东城 | 简装 | 1010. 0 |
| 23673 | 6 | 66 | 2 室 1 厅 | NaN | 1995 | 东城 | 简装 | 468. 0 |
| 23674 | 6 | 155 | 3 室 2 厅 | NaN | 2000 | 东城 | 简装 | 1400. 0 |
| 23675 | 6 | 107 | 4 室 1 厅 | NaN | 1990 | 东城 | 简装 | 1100. 0 |
| 23676 | 15 | 81 | 1 室 1 厅 | NaN | 2008 | 东城 | 精装 | 790. 0 |

23677 rows × 8 columns

## 2.4.2 特征工程

特征工程是指用一系列规范化方式对原始数据进行筛选和加工，从而提升模型训练效果。机器学习实践中有一句广为流传的话是：**数据和特征决定了机器学习的上限，而模型和算法只是在逼近这个上限而已**。由此可见，高质量的数据是机器学习算法更好发挥作用的前提。特征工程通常包括数据预处理、特征选择和聚类降维等环节。下面依次对数据集中的每个特征项进行观察和处理，为进一步的机器学习建模做好准备。

#### 2.4.2.1 Floor 特征

绘制楼层 Floor 列数据分布柱状图，查看不同楼层的房产数量分布。

```python
import seaborn as sns
import matplotlib. pyplot as plt

plt. rcParams['font. sans - serif'] = ['SimHei'] #解决中文显示乱码问题
plt. rcParams['axes. unicode_minus'] = False

f, ax1 = plt. subplots(figsize = (20, 5))
sns. countplot(x = 'Floor', data = df, ax = ax1)
ax1. set_title('房产楼层分布情况', fontsize = 25)
ax1. set_xlabel('楼层')
ax1. set_ylabel('数量')
plt. show()
```

输出

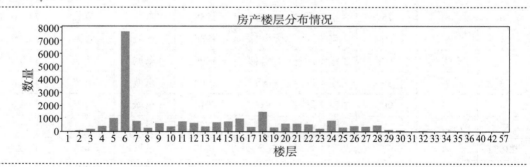

观察楼层分布柱状图发现，6 层的二手房数量最多。但从房价预测视角来看，楼层特征的绝对数意义不大，更重要的是其在楼房总层数中的位置。通常中间楼层价格较高，而底层和顶层价格较低。然而非常遗憾，原始数据集中并不包含总楼层信息，因而只能采用楼层特征进行建模。

#### 2.4.2.2 Size 特征

绘制柱状图观察房产面积 Size 特征的分布情况，然后绘制房产面积 Size 和房产价格 Price 之间的散点图及回归曲线。

```
f, [ax1, ax2] = plt. subplots(1, 2, figsize = (15, 5))
sns. distplot(df['Size'], bins = 20, ax = ax1, color = 'r')  #纵轴表示分布频度,即占比
sns. regplot(x = 'Size', y = 'Price', data = df, ax = ax2)
plt. show()
```

输 出

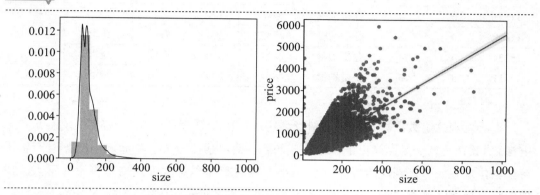

观察右图发现,房产面积与房产价格之间呈现线性关系,基本符合现实情况。但同时也存在两组异常点:左侧有不少数据点,其面积非常小(不到 10 平方米),但是价格却超出 1000 万元;右侧有一个数据点,其面积超过了 1000 平方米,但价格却较低。下面需要仔细查看这两组异常值的具体情况,查询满足条件"size < 10"的样本。

```
df. loc[df['Size'] < 10]
```

输 出

|  | **Floor** | **Size** | **Layout** | **Elevator** | **Year** | **Region** | **Renovation** | **Price** |
|---|---|---|---|---|---|---|---|---|
| **1168** | 5 | 5 | 叠拼别墅 | 毛坯 | 2015 | 房山 | 南北 | 1080.0 |
| **1458** | 5 | 5 | 叠拼别墅 | 毛坯 | 2015 | 房山 | 南北 | 1100.0 |
| **1797** | 5 | 5 | 叠拼别墅 | 精装 | 2015 | 房山 | 南北 | 980.0 |
| **2268** | 4 | 4 | 叠拼别墅 | 精装 | 2014 | 顺义 | 南北 | 1000.0 |
| **2274** | 4 | 5 | 叠拼别墅 | 精装 | 2014 | 顺义 | 南北 | 1450.0 |
| **2276** | 3 | 4 | 叠拼别墅 | 毛坯 | 2014 | 顺义 | 南北 | 860.0 |
| **2432** | 5 | 6 | 叠拼别墅 | 精装 | 2013 | 顺义 | 南北 | 980.0 |
| **4078** | 3 | 4 | 叠拼别墅 | 精装 | 2015 | 大兴 | 南北 | 3150.0 |
| **4079** | 4 | 4 | 叠拼别墅 | 精装 | 2015 | 大兴 | 南北 | 2380.0 |
| **4761** | 3 | 5 | 叠拼别墅 | 精装 | 2015 | 大兴 | 南北 | 2700.0 |
| **7533** | 4 | 2 | 叠拼别墅 | 简装 | 1997 | 昌平 | 南北 | 620.0 |
| **8765** | 6 | 5 | 叠拼别墅 | 毛坯 | 2014 | 通州 | 南北 | 780.0 |

（续表）

|       | Floor | Size | Layout | Elevator | Year | Region | Renovation | Price |
|-------|-------|------|--------|----------|------|--------|------------|-------|
| 9020  | 6     | 4    | 叠拼别墅 | 精装 | 2014 | 通州 | 南北 | 1120.0 |
| 9080  | 6     | 4    | 叠拼别墅 | 毛坯 | 2014 | 通州 | 南北 | 1050.0 |
| 9203  | 6     | 4    | 叠拼别墅 | 精装 | 2014 | 通州 | 南北 | 1050.0 |
| 9254  | 6     | 4    | 叠拼别墅 | 毛坯 | 2014 | 通州 | 南北 | 1100.0 |
| 11531 | 6     | 4    | 叠拼别墅 | 毛坯 | 2016 | 丰台 | 南北 | 4000.0 |
| 14298 | 3     | 8    | 叠拼别墅 | 精装 | 2007 | 海淀 | 南北 | 1350.0 |
| 15334 | 4     | 4    | 叠拼别墅 | 简装 | 2004 | 海淀 | 南北 | 2200.0 |
| 17311 | 5     | 5    | 叠拼别墅 | 精装 | 2007 | 朝阳 | 南北 | 4500.0 |

查看发现这组数据样本全部是别墅型房产。由于别墅的结构比较特殊（无朝向无电梯），其在房产交易网站上的字段格式与普通商品房不一样，导致爬取数据时产生了特征错位现象。考虑到这组样本规模很小，且别墅样本对房价预测建模意义不大，建模前将直接删除这类数据。下面继续查询满足条件"size > 1000"的样本。

```
df.loc[df['Size'] > 1000]
```

输 出

|      | Floor | Size | Layout | Elevator | Year | Region | Renovation | Price |
|------|-------|------|--------|----------|------|--------|------------|-------|
| 8754 | 8     | 1019 | 1房间0卫 | 有电梯 | 2009 | 通州 | 简装 | 1700.0 |

观察发现这套房产的户型为"1房间0厅"，而面积却超过1000平方米。显然，这并非普通居民二手房而是商用写字楼，也可以直接删除此样本。运行下面代码，删除以上两类异常样本。

```
df = df[(df['Layout']! = '叠拼别墅') & (df['Size'] < 1000)]
```

### 2.4.2.3　Layout 特征

查看原始数据集中房产户型 Layout 特征数据格式和数量分布情况。

```
layout_counts = df['Layout'].value_counts()

layout_counts_str = ''

for i in range(0, layout_counts.size):
    layout_counts_str + = (layout_counts.index[i] + ' ' + str(layout_counts.values[i]) + '套;')
print(layout_counts_str)
```

输 出

2 室 1 厅 9485 套；3 室 1 厅 3999 套；3 室 2 厅 2765 套；1 室 1 厅 2681 套；2 室 2 厅 1671 套；4 室 2 厅 930 套；1 室 0 厅 499 套；4 室 1 厅 295 套；5 室 2 厅 200 套；2 房间 1 卫 170 套；1 房间 1 卫 146 套；3 房间 1 卫 116 套；4 室 3 厅 96 套；5 室 3 厅 75 套；1 室 2 厅 67 套；6 室 2 厅 59 套；3 房间 2 卫 53 套；2 室 0 厅 50 套；3 室 3 厅 43 套；4 房间 2 卫 31 套；3 室 0 厅 29 套；6 室 3 厅 29 套；5 室 1 厅 27 套；2 房间 2 卫 18 套；4 房间 1 卫 15 套；1 房间 0 卫 14 套；5 房间 2 卫 10 套；4 房间 3 卫 7 套；7 室 3 厅 7 套；7 室 2 厅 6 套；5 房间 3 卫 6 套；2 室 3 厅 5 套；5 室 4 厅 4 套；4 室 4 厅 4 套；8 室 3 厅 4 套；6 室 4 厅 4 套；6 房间 4 卫 3 套；8 室 2 厅 3 套；4 室 0 厅 3 套；3 房间 0 卫 3 套；2 房间 0 卫 2 套；3 房间 3 卫 2 套；6 室 0 厅 2 套；1 房间 2 卫 2 套；6 房间 3 卫 2 套；5 室 0 厅 1 套；7 房间 2 卫 1 套；6 房间 5 卫 1 套；8 室 5 厅 1 套；5 房间 0 卫 1 套；9 室 1 厅 1 套；9 室 3 厅 1 套；6 室 1 厅 1 套；8 室 4 厅 1 套；11 房间 3 卫 1 套；9 室 2 厅 1 套；1 室 3 厅 1 套；6 室 5 厅 1 套；7 室 1 厅 1 套；

观察发现，绝大多数样本的户型特征数据均为 "xx 室 xx 厅" 格式，仅有少数样本为 "xx 房间 xx 卫" 格式，而且存在 "11 房间 3 卫" 或 "5 房间 0 卫" 等明显异常数据。因此，可删除所有 "xx 房间 xx 卫" 格式数据，仅保留 "xx 室 xx 厅" 数据。运行下面代码，采用正则表达式删除特定数据。

```
df = df.loc[df['Layout'].str.extract('^\d(.*?)\d.*?', expand=False) == '室']
df
```

输 出

|  | Floor | Size | Layout | Elevator | Year | Region | Renovation | Price |
|---|---|---|---|---|---|---|---|---|
| 0 | 6 | 75 | 3 室 1 厅 | NaN | 1988 | 东城 | 精装 | 780.0 |
| 1 | 6 | 60 | 2 室 1 厅 | 无电梯 | 1988 | 东城 | 精装 | 705.0 |
| 2 | 16 | 210 | 3 室 1 厅 | 有电梯 | 1996 | 东城 | 其他 | 1400.0 |
| 3 | 7 | 39 | 1 室 1 厅 | NaN | 2004 | 东城 | 精装 | 420.0 |
| 4 | 19 | 90 | 2 室 2 厅 | 有电梯 | 2010 | 东城 | 精装 | 998.0 |
| ... | ... | ... | ... | ... | ... | ... | ... | ... |
| 23672 | 16 | 97 | 2 室 1 厅 | NaN | 2008 | 东城 | 简装 | 1010.0 |
| 23673 | 6 | 66 | 2 室 1 厅 | NaN | 1995 | 东城 | 简装 | 468.0 |
| 23674 | 6 | 155 | 3 室 2 厅 | NaN | 2000 | 东城 | 简装 | 1400.0 |
| 23675 | 6 | 107 | 4 室 1 厅 | NaN | 1990 | 东城 | 简装 | 1100.0 |
| 23676 | 15 | 81 | 1 室 1 厅 | NaN | 2008 | 东城 | 精装 | 790.0 |

23052 rows × 8 columns

虽然户型特征数据的格式已经统一,但这种数据形式并不适合机器学习建模。为便于计算机后续处理,下面将"室"和"厅"的数量单独提取出来分别作为两个新特征。

```
pd. set_option('mode. chained_assignment', None) #屏蔽 SettingWithCopyWarning 警告信息

#采用正则表达式提取"室"和"厅",并创建新特征
df['Layout_room_num'] = df['Layout']. str. extract('(^\d). *, expand = False). astype('int64')
df['Layout_hall_num'] = df['Layout']. str. extract('^\d. *? (\d). *, expand = False). astype('int64')
df
```

**输 出**

|  | Floor | Size | Layout | Elevator | Year | Region | Renovation | Price | Layout_room _num | Layout_hall _num |
|---|---|---|---|---|---|---|---|---|---|---|
| **0** | 6 | 75 | 3 室 1 厅 | NaN | 1988 | 东城 | 精装 | 780. 0 | 3 | 1 |
| **1** | 6 | 60 | 2 室 1 厅 | 无电梯 | 1988 | 东城 | 精装 | 705. 0 | 2 | 1 |
| **2** | 16 | 210 | 3 室 1 厅 | 有电梯 | 1996 | 东城 | 其他 | 1400. 0 | 3 | 1 |
| **3** | 7 | 39 | 1 室 1 厅 | NaN | 2004 | 东城 | 精装 | 420. 0 | 1 | 1 |
| **4** | 19 | 90 | 2 室 2 厅 | 有电梯 | 2010 | 东城 | 精装 | 998. 0 | 2 | 2 |
| **. . .** | . . . | . . . | . . . | . . . | . . . | . . . | . . . | . . . | . . . | . . . |
| **23672** | 16 | 97 | 2 室 1 厅 | NaN | 2008 | 东城 | 简装 | 1010. 0 | 2 | 1 |
| **23673** | 6 | 66 | 2 室 1 厅 | NaN | 1995 | 东城 | 简装 | 468. 0 | 2 | 1 |
| **23674** | 6 | 155 | 3 室 2 厅 | NaN | 2000 | 东城 | 简装 | 1400. 0 | 3 | 2 |
| **23675** | 6 | 107 | 4 室 1 厅 | NaN | 1990 | 东城 | 简装 | 1100. 0 | 4 | 1 |
| **23676** | 15 | 81 | 1 室 1 厅 | NaN | 2008 | 东城 | 精装 | 790. 0 | 1 | 1 |

23052 rows × 10 columns

#### 2.4.2.4 Elevator 特征

查看房产电梯 Elevator 特征数据的分布情况,注意这里仅统计了非缺失值。

```
df['Elevator']. value_counts( )
```

**输 出**

```
有电梯    8980
无电梯    6075
Name: Elevator, dtype: int64
```

在上文初探数据时,已发现 Elevator 特征存在大量缺失值,这对于后续分析会造成

影响。查看缺失值数量。

```
print('Elevator 缺失值数量为:', len(df.loc[(df['Elevator'].isnull()), 'Elevator']))
```

Elevator 缺失值数量为: 7997

对于缺失值处理，可直接删除缺失值样本或采取某种策略对缺失值进行填补。为了最大化利用原始数据信息，这里考虑采用填补法处理缺失值。采用的填补策略是：根据楼层 Floor 的特征判断此房产是否有电梯，当楼层大于 6 层时认为都有电梯，而小于等于 6 层则认为没有电梯。

```
pd.set_option('mode.chained_assignment', None)

df.loc[(df['Floor'] > 6) & (df['Elevator'].isnull()), 'Elevator'] = '有电梯'
df.loc[(df['Floor'] <= 6) & (df['Elevator'].isnull()), 'Elevator'] = '无电梯'
df
```

| | Floor | Size | Layout | Elevator | Year | Region | Renovation | Price | Layout_room_num | Layout_hall_num |
|---|---|---|---|---|---|---|---|---|---|---|
| **0** | 6 | 75 | 3室1厅 | 无电梯 | 1988 | 东城 | 精装 | 780.0 | 3 | 1 |
| **1** | 6 | 60 | 2室1厅 | 无电梯 | 1988 | 东城 | 精装 | 705.0 | 2 | 1 |
| **2** | 16 | 210 | 3室1厅 | 有电梯 | 1996 | 东城 | 其他 | 1400.0 | 3 | 1 |
| **3** | 7 | 39 | 1室1厅 | 有电梯 | 2004 | 东城 | 精装 | 420.0 | 1 | 1 |
| **4** | 19 | 90 | 2室2厅 | 有电梯 | 2010 | 东城 | 精装 | 998.0 | 2 | 2 |
| **...** | ... | ... | ... | ... | ... | ... | ... | ... | ... | ... |
| **23672** | 16 | 97 | 2室1厅 | 有电梯 | 2008 | 东城 | 简装 | 1010.0 | 2 | 1 |
| **23673** | 6 | 66 | 2室1厅 | 无电梯 | 1995 | 东城 | 简装 | 468.0 | 2 | 1 |
| **23674** | 6 | 155 | 3室2厅 | 无电梯 | 2000 | 东城 | 简装 | 1400.0 | 3 | 2 |
| **23675** | 6 | 107 | 4室1厅 | 无电梯 | 1990 | 东城 | 简装 | 1100.0 | 4 | 1 |
| **23676** | 15 | 81 | 1室1厅 | 有电梯 | 2008 | 东城 | 精装 | 790.0 | 1 | 1 |

23052 rows × 10 columns

### 2.4.2.5 Year 特征

Year 特征是房产建造的年份。如果直接使用 Year 作为特征值，那么年份划分粒度过细可能并不利于房价预测建模。因此，这里先对 Year 特征做离散化分箱处理，将整个年份区间分割为 5 份。

```
df['Year'] = pd. qcut(df['Year'], 5). astype('object')
df
```

**输 出**

| | Floor | Size | Layout | Elevator | Year | Region | Renovation | Price | Layout_room_num | Layout_hall_num |
|---|---|---|---|---|---|---|---|---|---|---|
| **0** | 6 | 75 | 3 室 1 厅 | 无电梯 | (1949.999, 1995.0] | 东城 | 精装 | 780.0 | 3 | 1 |
| **1** | 6 | 60 | 2 室 1 厅 | 无电梯 | (1949.999, 1995.0] | 东城 | 精装 | 705.0 | 2 | 1 |
| **2** | 16 | 210 | 3 室 1 厅 | 有电梯 | (1995.0, 2001.0] | 东城 | 其他 | 1400.0 | 3 | 1 |
| **3** | 7 | 39 | 1 室 1 厅 | 有电梯 | (2001.0, 2004.0] | 东城 | 精装 | 420.0 | 1 | 1 |
| **4** | 19 | 90 | 2 室 2 厅 | 有电梯 | (2008.0, 2017.0] | 东城 | 精装 | 998.0 | 2 | 2 |
| ... | ... | ... | ... | ... | ... | ... | ... | ... | ... | ... |
| **23672** | 16 | 97 | 2 室 1 厅 | 有电梯 | (2004.0, 2008.0] | 东城 | 简装 | 1010.0 | 2 | 1 |
| **23673** | 6 | 66 | 2 室 1 厅 | 无电梯 | (1949.999, 1995.0] | 东城 | 简装 | 468.0 | 2 | 1 |
| **23674** | 6 | 155 | 3 室 2 厅 | 无电梯 | (1995.0, 2001.0] | 东城 | 简装 | 1400.0 | 3 | 2 |
| **23675** | 6 | 107 | 4 室 1 厅 | 无电梯 | (1949.999, 1995.0] | 东城 | 简装 | 1100.0 | 4 | 1 |
| **23676** | 15 | 81 | 1 室 1 厅 | 有电梯 | (2004.0, 2008.0] | 东城 | 精装 | 790.0 | 1 | 1 |

23052 rows × 10 columns

下面是将 Year 进行分箱的结果。

```
df['Year']. value_counts()
```

**输 出**

```
(1949.999, 1995.0]    5022
(1995.0, 2001.0]      4996
```

(2001.0, 2004.0]        4407
(2008.0, 2017.0]        4394
(2004.0, 2008.0]        4233
Name：Year, dtype：int64

### 2.4.2.6  添加和删除特征

根据机器学习建模需要，可灵活定义一些新特征。例如，可考虑将"室"与"厅"的数量相加作为新特征——房间总数量。

```
df['Layout_total_num'] = df['Layout_room_num'] + df['Layout_hall_num']
```

进一步，还可将房产面积与房间总数量的比值作为一个新特征，可理解为每个房间的平均面积。

```
df['Size_room_ratio'] = df['Size'] / df['Layout_total_num']
```

为消除可能存在的多重共线性问题，这里删除冗余特征 Layout、Size、Layout_room_num 和 Layout_hall_num。

```
df = df.drop(['Layout', 'Layout_room_num', 'Layout_hall_num', 'Size'], axis = 1)
df
```

输 出

| | Floor | Elevator | Year | Region | Renovation | Price | Layout_total_num | Size_room_ratio |
|---|---|---|---|---|---|---|---|---|
| 0 | 6 | 无电梯 | (1949.999, 1995.0] | 东城 | 精装 | 780.0 | 4 | 18.750000 |
| 1 | 6 | 无电梯 | (1949.999, 1995.0] | 东城 | 精装 | 705.0 | 3 | 20.000000 |
| 2 | 16 | 有电梯 | (1995.0, 2001.0] | 东城 | 其他 | 1400.0 | 4 | 52.500000 |
| 3 | 7 | 有电梯 | (2001.0, 2004.0] | 东城 | 精装 | 420.0 | 2 | 19.500000 |
| 4 | 19 | 有电梯 | (2008.0, 2017.0] | 东城 | 精装 | 998.0 | 4 | 22.500000 |
| ... | ... | ... | ... | ... | ... | ... | ... | ... |
| 23672 | 16 | 有电梯 | (2004.0, 2008.0] | 东城 | 简装 | 1010.0 | 3 | 32.333333 |
| 23673 | 6 | 无电梯 | (1949.999, 1995.0] | 东城 | 简装 | 468.0 | 3 | 22.000000 |

（续表）

| | Floor | Elevator | Year | Region | Renovation | Price | Layout_total_num | Size_room_ratio |
|---|---|---|---|---|---|---|---|---|
| 23674 | 6 | 无电梯 | (1995.0, 2001.0] | 东城 | 简装 | 1400.0 | 5 | 31.000000 |
| 23675 | 6 | 无电梯 | (1949.999, 1995.0] | 东城 | 简装 | 1100.0 | 5 | 21.400000 |
| 23676 | 15 | 有电梯 | (2004.0, 2008.0] | 东城 | 精装 | 790.0 | 2 | 40.500000 |

23052 rows × 8 columns

#### 2.4.2.7 离散型特征编码

目前数据表中 Region、Year、Renovation、Elevator 等特征列都是离散型数据，而作为机器学习模型输入则需要将它们数值化。这里采用 DataFrame 的 get_dummies 方法对整个数据表的非数值型特征进行独热编码处理。

```
original_columns = list(df.columns)
categorical_columns = [col for col in df.columns if df[col].dtype == 'object']
df = pd.get_dummies(df, columns = categorical_columns, dummy_na = False)
df
```

输 出

| | Floor | Price | Layout_total_num | Size_room_ratio | Elevator_无电梯 | Elevator_有电梯 | Year_(1949.999, 1995.0] | Year_(1995.0, 2001.0] | Year_(2001.0, 2004.0] | Year_(2004.0, 2008.0] | ... | Region_海淀 | Region_石景山 | Region_西城 | Region_通州 | Region_门头沟 | Region_顺义 | Renovation_其他 | Renovation_毛坯 | Renovation_简装 | Renovation_精装 |
|---|---|---|---|---|---|---|---|---|---|---|---|---|---|---|---|---|---|---|---|---|---|
| 0 | 6 | 780.0 | 4 | 18.750000 | 1 | 0 | 1 | 0 | 0 | 0 | ... | 0 | 0 | 0 | 0 | 0 | 0 | 0 | 0 | 0 | 1 |
| 1 | 6 | 705.0 | 3 | 20.000000 | 1 | 0 | 1 | 0 | 0 | 0 | ... | 0 | 0 | 0 | 0 | 0 | 0 | 0 | 0 | 0 | 1 |
| 2 | 16 | 1400.0 | 4 | 52.500000 | 0 | 1 | 0 | 1 | 0 | 0 | ... | 0 | 0 | 0 | 0 | 0 | 0 | 1 | 0 | 0 | 0 |
| 3 | 7 | 420.0 | 2 | 19.500000 | 0 | 1 | 0 | 0 | 1 | 0 | ... | 0 | 0 | 0 | 0 | 0 | 0 | 0 | 0 | 0 | 1 |
| 4 | 19 | 998.0 | 4 | 22.500000 | 0 | 1 | 0 | 0 | 0 | 0 | ... | 0 | 0 | 0 | 0 | 0 | 0 | 0 | 0 | 0 | 0 |
| ... | ... | ... | ... | ... | ... | ... | ... | ... | ... | ... | ... | ... | ... | ... | ... | ... | ... | ... | ... | ... | ... |
| 23672 | 16 | 1010.0 | 3 | 32.333333 | 0 | 1 | 0 | 0 | 0 | 1 | ... | 0 | 0 | 0 | 0 | 0 | 0 | 0 | 0 | 1 | 0 |
| 23673 | 6 | 468.0 | 3 | 22.000000 | 1 | 0 | 0 | 0 | 0 | 0 | ... | 0 | 0 | 0 | 0 | 0 | 0 | 0 | 0 | 1 | 0 |
| 23674 | 6 | 1400.0 | 5 | 31.000000 | 1 | 0 | 0 | 1 | 0 | 0 | ... | 0 | 0 | 0 | 0 | 0 | 0 | 0 | 0 | 1 | 0 |
| 23675 | 6 | 1100.0 | 5 | 21.400000 | 1 | 0 | 1 | 0 | 0 | 0 | ... | 0 | 0 | 0 | 0 | 0 | 0 | 0 | 0 | 1 | 0 |
| 23676 | 15 | 790.0 | 2 | 40.500000 | 0 | 1 | 0 | 0 | 0 | 1 | ... | 0 | 0 | 0 | 0 | 0 | 0 | 0 | 0 | 0 | 1 |

23052 rows × 31 columns

查看独热编码后生成的各个新特征列名称。

```
new_columns = [c for c in df.columns if c not in original_columns]
print('新添加的列为:', new_columns)
```

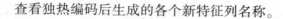 输 出

新添加的列为: ['Elevator_无电梯', 'Elevator_有电梯', 'Year_(1949.999, 1995.0]', 'Year_(1995.0, 2001.0]', 'Year_(2001.0, 2004.0]', 'Year_(2004.0, 2008.0]', 'Year_(2008.0, 2017.0]', 'Region_东城', 'Region_丰台', 'Region_亦庄开发区', 'Region_大兴', 'Region_密云', 'Region_平谷', 'Region_怀柔', 'Region_房山', 'Region_昌平', 'Region_朝阳', 'Region_海淀', 'Region_石景山', 'Region_西城', 'Region_通州', 'Region_门头沟', 'Region_顺义', 'Renovation_其他', 'Renovation_毛坯', 'Renovation_简装', 'Renovation_精装']

至此, 特征工程步骤基本完成。

### 2.4.2.8　特征相关性

经过特征工程后, 所有特征都是数值型变量, 以便于下一步进行机器学习处理。下面分析各个特征之间的相关性, 使用 seaborn 工具包的 heatmap 方法对特征相关性进行可视化。

```
colormap = plt.cm.RdBu #colormap 将数据差异映射为颜色差异

plt.figure(figsize=(20, 20))
plt.title('特征之间的 Pearson 相关性', y=1.05, size=25)
sns.heatmap(df.corr(), linewidths=0.1, vmax=1.0, square=True, cmap=colormap,
            linecolor='white', annot=True)
plt.show()
```

**输 出**

特征之间的Pearson相关性

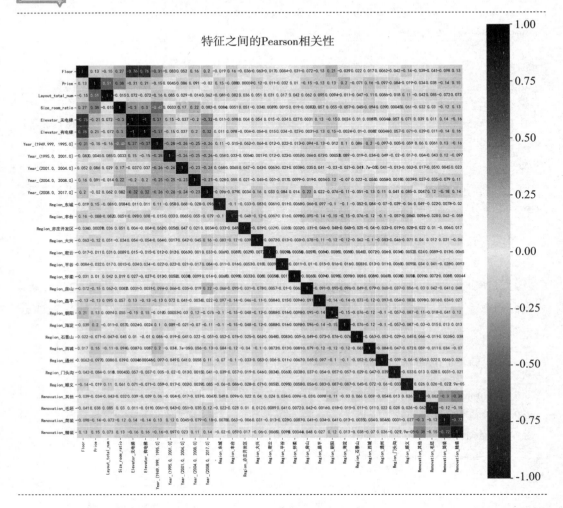

颜色偏红或者偏蓝都说明相关系数较大，说明两个特征对于目标变量的影响程度相似，即存在严重的重复信息。因此在数据分析实践中，可通过特征相关性进行特征筛选，仅选择必要的特征项进行机器学习建模。

请扫码
查看原图

### 2.4.3 模型构建

下面将基于sklearn工具包对上述数据集进行机器学习建模，流程框架大概如下。

1. **算法选择**：本数据集中存在多个特征变量和一个标签变量，属于典型的监督式学习任务。作为示例，我们选用决策树回归算法（Decision Tree Regressor）构建房价预测模型。

2. **数据准备**：从数据集中分别提取特征数据矩阵和标签向量，并将整个数据集划分为训练集和测试集。在模型训练过程中，采用 $K$ 折交叉验证法进一步将训练集划分为子训练集和验证集，以充分利用有限数据。

3. **模型训练**：指定超参数（本例中为决策树深度 max_depth）取值范围，使用网格搜索交叉验证方法为算法设定超参数执行训练并记录得分，选择效果最好的超参数组合（即模型）。

4. **模型评价**：采用上面得到的最优模型对测试集数据进行预测，并使用 $R^2$ 指标（r2_score）对模型预测效果进行评价。

### 2.4.3.1 数据准备

提取标签变量房产价格 Price，并将它从特征数据集中删除。

```
prices = df['Price'] #标签变量
features = df.drop('Price', axis=1) #特征变量
features
```

**输 出**

| | Floor | Price | Layout_total_num | Size_room_ratio | Elevator_无电梯 | Elevator_有电梯 | Year_（1949.999, 1995.0] | Year_（1995.0, 2001.0] | Year_（2001.0, 2004.0] | Year_（2004.0, 2008.0] | ... | Region_海淀 | Region_石景山 | Region_西城 | Region_通州 | Region_门头沟 | Region_顺义 | Renovation_其他 | Renovation_毛坯 | Renovation_简装 | Renovation_精装 |
|---|---|---|---|---|---|---|---|---|---|---|---|---|---|---|---|---|---|---|---|---|---|
| 0 | 6 | 4 | 18.750000 | 1 | 0 | 1 | 0 | 0 | 0 | 0 | ... | 0 | 0 | 0 | 0 | 0 | 0 | 0 | 0 | 0 | 1 |
| 1 | 6 | 3 | 20.000000 | 1 | 0 | 1 | 0 | 0 | 0 | 0 | ... | 0 | 0 | 0 | 0 | 0 | 0 | 0 | 0 | 0 | 1 |
| 2 | 16 | 4 | 52.500000 | 0 | 1 | 0 | 1 | 0 | 0 | 0 | ... | 0 | 0 | 0 | 0 | 0 | 0 | 0 | 0 | 0 | 1 |
| 3 | 7 | 4 | 19.500000 | 0 | 1 | 0 | 0 | 0 | 0 | 0 | ... | 0 | 0 | 0 | 0 | 0 | 0 | 0 | 0 | 0 | 1 |
| 4 | 19 | 4 | 22.500000 | 0 | 1 | 0 | 0 | 0 | 1 | 0 | ... | 0 | 0 | 0 | 0 | 0 | 0 | 0 | 0 | 0 | 1 |
| ... | ... | ... | ... | ... | ... | ... | ... | ... | ... | ... | ... | ... | ... | ... | ... | ... | ... | ... | ... | ... | ... |
| 23672 | 16 | 3 | 32.333333 | 0 | 1 | 0 | 0 | 0 | 0 | 0 | ... | 0 | 0 | 0 | 0 | 0 | 0 | 0 | 0 | 0 | 1 |
| 23673 | 6 | 3 | 22.000000 | 1 | 0 | 1 | 0 | 0 | 0 | 0 | ... | 0 | 0 | 0 | 0 | 0 | 0 | 0 | 0 | 0 | 1 |
| 23674 | 6 | 5 | 31.000000 | 1 | 0 | 1 | 0 | 0 | 0 | 0 | ... | 0 | 0 | 0 | 0 | 0 | 0 | 0 | 0 | 0 | 1 |
| 23675 | 6 | 5 | 21.400000 | 1 | 0 | 1 | 0 | 0 | 0 | 0 | ... | 0 | 0 | 0 | 0 | 0 | 0 | 0 | 0 | 0 | 1 |
| 23676 | 15 | 2 | 40.500000 | 0 | 1 | 0 | 0 | 0 | 1 | 0 | ... | 0 | 0 | 0 | 0 | 0 | 0 | 0 | 0 | 0 | 1 |

23052 rows × 30 columns

通常将原始数据划分为**训练集**和**测试集**。测试集是与训练集相互独立的数据，用于最终模型效果的评估。

```
from sklearn.model_selection import train_test_split

features_train, features_test, prices_train, prices_test = \
        train_test_split(features, prices, test_size=0.2, random_state=0)
```

### 2.4.3.2　模型训练

在机器学习模型中，需要人工选择的参数被称为超参数。比如随机森林中决策树的个数、人工神经网络模型中的隐藏层数和每层节点数等，都需要事先指定。选择超参数有两个途径：一是凭经验反复调整；二是按某种规则遍历参数，代入模型中挑选表现最好的参数。

下面使用网格搜索交叉验证法完成模型训练和超参数选择工作。

```
from sklearn. tree import DecisionTreeRegressor
from sklearn. metrics import make_scorer
from sklearn. metrics import r2_score
from sklearn. model_selection import GridSearchCV
from sklearn. model_selection import KFold

#创建 K 折交叉验证器
cross_validator = KFold(10, shuffle = True, random_state = 10)
#创建决策树回归模型
regressor = DecisionTreeRegressor()
#设置超参数决策树深度的取值范围
params = {'max_depth': [1, 2, 3, 4, 5, 6, 7, 8, 9, 10, 11, 12, 13, 14, 15, 16]}
#指定模型评价函数
scoring_fnc = make_scorer(r2_score)
#利用 GridSearchCV 计算最优解
grid = GridSearchCV(estimator = regressor, param_grid = params, scoring = scoring_fnc,
                    cv = cross_validator) #进行网格搜索
grid = grid. fit(features_train, prices_train)
#获得搜索结果
optimal_reg = grid. best_estimator_

print('决策树最优深度:max_depth = {}'. format(optimal_reg. get_params()['max_depth']))
```

**输出**

---

决策树最优深度:max_depth = 11

---

由于受到随机性因素影响，此处的最优超参数值有可能出现小的波动。

### 2.4.3.3　模型评价

在机器学习中，性能指标（Metrics）是衡量一个模型好坏的关键，一般通过衡量模型预测值和真实值之间的某种"距离"得出。模型性能的评价指标主要有均方根误差（RMSE）、平均绝对误差（MAE）、均方误差（MSE）和决定系数（$R^2$）等，这里

使用 $R^2$ 指标评价模型效果。

```
predicted_value = optimal_reg. predict(features_test)
r2 = r2_score(prices_test, predicted_value)
print('最优模型在测试数据集得分:R^2 = {:,.2f}'. format(r2))
```

**输出**

最优模型在测试数据集得分:R^2 = 0.75

至此,本案例完成了包含数据导入、特征工程、模型构建和模型评价在内的整个数据处理过程,初步实现了一个房产价格预测模型。为了使模型预测结果更加准确,本案例还有诸多有待优化之处,例如:爬取更多影响房价的字段信息,或者从其他渠道获取补充数据;发掘更多对房价有潜在影响的特征,例如是不是学区房或是否靠近地铁等;通过尝试对比其他各种机器学习算法,还有可能获得性能更为优异的模型。

## 本章小结

本章介绍了机器学习的基本原理和机器学习工具包 sklearn,并通过一个实际案例展示了数据分析的一般流程。机器学习包括数据、算法、模型三个关键要素。算法通过在数据上进行运算而产生模型。机器学习过程主要包含数据预处理、模型学习、模型评估和新样本预测四个步骤,其 Python 实现集中于 sklearn 工具包。sklearn 的三大核心 API 分别是估计器、预测器和转换器,分别用于估计模型参数、预测未知数据和数据预处理等。除此之外,sklearn 工具包还提供了一系列高级 API,如流水线、模型集成和模型选择等。在本章的最后,我们导入某城市房产交易历史数据,采用特征工程技术进行预处理,并使用机器学习方法构建了一个简单的房价预测模型。作为正式学习的引入,本章为后续详细的算法学习绘制了蓝图,也是全书学习的一个缩影:机器学习理论 + 算法代码实现 + 场景应用实践。

## 课后习题

1. 机器学习的关键要素是什么,彼此之间如何联系?

2. 机器学习的基本流程是什么?

3. sklearn 工具包的估计器、预测器和转换器的功能、基本方法和使用步骤分别是什么?

4. sklearn 工具包的估计器、预测器和转换器的代码实现模板是

参考答案
请扫码查看

什么？本章的房产价格预测案例中，是否运用了估计器、预测器和转换器？

5. 编写代码依次完成下列步骤，实现流水线的构建和运用。

（1）载入 sklearn 的鸢尾花数据集，指出特征变量和标签变量。

（2）将数据集划为 80% 的训练集和 20% 的测试集。

（3）构建一个包含两个步骤的机器学习流水线。步骤一：对数据进行特征缩放，使用 StandardScaler 对特征进行标准化；步骤二：建立一个随机森林分类器，使用 RandomForestClassifier。

（4）使用流水线在训练集上训练模型。

（5）对测试集数据进行预测。

（6）使用 accuracy_score 函数评估模型性能并输出得分。

# 第3章
# 线性回归与模型拟合

## 3.1　线性回归模型

　　线性回归（Linear Regression）通过回归分析确定线性相关变量间的定量关系。给定含有标签和 $n$ 个特征变量的数据，若特征变量与标签之间存在线性相关，则可采用线性回归模型学得二者之间的线性关系，即

$$y = a_0 x_0 + a_1 x_1 + \cdots + a_n x_n + b$$

一般用向量形式写成

$$y = a^{\mathrm{T}} X + b$$

其中 $a = (a_0, a_1, \cdots, a_n), X = (x_0, x_1, \cdots, x_n)$。算法从数据中学得 $a$ 和 $b$ 之后，模型得以确定，此后可以用于预测新样本的标签值。

　　线性回归模型是一切回归问题的基础，也是机器学习的重要模型之一。线性回归模型虽形式简单，却蕴含着机器学习中一些关键的基本思想，许多复杂的机器学习模型都是从简单的线性回归模型演化而来的。因具有易于建模、可解释性强等优点，线性回归模型至今仍被广泛使用。以下通过一个企业生产成本建模案例，对线性回归模型做进一步介绍。

表 3−1　某手工艺品生产工坊记录数据

| 序号 | 日期 | 生产个数 | 生产成本 |
|:---:|:---:|:---:|:---:|
| 1 | 06/01 | 226 | 227.95 |
| 2 | 06/02 | 246 | 239.76 |
| 3 | 06/03 | 233 | 231.55 |
| 4 | 06/04 | 268 | 267.22 |
| 5 | 06/05 | 238 | 231.21 |
| 6 | 06/06 | 222 | 216.62 |
| 7 | 06/07 | 253 | 252.55 |
| 8 | 06/08 | 296 | 302.85 |
| … | … | … | … |

　　某手工艺品生产工坊记录了每日生产过程中的数据，如表 3 – 1 所示[1]。这种以二维数据表格形式记录的数据被称为结构化数据，经济大数据分析建模大多数时候面对的是此类数据。观察表中的数据可以看出，日期和序号仅作为数据标号，而生产个数与生产成本两列蕴藏着这家企业更多的信息。经济学中通常使用"成本函数"一词描述企业生产的产品数量和所需总成本之间的关系。掌握成本函数，有利于企业根据生产计划预估生产成本，从而优化生产决策。

　　为更直观地了解成本函数情况，将上面的数据可视化于一个直角坐标系中。生产个数和生产成本分别作为横坐标和纵坐标，绘制散点图如图 3 – 1 所示。观察数据分布情况，随着生产个数的增加，生产成本也随之上升，二者之间大致呈线性关系。

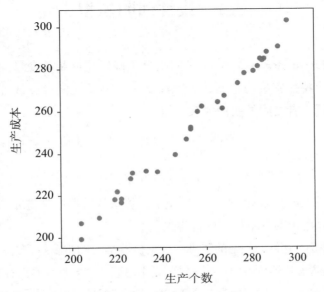

图 3 – 1　生产个数与生产成本的关系

　　这样的线性回归应用场景，运用经典统计方法和机器学习都可以建模处理。事实上，统计学为机器学习处理线性关系提供了重要的理论基础。正因为二者具有内在理论的相似性，容易使人误认为它们是等同的。有一句话精辟地总结了经典统计方法和机器学习的本质区别："**统计方法是人在学习，机器学习是计算机在学习！**"接下来将分别展示二者的建模过程，帮助读者深入体会这句话的含义。

### 3.1.1　经典统计方法拟合模型

　　按照统计学建模思路，一般称生产个数为自变量 $x$，生产成本为因变量 $y$。根据上文散点图猜测，因变量和自变量之间通过线性数学表达式

$$y_i = a x_i + b + \varepsilon_i$$

联系起来。其中，$a$ 和 $b$ 是未知参数，称为回归系数；$y_i$ 和 $x_i$ 分别是 $y$ 和 $x$ 的第 $i$ 个观测值；$\varepsilon_i$ 是随机误差项，反映未列入表达式的其他因素对 $y$ 的影响。这正是一元线性回归模型，模型中只包含一个自变量和一个因变量。如果自变量的个数达到两个或两个以上，则被称为多元线性回归模型。经典统计方法对该线性函数的拟合可以通过 statsmodels 工具包实现。

该手工艺品生产工坊记录的数据以文本形式存放于 production_cost. csv 文件，使用 pandas 库的 read_csv 函数将文件中的数据读取为一个 DataFrame 对象，便于进一步的数据处理和分析。

```python
import pandas as pd

data = pd. read_csv('production_cost. csv')
```

下面采用 statsmodels 工具包的 OLS 函数构建线性回归模型，该函数采用最小二乘法求解模型参数估计值。statsmodels 工具包还可以输出统计显著性等回归结果信息，用于评估模型效果和优化模型设定。

```python
import statsmodels. api as sm
data = data. rename(columns = {'生产个数': 'x', '生产成本': 'y'})
#设置自变量和因变量
Y = data['y']
X = sm. add_constant(data['x']) #由于一般存在固定成本,此处手动加入截距项 b
#构建模型
model = sm. OLS(Y, X)
#拟合模型
result = model. fit()
#输出模型结果
print(result. summary())
```

输 出

OLS Regression Results

| Dep. Variable: | y | R-squared: | 0.988 |
|---|---|---|---|
| Model: | OLS | Adj. R-squared: | 0.987 |
| Method: | Least Squares | F-statistic: | 2270. |
| Date: | Sat, 16 Sep 2023 | Prob (F-statistic): | $2.39e-28$ |
| Time: | 17:15:29 | Log-Likelihood: | $-77.335$ |
| No. Observations: | 30 | AIC: | 158.7 |
| Df Residuals | 28 | BIC: | 161.5 |

| | coef | std err | t | P > \|t\| | [0.025 | 0.975] |
|---|---|---|---|---|---|---|
| Df Model： | | | 1 | | | |
| Covariance Type： | | | nonrobust | | | |
| const | −6.4009 | 5.461 | −1.172 | 0.251 | −17.587 | 4.785 |
| x | 1.0221 | 0.021 | 47.641 | 0.000 | 0.978 | 1.066 |

| | | | |
|---|---|---|---|
| Omnibus： | 0.539 | Durbin − Watson： | 1.888 |
| Prob(Omnibus)： | 0.764 | Jarque − Bera (JB)： | 0.655 |
| Skew： | 0.241 | Prob(JB)： | 0.721 |
| Kurtosis： | 2.459 | Cond. No. | 2.31e + 03 |

Warnings：

[1] Standard Errors assume that the covariance matrix of the errors is correctly specified.

[2] The condition number is large, 2.31e + 03. This might indicate that there are strong multicollinearity or other numerical problems.

上述回归结果显示，生产个数系数 $a$ 的估计值为 1.0221，常数项参数 $b$ 的估计值为 −6.4009。这意味着，每增加一个单位的产量，生产成本增加 1.0221，且生产的固定成本为 −6.4009。直观来看，固定成本小于 0 显然不符合常识。不过在接受这一结论之前，首先需要通过统计学检验，具体分为拟合程度评价和显著性检验。

● 使用决定系数 $R^2$ 评价多元线性回归方程的拟合程度，其取值范围在 0 到 1 之间，越接近 1 代表模型的解释力越强。本例中 $R^2$（R-squared）的取值为 0.988，意味着本回归方程中的自变量生产个数和截距项一起可以解释因变量生产成本 98.8% 的变化。

● 回归方程和回归系数的显著性检验（在 5% 的显著性水平下）。第一，回归方程 $F$ 检验值 Prob（F-statistic）小于 5%，说明回归模型中自变量与因变量之间存在显著的线性关系。第二，回归系数 $a$ 的 $P$ 值约等于 0，而常数项 $b$ 的 $P$ 值为 25.1%。这表明生产个数对生产成本有显著影响。

综合上述分析，截距项既没有通过显著性检验，又与经济意义相矛盾。下面从模型中剔除截距项，将模型修改为

$$y_i = a\, x_i + \varepsilon_i$$

下面继续采用 statsmodels 工具包的 OLS 函数构建修正的线性回归模型，并重新估计参数。

```
model_New = sm. OLS(Y, data['x'])
result_New = model_New. fit( )
print( result_New. summary( ) )
```

输 出

OLS Regression Results
===============================================================================
| | | | | | |
|---|---|---|---|---|---|
| Dep. Variable: | | y | R-squared (uncentered): | | 1.000 |
| Model: | | OLS | Adj. R-squared (uncentered): | | 1.000 |
| Method: | | Least Squares | F-statistic: | | 1.754e+05 |
| Date: | | Sat, 16 Sep 2023 | Prob (F-statistic): | | 2.16e−56 |
| Time: | | 17:15:29 | Log-Likelihood: | | −78.054 |
| No. Observations: | | 30 | AIC: | | 158.1 |
| Df Residuals: | | 29 | BIC: | | 159.5 |
| Df Model: | | 1 | | | |
| Covariance Type: | | nonrobust | | | |

===============================================================================
| | coef | std err | t | P>\|t\| | [0.025 | 0.975] |
|---|---|---|---|---|---|---|
| x | 0.9971 | 0.002 | 418.763 | 0.000 | 0.992 | 1.002 |

===============================================================================
| | | | |
|---|---|---|---|
| Omnibus: | 0.169 | Durbin-Watson: | 1.685 |
| Prob(Omnibus): | 0.919 | Jarque-Bera (JB): | 0.212 |
| Skew: | 0.153 | Prob(JB): | 0.899 |
| Kurtosis: | 2.723 | Cond. No. | 1.00 |
===============================================================================

Warnings:

[1] Standard Errors assume that the covariance matrix of the errors is correctly specified.

对新模型进行统计学检验发现，决定系数 $R^2$ 增大至约等于 1，回归方程和回归系数均通过 5% 水平下的显著性检验。剔除截距项后，模型的回归结果为 $y = 0.9971x + \varepsilon$，这与真实方程更接近了。回归结果的经济学意义是：每增加一个单位的产量，生产成本增加 0.9971。经济学中把这种呈直线状的生产成本函数称为线性成本函数。线性成本意味着边际成本不变，即每增加一个单位的产量，成本以固定值增加。

为展现建模效果，以下代码将原始数据样本和回归结果绘制于同一图形中。

```python
import matplotlib.pyplot as plt
plt.rcParams['font.sans-serif'] = ['SimHei']#显示中文,设置中文字体
fig = plt.figure(figsize=(6,6)) #创建一个图形框ax = fig.add_subplot(111) #在图形框里只画一幅图ax.set_title(u'%s' % '线性回归:采用经典统计方法实现')
#在 Matplotlib 中显示中文,需要使用 unicode
ax.set_xlabel('$x$')
ax.set_ylabel('$y$')
#画散点图,灰色圆点表示原始数据
```

```
ax. scatter( data['x'], data['y'], color = 'grey',
        label = u'%s：$y = x + \epsilon$' % '真实值')
#画线图,蓝色实线表示预测结果
data = data. sort_values( by = 'x', ascending = True)
ax. plot( data['x'], result_New. predict( data['x']), color = 'steelblue',
        label = u'%s：$y = %.3fx$'% ('预测值', result_New. params[0]))
legend = plt. legend( shadow = True)

plt. show( )
```

**输 出**

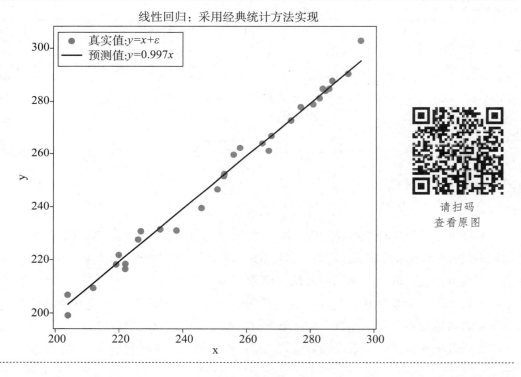

线性回归：采用经典统计方法实现

请扫码
查看原图

　　以上是采用经典统计方法拟合线性回归模型的全过程：先假定模型形式；接着拟合数据并评价模型效果，针对不合理之处对模型进行修正；再对修正后的模型拟合效果进行评价。循环执行此过程，直至结果通过一系列统计学检验，从而得到一个可接受的模型。注意到，此过程需要建模者全程参与并做出关键性判断和模型修正工作，即所谓"**人在学习**"。接下来采用另一种全新的"**计算机在学习**"的机器学习方法，对该生产成本案例重新建模分析。

### 3.1.2 机器学习方法训练模型

不同于经典统计方法在全样本数据上拟合模型，机器学习方法训练模型时只用到了样本数据的一个子集，即训练集；另一个子集则用于评估模型的**泛化能力**（Generalization Ability），称为测试集。模型泛化能力是机器学习训练模型追求的目标，它是指算法在一个数据集上学习到的模型，运用到新数据集上的表现。在新数据集上的表现越好，说明模型泛化能力越强，模型就越优。为了更准确地度量模型泛化能力，测试集应尽可能与训练集数据不重合。以准备参加高考为例，高考前练习的所有题目相当于训练集，高考考题相当于测试集，每年的高考考题都会避免与此前市面上已有的题目重合，这正是为了更准确地考查考生对知识的泛化能力。如果测试样本被用于训练，那么得到的将会是过于乐观的估计结果。

沿用上文的手工艺品生产数据，下面展示机器学习方法的实现过程。流程上，首先把数据集划分为训练集和测试集两部分，接着选择合适的算法，使之在训练集上学习到模型，然后在测试集上对模型效果进行评估。[2]

#### 3.1.2.1 划分训练集和测试集

使用 pandas 工具包的 read_csv 函数读取数据。

```
import pandas as pd

data = pd.read_csv('production_cost.csv')
data = data.rename(columns = {'生产个数': 'x', '生产成本': 'y'})
```

sklearn 工具包通过 train_test_split 函数实现数据集的划分。此处设置测试集占全部样本的比例为 0.2，把数据划分为训练集和测试集。

```
from sklearn.model_selection import train_test_split

trainData, testData = train_test_split(data, test_size = 0.2, random_state = 9)
```

查看测试集数据。限于篇幅，训练集数据此处不予展示。

```
testData
```

输 出

|   | 序号 | 日期 | x | y |
|---|---|---|---|---|
| 9 | 10 | 06/10 | 222 | 218.35 |
| 4 | 5 | 06/05 | 238 | 231.21 |

（续表）

|  | 序号 | 日期 | x | y |
|---|---|---|---|---|
| **23** | 24 | 06/24 | 267 | 261.26 |
| **7** | 8 | 06/08 | 296 | 302.85 |
| **5** | 6 | 06/06 | 222 | 216.62 |
| **3** | 4 | 06/04 | 268 | 267.22 |

从序号列可以看出，测试集数据的顺序被打乱了。这是因为在划分数据集之前，先打乱了样本顺序。[3]

### 3.1.2.2　创建并训练模型

在选择算法之前，需先区分数据集中的特征变量 $X$ 和标签变量 $y$。本案例是一个预测任务，其标签变量为生产成本，即 $y = \{y_i\}$；特征变量为生产个数，即 $X = \{x_i\}$。也可以对 $x_i$ 做某种数学变换，得到一个新的特征。比如，平方运算得到新特征 $x_i^2$。一般而言，先直接采用原始特征建模，如果效果不好，则可再考虑提取新特征。

接着选择算法，构建相应模型。根据初步分析可知，$x_i$ 和 $y_i$ 之间大致是线性关系，在机器学习中，可采用 sklearn 工具包中 linear_model 模块的 LinearRegression 类实现线性回归。与 statsmodels 工具包不同，使用 LinearRegression 类时，计算机总能学得参数 $a$ 和 $b$，并给出一个线性模型，而不判定数据是否满足线性关系。因而它的使用是有条件的——必须确保特征变量与标签变量之间线性相关。

下面导入 sklearn 工具包的 linear_model 模块，创建线性回归模型。这里的建模场景非常简单，构建模型时全部采用默认参数。

```
from sklearn import linear_model

features = ['x'] #特征名列表
labels = ['y'] #标签名列表

#创建线性回归模型
model = linear_model. LinearRegression()
```

接下来在训练集上训练模型。

```
model. fit(trainData[features], trainData[labels])
```

输　出

```
LinearRegression()
```

这里的输出结果"LinearRegression（）"代表训练后的模型。此时变量 model 通过 fit 方法实现了从**算法到模型的跨越**，存储了从训练集数据学习到的各项模型参数。这些参数是计算机以**损失函数**（Loss Function）最小化为目标求得的。

所有机器学习训练的目标都是最小化损失函数。损失（Loss）表示预测值与真实值间的差异，损失越小，意味着模型预测越准确。当模型的预测完全准确时，损失为 0。一般地，线性回归模型的损失函数定义为

$$L = \sum_i (y_i - \hat{y_i})^2$$

相较于真实值与预测值之间的绝对距离，损失函数采用上式形式在数学上更容易处理。最小化损失函数即学得一组权重，使之在所有样本上的损失之和最小。机器学习训练模型的过程可以看作对最优化问题的求解过程，常用的求解算法有**梯度下降法**（Gradient Descent）等。

下面输出该模型学习到的参数。

```
print('系数为：', model. coef_)
print('截距为：', model. intercept_)
```

**输 出**

系数为：[[0.99693838]]

截距为：[0.42009949]

用机器学习方法得到的预测模型为 $y = 0.997x + 0.420$。[4]这在经济学意义上代表边际成本为 0.997，固定成本为 0.420。在本例中，边际成本的估计值与真实值 1 相差不大。

回归结果的图形化展示可通过执行以下代码实现。

```
plt. rcParams['font. sans-serif'] = ['SimHei']
fig = plt. figure(figsize=(6, 6))
ax = fig. add_subplot(111)
ax. set_title(u'%s' % '线性回归：采用机器学习方法实现')
ax. set_xlabel('$x$')
ax. set_ylabel('$y$')
#用灰色圆点表示原始数据
ax. scatter(data[features], data[labels], color='grey',
        label=u'%s：$y = x + \epsilon$' % '真实值')
#用蓝色线条表示模型结果；根据截距的正负，打印不同标签
if model. intercept_ > 0:
    label = u'%s：$y = %.3fx$ + %.3f' % ('预测值', model. coef_, model. intercept_)
else:
```

```
    label = u'%s: $ y = %.3fx $ – %.3f' % ('预测值', model. coef_, abs( model. intercept_))
data = data. sort_values( by = 'x', ascending = True)
ax. plot( data[ features], model. predict( data[ features]), color = 'steelblue', label = label)

legend = plt. legend( shadow = True)

plt. show( )
```

**输出**

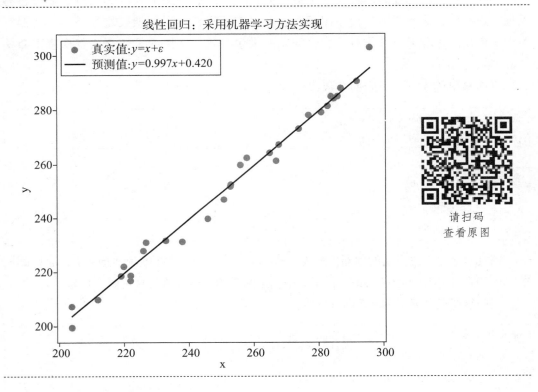

线性回归：采用机器学习方法实现

请扫码
查看原图

### 3.1.2.3 评估模型

对线性回归模型进行评价涉及的指标主要有**均方误差**（Mean Squared Error，MSE）和**决定系数**（Coefficient of Determination）。均方误差是回归任务中最常使用的度量指标，计算公式为

$$\text{MSE} = \frac{1}{n} \sum_{i=1}^{n} (y_i - \widehat{y}_i)^2$$

其值越小，代表模型预测值越接近真实值，模型预测效果越好。决定系数 $R^2$ 则对模型解释力进行度量，计算公式为[5]

$$R^2 = 1 - \frac{\text{SSE}}{\text{SST}}$$

$$\mathrm{SSE} = \sum_i (y_i - \widehat{y_i})^2,$$

$$\mathrm{SST} = \sum_i (y_i - \bar{y})^2, \text{其中} \bar{y} = \frac{1}{n}\sum_{i=1}^n y_i$$

SSE 为残差平方和，即未被模型解释的部分，反映观测值和预测值的偏差；SST 为离差平方和，即观测值对均值的偏离度，反映观测值波动性的大小。一般而言，建模目标是未被模型解释的部分 SSE 占观测值对均值的偏离度 SST 的比例越小越好，即模型能够最大程度地解释标签随特征变化的原因。因而决定系数越接近 1，模型效果越好。

下面分别计算训练后的模型在测试集数据上的均方误差和决定系数。

```
import numpy as np

mse = np.mean((model.predict(testData[features]) - testData[labels]) ** 2)
print('MSE 为:', float(mse))
R2 = model.score(testData[features], testData[labels])
print('R2 为:', R2)
```

输 出

---
MSE 为：27.038259677751327

R2 为：0.9714606471824714
---

在测试集上，模型的均方误差为 27.0383；决定系数为 0.9715，这表示大约 97.14% 的成本变化可由模型解释，余下的则是暂时未知的随机因素。

### 3.1.3　两种方法对比

前文分别使用经典统计方法和机器学习方法对同一个手工艺品生产案例进行建模分析。对比发现，二者在数学基础上存在一定的相似性。第一，机器学习方法最小化的损失函数与经典统计 OLS 估计法的目标函数，二者在数学形式上是相同的。第二，二者在评估模型效果时，$R^2$ 指标也采用相同的计算公式。事实上，因为机器学习方法中涉及了大量的统计学理论，机器学习与统计学联系尤为密切，二者均遵循从样本推断总体特征的基本统计思想。但也要注意二者存在着重要区别。

机器学习和经典统计方法的区别从划分数据集开始。经典统计方法建模与经验解释基于**全样本内**的拟合，追求模型对全样本数据的高拟合效果，也就是全样本上的高 $R^2$，使得模型具有很显著的样本证据。然而，这可能导致模型仅满足于拟合样本内数据，而对样本外数据预测能力较弱，即模型泛化能力很差。机器学习方法在训练模型时，不仅追求在训练集上的最优结果，也将**样本外**预测能力考虑在内——采用全新的测试集数据对模型效果进行评估。在测试集上的预测效果越好，说明模型泛化能力越强，模型越优。这就使得机器学习方法的预测能力往往强于经典统计方法。

此外，经典统计方法通常依赖于事先定义的模型和假设，并大多采用低维的线性模型。对大多数样本量较小的简单预测问题来说，线性模型在预测时常常比非线性或复杂模型表现更好。但在大数据条件下，样本容量、变量维度以及噪声都大幅度提高，线性模型无法刻画大数据的非线性复杂特征，存在模型误设可能。此时相对于传统的统计方法，机器学习在进行准确可行的预测方面具有独特优势。

机器学习处理的**数据对象更加多元**。相比传统统计方法主要关注数值型数据的处理，机器学习可以处理各种类型的数据，包括图像、语音、文本等非结构化数据。通过适当的数据预处理和特征工程，机器学习能够从这些数据中提取有用的信息，进行更精准的预测。

机器学习可以**自动学习数据本身的特征和内在规律**。机器学习不假设具体的模型或函数形式，而是让数据本身告诉我们真实的函数关系是什么，从而突破传统低维参数模型的局限性，挖掘更多的数据内涵。比如著名的神经网络模型，它具有强大的非线性建模能力，能够自动学习数据蕴含的复杂关系，在人脸识别、音乐创作等各个领域取得了显著的成果。但是要注意的是，机器学习在获得强大预测能力的同时，通常会牺牲模型的可解释性。例如，从线性回归到神经网络，尽管预测能力大幅提升，但模型的可解释性却变差了。

## 3.2　模型拟合问题

上文案例展示了机器学习建模的大致流程，阐述了机器学习有别于经典统计方法之处。值得注意的是，此案例数据仅具有线性关系，而在很多现实场景中数据往往存在非线性关系。面对数据关系更加复杂的场景，线性回归模型是否还能应用？模型在拟合训练集数据时又会产生什么问题？接下来，通过建模分析具有非线性关系的模拟数据集案例回答这两个问题。

### 3.2.1　生成模拟数据集

在企业生产实践中，边际成本（$x$）与产量（$y$）之间可能存在某种非线性关系。这里假设二者之间的真实关系可表达为 $y = x^2 - 4x + 10 + \varepsilon$，其中 $x$ 为特征变量，$y$ 为标签变量。基于上述数据生成规律，下列代码随机生成 100 条模拟样本数据。

```
import numpy as np

np. random. seed(66)

x = np. random. uniform(1, 4, size = 100)

x = np. round(x, 3)

X = x. reshape(-1, 1) #-1 代表转换后的行数(-1 特指 unspecified value),1 代表列数

y = x * *2 - 4 * x + 10 + np. random. normal(0, 0.4, size = 100)
```

使用 train_test_split 函数划分数据集。此处设置测试集占全部样本的比例为 0.25。

```
from sklearn. model_selection import train_test_split

X_train, X_test, y_train, y_test = train_test_split(X, y, test_size = 0.25, random_state = 21)
```

为直观了解模拟数据集情况，以 $x$ 为横坐标、$y$ 为纵坐标绘制散点图。

```
import matplotlib. pyplot as plt

plt. scatter(x, y, color = 'grey')

plt. xlabel('x')

plt. ylabel('y')

plt. show()
```

输 出

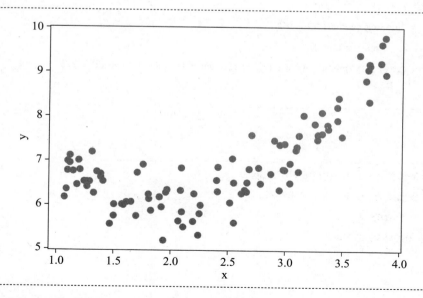

观察散点图可知数据分布大致呈 U 型：随着 $x$ 增加，$y$ 具有先下降后上升的趋势，

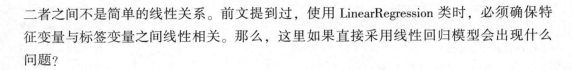

二者之间不是简单的线性关系。前文提到过，使用 LinearRegression 类时，必须确保特征变量与标签变量之间线性相关。那么，这里如果直接采用线性回归模型会出现什么问题？

### 3.2.2　欠拟合

下面使用线性回归模型直接拟合原始训练集数据。以拟合优度（决定系数）$R^2$ 作为评价指标，分别计算模型对训练集和测试集数据的解释程度。运行如下代码，输出评价指标和模型参数，并将原数据集和拟合曲线可视化在一张图中。

```python
from sklearn.linear_model import LinearRegression

#创建线性回归模型
line_reg = LinearRegression()
#模型训练
line_reg.fit(X_train, y_train)
#效果评价
print('训练集拟合优度为:', line_reg.score(X_train, y_train))
print('测试集拟合优度为:', line_reg.score(X_test, y_test))
#输出模型结果
print('系数为:', line_reg.coef_)
print('截距为:', line_reg.intercept_)
#绘制拟合曲线
y_predict = line_reg.predict(X)
plt.scatter(X, y, color='grey')
plt.plot(np.sort(x), y_predict[np.argsort(x)], color='steelblue', linewidth=2.5)

plt.show()
```

**输出**

训练集拟合优度为: 0.47919110791675756

测试集拟合优度为: 0.5026845436876866

系数为: [0.78907554]

截距为: 5.01955560277746

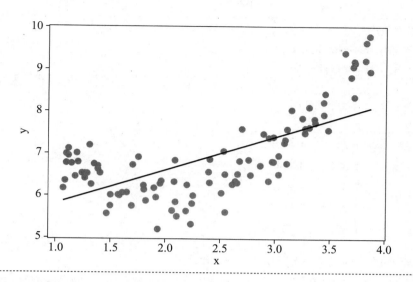

显然，线性回归模型对该模拟数据集的拟合效果并不好。学得的模型仅解释了训练集数据标签变量 47.9% 的变化，在测试集上的泛化效果也有很大的提升空间。观察拟合曲线可知，当前模型仅能表达 $y$ 会随 $x$ 的增加而上升这一事实，而无法刻画二者间的 U 型关系。这是因为受制于线性回归本身的局限性，模型无法直接学得模拟数据集中的非线性关系。这种"模型过于简单而不能很好地拟合数据"的现象，被称为**欠拟合**（Underfitting）。更准确地说，欠拟合是指模型尚未学好训练样本的一般规律，不能完整地表述数据关系。

### 3.2.3　恰拟合

下面试着将原始特征的二次项 $x^2$ 加入特征变量矩阵 $X$，再对数据进行拟合。引入二次关系后的模型又被称为**多项式回归**（Polynomial Regression）模型。一般地，多项式回归模型在线性回归的基础上增加了一些更高维度的多项式特征，从而使模型能够拟合非线性关系。比如，在前文线性模型里引入 $x^2$，使模型能够学得数据中的二次关系。如果把 $x^2$ 看作一个新的特征变量，多项式模型仍属于线性回归模型，二者的原理本质上一致。因此，linear_model 模块的 LinearRegression 类也可以实现多项式回归模型。

sklearn 工具包中提供了 PolynomialFeatures 模块，可依据给定的多项式次数**自动生成新特征矩阵**，之后再调用 LinearRegression 类即可实现多项式回归建模。使用 PolynomialFeatures 模块的步骤如下：通过参数 degree 设定最高项次数（此处为 2），接着对需要处理的特征依次调用 fit 方法和 transform 方法，从而生成新特征矩阵。

```
from sklearn. preprocessing import PolynomialFeatures

Poly  =  PolynomialFeatures( degree = 2 )
```

```
Poly. fit( X_train)
X_train2 = Poly. transform( X_train)
X_train2[ : 5, : ]  #显示前5行
```

**输 出**

```
array([[1.       , 1.261    , 1.590121 ],
       [1.       , 1.804    , 3.254416 ],
       [1.       , 1.379    , 1.901641 ],
       [1.       , 2.95     , 8.7025   ],
       [1.       , 1.094    , 1.196836 ]])
```

输出结果的三列数据分别表示 $x^0$、$x^1$ 和 $x^2$。[6]

值得注意的是，本例默认 $y$ 只与 $x$ 有关，而在现实生活中，标签变量往往由多个特征变量决定。以成本为例，企业的成本不只与生产数量有关，还受生产技术、原材料价格、管理水平乃至政府政策等诸多因素的影响。此时，特征不再局限于一维，而是包含多个特征变量 $x_1$，…，$x_n$ 的多维数据集。不同于本模拟数据集案例中只存在一个特征变量的多项式转化规律，在多维情况下，PolynomialFeatures 模块对各特征进行**遍历交叉**，生成特征数据矩阵。以两个特征变量 $x_1$ 和 $x_2$ 为例，在进行最高 2 次幂特征交叉后，将生成如下特征项：1、$x_1$、$x_2$、$x_1^2$、$x_2^2$、$x_1 x_2$；在进行最高 3 次幂特征交叉后，将生成如下特征项：1、$x_1$、$x_2$、$x_1^2$、$x_2^2$、$x_1 x_2$、$x_1^2 x_2$、$x_1 x_2^2$、$x_1^3$、$x_2^3$。随着特征变量和最高项次数的增多，生成的特征项数目会呈指数级增长。

回到模拟数据集案例，下面在新特征矩阵和标签上训练模型。

```
#创建模型
line_reg2 = LinearRegression( )
#模型训练
line_reg2. fit( X_train2, y_train)
#效果评价
print('训练集拟合优度为:', line_reg2. score( X_train2, y_train))
X_test2 = Poly. transform( X_test)
print('测试集拟合优度为:', line_reg2. score( X_test2, y_test))
#模型结果
print('系数为:', line_reg2. coef_)
print('截距为:', line_reg2. intercept_)
#绘制拟合曲线
X_2 = Poly. fit_transform( X)
```

```
y_predict2 = line_reg2. predict( X_2)

plt. scatter( x, y, color = 'grey')

plt. plot( np. sort( x), y_predict2[ np. argsort( x)], color = 'steelblue', linewidth = 2. 5)

plt. show( )
```

**输出**

---

训练集拟合优度为：0. 8348432082007806

测试集拟合优度为：0. 8866596161200824

系数为：$[ 0. \quad -3.58647195 \quad 0.92153934]$

截距为：9. 553211108794052

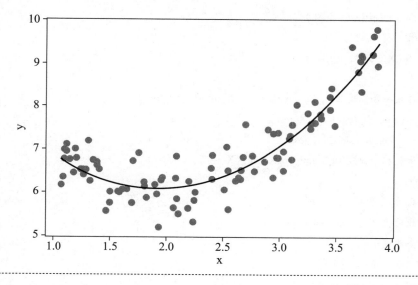

---

加入原始特征的二次项 $x^2$ 后，模型拟合效果得到了显著提升：训练集上的拟合优度大幅上升至 83. 48%，拟合曲线很好地捕捉到了数据的 U 型关系。此外，模型在测试集上的泛化能力也表现优异。

这种现象被称为**恰拟合**（Rightfitting），即模型从训练样本中尽可能多地学到了适用于所有潜在新样本的普遍规律，这是机器学习训练模型追求的目标。实际中，需要对比不同模型的效果，才能选出达到恰拟合的模型。

### 3. 2. 4 过拟合

从线性回归模型到多项式回归模型，通过增加模型复杂度实现了模型效果从欠拟合到恰拟合的提升。增加模型复杂度实际上增强了模型的学习能力，相较于简单模型，复杂度高的模型可以学得数据蕴含的更多信息。但是否模型复杂度越高，模型效果就会越好？下面将新特征矩阵的最高项次数设置为 15，然后对数据进行拟合。

考虑到新特征矩阵各列数据的数值范围差异较大，此处增加了数据标准化步骤。

```
from sklearn. preprocessing import StandardScaler

#生成新特征矩阵
Poly2 = PolynomialFeatures( degree = 15 )
X_train3 = Poly2. fit_transform( X_train )
#数据标准化
scaler = StandardScaler( )
X_train3 = scaler. fit_transform( X_train3 )
#创建模型
line_reg3 = LinearRegression( )
#模型训练
line_reg3. fit( X_train3 , y_train )
#效果评价
print('训练集拟合优度为:', line_reg3. score( X_train3 , y_train ) )
X_test3 = Poly2. fit_transform( X_test )
X_test3 = scaler. transform( X_test3 )
print('测试集拟合优度为:', line_reg3. score( X_test3 , y_test ) )
#模型结果
print('系数为:', line_reg3. coef_ )
print('截距为:', line_reg3. intercept_ )
#绘制拟合曲线
X_3 = Poly2. transform( X )
X_3 = scaler. transform( X_3 )
y_predict3 = line_reg3. predict( X_3 )
plt. scatter( x, y, color = 'grey')
plt. plot( np. sort( x ), y_predict3[ np. argsort( x ) ], color = 'steelblue', linewidth = 2. 5 )

plt. show( )
```

**输 出**

训练集拟合优度为: 0. 8703197161194662

测试集拟合优度为: 0. 7224383020903058

系数为: [ 0. 00000000e + 00    6. 48374230e + 06    − 1. 00068771e + 08    7. 69888005e + 08

− 3. 83540189e + 09    1. 35847728e + 10    − 3. 57100456e + 10    7. 11352140e + 10

− 1. 08279235e + 11    1. 25826969e + 11    − 1. 10553019e + 11    7. 19784937e + 10

$-3.35253117e+10 \quad 1.05052742e+10 \quad -1.96880214e+09 \quad 1.64789230e+08]$

截距为：6.845280040653444

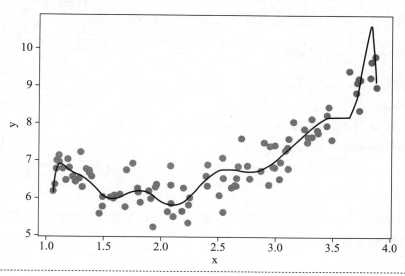

最高项次数提升至 15 后，拟合曲线也会随之变得非常曲折，模型在训练集上的拟合效果进一步提升，但在测试集上的预测能力却下降了，这种现象被称为**过拟合**（Overfitting）。此时模型对训练集数据的拟合效果很好，甚至将一些无用的噪声——潜在样本中不会出现的随机规律也捕获到了，这会降低样本外预测的精确度。更准确地说，过拟合是指训练的模型过多地表达了样本数据的特有关系，把训练样本自身独特规律当作所有潜在样本都会具有的一般规律，从而导致泛化能力下降。

### 3.2.5　模型复杂度曲线

上文以模拟数据集为例，直观展示了模型拟合过程中会出现的三个现象：欠拟合、恰拟合和过拟合。其中，欠拟合和过拟合是机器学习建模中影响模型效果的两种常见问题，其本质是模型复杂度与泛化能力之间的关系。出现欠拟合的一般原因是模型过于简单，学习能力低下，不能刻画数据存在的复杂关系。为克服欠拟合问题，往往更倾向于使用复杂度更高的模型，这将在训练集上掉入不断"自我催眠、强化偏见"的陷阱。此时，拟合模型时各项评估指标都很好，但模型泛化能力往往不尽如人意。在建模实践中，可通过绘制不同复杂度的模型在训练数据集和测试数据集上的表现效果曲线，即**模型复杂度曲线**（Model Complexity Curve）来观察模型拟合能力和泛化能力的变化。下面试着绘制模拟数据集案例的模型复杂度曲线，观察随着模型复杂度的增加，模型在训练集和测试集上的性能的变化情况。

注意到本例中处理训练集和测试集数据涉及多个连续步骤：首先生成新特征矩阵，其次对特征矩阵进行标准化处理，最后使用线性回归模型进行相关操作。下列代码采用 sklearn 工具包的 pipeline 模块的 Pipeline 类将以上三个数据处理步骤封装成一条流水线，最终输出完成一系列操作后的结果。之后对于需要进行同样步骤处理的数据，不需要重复调用多个步骤，直接将数据放入流水线中即可。

```python
from sklearn. pipeline import Pipeline

def poly_reg(degree):
    return Pipeline([
        ('poly_reg', PolynomialFeatures(degree = degree))
        ,('std', StandardScaler())
        ,('line_reg', LinearRegression())
    ])
```

定义绘制模型复杂度曲线的函数。这里使用 MSE 作为评价指标，取其倒数作为模型复杂度曲线的纵轴。

```python
from sklearn. metrics import mean_squared_error

def plot_complexity_curve(X_train, X_test, y_train, y_test, m):
    xticks = []
    train_mses = []
    test_mses = []
    for i in range(1, m + 1):
        poly_i = poly_reg(degree = i)
        poly_i. fit(X_train, y_train)
        y_train_predict = poly_i. predict(X_train)
        y_test_predict = poly_i. predict(X_test)
        train_mse = mean_squared_error(y_train, y_train_predict)
        test_mse = mean_squared_error(y_test, y_test_predict)
        xticks. append(i)
        train_mses. append(1/train_mse)
        test_mses. append(1/test_mse)

    plt. plot(xticks, train_mses, color = 'steelblue', label = 'Train')
    plt. plot(xticks, test_mses, linestyle = '- -', color = 'indianred', label = 'Test')
    plt. legend()
    plt. xlabel('模型复杂度(多项式次数)')
    plt. ylabel('模型效果(1/MSE)')
    plt. title('模型复杂度曲线')
```

　　调用 plot_complexity_curve 函数，查看最高项次数从 1 逐步增加至 30 的过程中，训练集和测试集上的模型复杂度曲线的变化。

```
plot_complexity_curve(X_train, X_test, y_train, y_test, m = 30)
```

输 出

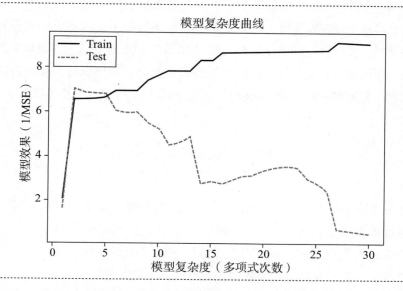

　　更一般地，对于所有机器学习模型都有如图 3 – 2 所示的规律：给定一个学习任务，随着模型越来越复杂，模型在训练集上的效果越来越好，在测试集上的效果则呈现先升后降的变化趋势。

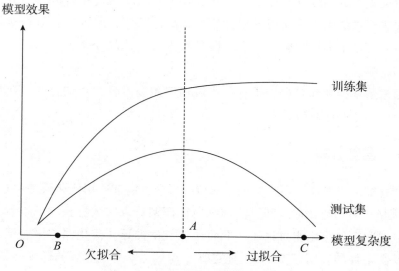

图 3 – 2　模型效果与模型复杂度

具体地，当模型非常简单时，训练集和测试集的模型效果都很差，这是因为过于简单的模型不足以描述数据中的复杂关系，此时模型处于欠拟合阶段（如图 3 – 2 的点 B）。随着模型复杂度进一步上升，模型在测试集上的性能表现达到最高值，并且在训练集上表现良好，此时模型处于恰拟合阶段（如图 3 – 2 的点 A）。恰拟合是最理想的模型训练效果，此时模型复杂度适中，模型既充分提取训练样本数据的共性规律，又尽量避免过多表达个性噪声，因而拥有较好的泛化能力。当模型过于复杂时，训练集效果非常好，测试集效果则急剧下降，这是由于模型过多捕捉了训练集中的数据噪声导致模型泛化能力降低，此时模型处于过拟合阶段（如图 3 – 2 的点 C）。在建模实践中，当出现欠拟合时，可通过提升模型复杂度提高模型拟合能力；当出现过拟合时，需要适度降低模型复杂度。依此循序渐进地优化模型，使之逐渐逼近恰拟合的理想状态。

# 3.3　偏差与方差

如果有条件获取所有可能的数据，并基于此完美数据集进行算法训练，那么学习获得的模型可被称为"真实模型"。然而现实中很难获取完整数据集，所以"真实模型"虽然存在却无法得到。一般而言，能够用来学习的训练数据集只是全部数据的一个子集，机器学习需充分利用有限数据进行算法训练从而逼近真实模型。

**偏差**（Bias）和**方差**（Variance）分别从两个角度描述学习到的模型与真实模型之间的差距。偏差是指采用不同数据集进行算法训练所获得模型的预测平均值对真实值的偏离程度，通常采用各预测值的期望与真实值之差来衡量。偏差度量了学习算法在给定训练数据集下的预测准确度，即刻画了学习算法本身的拟合能力。方差是指采用不同数据集进行算法训练所获得模型预测值的离散程度，即各预测值相对期望值的波动幅度。方差度量了训练数据集的变动所导致学习性能的变化，即刻画了数据样本扰动所造成的影响。

下面通过数学推导和直观例子进一步解释偏差和方差，并结合四种典型情况阐述它们与拟合问题之间的对应关系。

## 3.3.1　误差分解

模型泛化能力是机器学习算法训练的核心目标，通常使用**泛化误差**（Generalization Error）来度量。所谓泛化误差即算法训练所得模型对未知数据预测的平均误差。泛化误差越小，说明模型泛化能力越强。下面通过数学推导从泛化误差中分解出偏差和方差。假设某个事件的真实模型为 $f$，真实值为 $f(X)$。$y$ 是观测到的样本标签，$X$ 是观测到的样本特征。因样本观测过程中总是存在噪声 $\epsilon$，所以样本观测值为样本真实值与噪

声之和，即

$$y = f(X) + \epsilon$$

其中，$\epsilon$ 服从均值为 0，方差为 $\sigma^2$ 的正态分布，即 $\epsilon \sim N(0, \sigma^2)$。假设 $\hat{f}$ 是从训练集中学习到的模型，则预测值 $\hat{y} = \hat{f}(X)$。注意，对于不同训练集，学习获得的模型 $\hat{f}$ 也将随之变动。此外，$f(X)$ 为固定值，因此有 $E(f(X)) = f(X), E[f(X)^2] = f(X)^2$。一般认为 $f(X)$、$\hat{f}(X)$ 和 $\epsilon$ 三者相互独立，模型的期望泛化误差可表示为

$$\text{Err}(X) = E[(y - \hat{y})^2]$$

$$= E[(f(X) + \epsilon - \hat{f}(X))^2]$$

$$= E[(f(X) + \epsilon)^2 - 2(f(X) + \epsilon)\hat{f}(X) + \hat{f}(X)^2]$$

$$= E[f(X)^2 + 2f(X)\epsilon + \epsilon^2 - 2f(X)\hat{f}(X) - 2\epsilon\hat{f}(X) + \hat{f}(X)^2]$$

$$= E[f(X)^2] + E[2f(X)\epsilon] + E[\epsilon^2] - E[2f(X)\hat{f}(X)] - E[2\epsilon\hat{f}(X)] + E[\hat{f}(X)^2]$$

$$= E[f(X)^2] + 0 + \sigma^2 - E[2f(X)\hat{f}(X)] - 0 + E[\hat{f}(X)^2]$$

$$= E[f(X)^2] + \sigma^2 - E[2f(X)\hat{f}(X)] + E^2[\hat{f}(X)^2] - E[\hat{f}(X)] + E^2[\hat{f}(X)]$$

$$= f(X)^2 - 2f(X)E[\hat{f}(X)] + E^2[\hat{f}(X)] + \text{Var}[\hat{f}(X)] + \sigma^2$$

$$= [f(X) - E^2[\hat{f}(X)] + \text{Var}[\hat{f}(X)] + \sigma^2$$

$$= \text{Bias}^2 + \text{Variance} + \sigma^2$$

由上述推导可知，模型泛化误差可分解为偏差、方差和噪声三个部分。其中，偏差和方差分别刻画了算法本身拟合能力和数据样本扰动所造成的影响。噪声则表达了学习算法所能达到的期望泛化误差的下界，刻画了机器学习问题本身的难度。三种误差中无论哪一项增加都将导致模型整体泛化能力降低。

结合现实射击打靶情境，有助于进一步直观理解机器学习模型预测误差的本质。将机器学习算法想象为一位射手，目标靶心为样本真实值 $A$ 点 $(f(X))$，而射手实际瞄准的是样本观测值 $B$ 点 $(f(X) + \epsilon)$。使用特定模型 $\hat{f}$ 对观测样本进行一次预测，相当于在靶上增加一个弹着点（预测值 $\hat{f}(X)$），而所有预测值的平均值为 $C$ 点（预测值期望）。预测值期望与真实值之间的差距即预测偏差（$AC$ 段），预测值方差（$CD$ 段）则为预测值离散程度。

在射手向靶心射击过程中，有三种因素综合影响其射击成绩。

1. 射击准确度。通常用射手若干次射击成绩的平均值与靶心的偏离程度衡量（$[f(X) - E(\hat{f}(X))]^2$）。如果射手甲的平均成绩是 7 环，射手乙的平均成绩是 3 环，则射手甲的偏差比射手乙小。换言之，算法甲的拟合能力比算法乙更强。

2. 射击稳定性。通常用射手若干次射击成绩的离散程度衡量（$\text{Var}[\hat{f}(X)]$）。如果射手甲的弹着点稳定在某个点附近，而射手乙的弹着点大范围波动，则射手乙的方差比射手甲大。换言之，算法乙受数据样本扰动影响比算法甲更大。

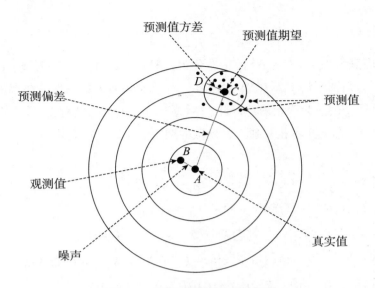

图 3 – 3  偏差和方差的图形解释

3. 外部随机因素。现实中甲和乙两位射手受光线等因素干扰，可能导致其观测目标发生偏离（ε）。这种不可控的随机噪声体现了机器学习问题本身的难度。

在机器学习算法训练迭代过程中，随着模型复杂度的不断变化，方差和偏差可能出现如下四种典型组合（见图 3 – 4）。

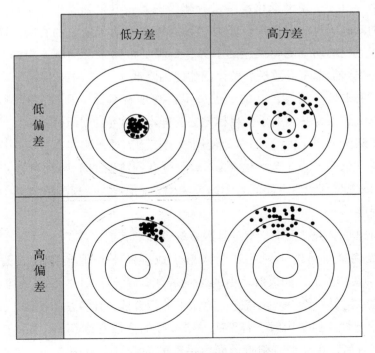

图 3 – 4  偏差与方差的典型组合

1. 低偏差，低方差（图 3 – 4 左上）。这是模型训练最理想的结果，对应模型恰好拟合的状态。此时预测点集基本落在靶心范围内，准确度高且数据离散程度小。

2. 高偏差，低方差（图 3 – 4 左下）。这是一种欠拟合的情况，往往发生在模型训练的初始阶段。此时模型复杂度较低，尚未较好捕捉到数据中蕴含的规律。在训练数据集中，模型预测值期望误差较大，但对样本变化不敏感。

3. 低偏差，高方差（图 3 – 4 右上）。这是一种过拟合的情况，往往发生在模型训练的后期阶段。此时模型复杂度较高，较好贴合训练数据，但夹杂过多随机噪声。在训练数据集中，模型预测值期望误差较小，但对样本变化非常敏感。

4. 高偏差，高方差（图 3 – 4 右下）。这是模型训练最糟糕的情况，此时预测点分散落在靶心较远处，准确度低且数据离散程度高。

参数化机器学习模型通常表现为高偏差、低方差，容易产生欠拟合问题，如线性回归和逻辑回归等；而非参数学习模型通常表现为低偏差、高方差，容易产生过拟合问题，如决策树和支持向量机等。

### 3.3.2　模型复杂度

机器学习模型复杂度与其预测偏差和方差之间存在某种对应关系，深入掌握这种规律对于理解算法训练原理和模型调参策略非常重要。下面将基于"简单模型"和"复杂模型"两种极端情况解读偏差和方差的形成机制。这种简略的图形分析方法虽并不严格，但却有利于直观理解模型复杂度对方差和偏差的影响机理。

在简单模型情形下（见图 3 – 5），采用不同数据集进行算法训练所获模型可表示为一组直线，这些模型的平均预测结果也是一条直线。一方面，模型预测结果与真实模型曲线相比差距较大（阴影部分较大）。因此，简单模型通常具有高偏差，对数据样本的拟合能力较差。另一方面，这些模型预测值相对其期望值的波动幅度较小。因此，简单模型通常具有低方差，对数据样本扰动不敏感。

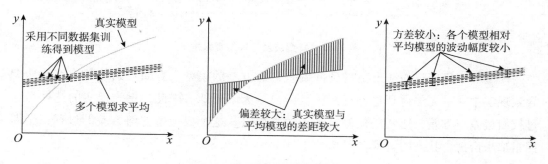

图 3 – 5　简单模型的误差分解

在复杂模型情形下（见图 3 – 6），采用不同数据集进行算法训练所获模型可表示为一组上下起伏的曲线。一方面，对这些模型求期望之后最大值和最小值将会相互抵消，平均预测结果与真实模型差距较小（两条曲线几乎重合）。因此，复杂模型通常具有低偏差，对数据样本的拟合能力较强。另一方面，这些模型预测值相对其期望值的波动幅度较大。因此，复杂模型通常具有高方差，对数据样本扰动很敏感。

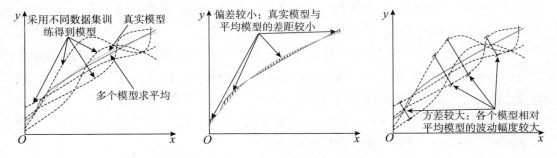

图 3 - 6　复杂模型的误差分解

随着模型复杂度的变化，偏差和方差在模型预测误差中所占比重也会发生变化，并进一步影响模型拟合能力。给定学习任务，在模型复杂度较低时，模型拟合能力较差，此时偏差主导泛化误差，模型处于欠拟合阶段；随着模型复杂度的提升，模型拟合能力增强，模型逐步捕捉到训练数据中蕴含的各种细节规律甚至噪声，此时方差主导泛化误差，模型处于过拟合阶段。

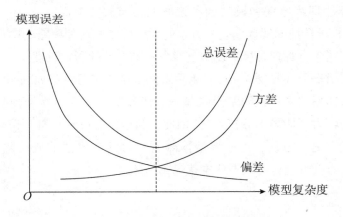

图 3 - 7　模型误差与模型复杂度

模型训练最理想的结果是得到低偏差且低方差的模型，然而，偏差与方差的冲突导致现实中几乎无法得到这种理想模型，只能无限近似。因此，更为现实的选择是通过权衡偏差与方差，达到泛化误差最小的平衡点。这个权衡偏差与方差的过程，也即探索追求恰拟合状态的过程。

### 3.3.3　学习曲线

**学习曲线**（Learning Curve）是权衡偏差与方差的常用工具，它通过绘制模型性能与训练集规模之间的关系图，诊断模型是否存在过拟合（高方差）或欠拟合（高偏差）问题。学习曲线通常以训练集规模为横坐标，以模型误差为纵坐标。随着训练集样本数量逐步增加，训练集和测试集对应的模型误差趋于平稳。当训练误差和测试误差都很大时，说明模型存在欠拟合问题，如图 3-8（a）所示；当训练集和测试集的性能曲线共同收敛于一个较小误差值时，说明模型处于恰拟合状态，如图 3-8（b）所示；当训练误差较小而测试误差较大时，说明模型存在过拟合问题，如图 3-8（c）所示。

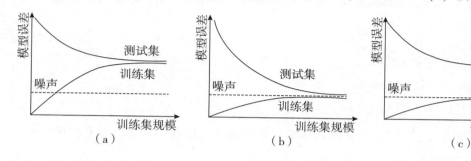

（a）　　　　　　　　　　（b）　　　　　　　　　　（c）

**图 3-8　学习曲线典型情况**

下面仍沿用上文生成的非线性模拟数据集（$y = x^2 - 4x + 10 + \epsilon$），分别绘制使用 1 次、2 次和 20 次多项式模型对应的学习曲线。

为便于重复调用，这里首先定义学习曲线绘制函数 plot_learning_curve，该函数包含一个遍历训练集所有样本数据点的循环。在每个循环中，使用训练集中前 $i$ 个数据点拟合指定阶数的多项式回归模型，并将计算得到的均方误差添加至对应列表。

```
from sklearn. metrics import mean_squared_error

#定义学习曲线绘制函数
def plot_learning_curve( X_train, X_test, y_train, y_test, degree = 1, ax = None):
    if ax is None:
        fig, ax = plt. subplots( )
    xticks = [ ] #用于存储各训练集规模对应的横坐标值
    train_mses = [ ] #用于存储各训练集规模对应的训练集均方误差
    test_mses = [ ] #用于存储各训练集规模对应的测试集均方误差

    for i in range(1, len(X_train) +1): #len(X_train) 等于 75
        poly1 = poly_reg( degree = degree)
        poly1. fit( X_train[ :i], y_train[ :i])
        y_train_predict = poly1. predict( X_train[ :i])
        y_test_predict = poly1. predict( X_test)
        train_mse = mean_squared_error( y_train[ :i], y_train_predict)
        test_mse = mean_squared_error( y_test, y_test_predict)
```

```
    xticks. append( i)
    train_mses. append( train_mse)
    test_mses. append( test_mse)

#绘制学习曲线
ax. plot( xticks, np. sqrt( train_mses), color = 'steelblue', label = 'Train')
ax. plot( xticks, np. sqrt( test_mses), color = 'indianred', linestyle = ' − −', label = 'Test')
ax. legend( )
ax. axis( [ 0, 80, 0, 2] )
ax. set_xlabel( '训练集样本数量')
ax. set_ylabel( '模型性能( MSE)')
ax. set_title( '学习曲线')
```

分别绘制引入 1 次、2 次和 20 次多项式对应的学习曲线，并观察模型在训练集和测试集上的性能表现。

```
#创建三个子图
fig, axs = plt. subplots( nrows = 1, ncols = 3, figsize = (15, 5), sharex = True, sharey = True)
axs = axs. flatten( )

#循环调用 plot_learning_curve 函数
for degree, ax in zip( [ 1, 2, 20], axs):
    plot_learning_curve( X_train, X_test, y_train, y_test, degree = degree, ax = ax)
    ax. set_title( f'degree = { degree} ')

plt. subplots_adjust( wspace = 0. 1, left = 0. 1, right = 0. 9) #调整子图之间的间距和边缘
```

**输 出**

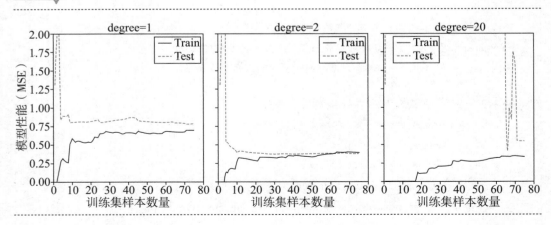

从三个学习曲线图可知：当多项式次数为 1 时，模型在训练集和测试集的误差都比较大，可能处于欠拟合状态；当多项式次数为 2 时，模型在训练集和测试集的误差都比较小，可能处于恰拟合状态；当多项式次数为 20 时，模型在训练集误差较小而在测试集误差较大，可能处于过拟合状态。

# 3.4　过拟合与正则化

相比于模型过于简单导致的欠拟合，模型过于复杂导致的过拟合更值得关注。这是因为当模型处于欠拟合状态时，它在训练集上表现较差，因此相对容易被检测和识别；相反，处于过拟合状态的模型在训练集上表现非常好，仅在测试集上表现很差，这使得过拟合问题容易被忽视或被误解为模型性能较好。此外，欠拟合问题比较容易克服，通过增加模型复杂度就可以使模型更加"细腻"地学习样本中蕴含的特征。相较而言，克服过拟合问题更为困难。实践中常用的解决方案是通过约束参数得到一个简化的模型，从而降低过拟合的风险。这种纠正策略被称为**正则化**。

## 3.4.1　过拟合现象

下面先建立一个具有较高复杂度的多项式模型（degree = 80），并展示该模型在测试集数据上的预测效果。这为下文解决过拟合问题提供了对照基准。首先生成模拟数据集（$y = 5.5x + 3 + \epsilon$），共 100 个样本点。并进一步将数据集划分为训练集和测试集，测试集占总数据集的 25%。

```
import numpy as np

import matplotlib. pyplot as plt

from sklearn. model_selection import train_test_split

plt. rcParams['font. sans - serif'] = ['SimHei']

plt. rcParams['axes. unicode_minus'] = False

#生成随机数据集
np. random. seed(666)

x = np. random. uniform( -3, 3, size = 100)

X = x. reshape( -1, 1)

y = 5. 5 * x + 3 + np. random. normal(0, 4, size = 100)

#划分训练集和测试集
X_train, X_test, y_train, y_test = train_test_split(X, y, test_size = 0. 25, random_state = 666)
```

```
#绘制图形
fig = plt. figure( figsize = (8,5), dpi = 70)
plt. scatter( X_train, y_train, color ='grey')
plt. scatter( X_test, y_test, color ='black', facecolors ='none')
plt. legend(['训练集', '测试集'])

plt. show()
```

**输出**

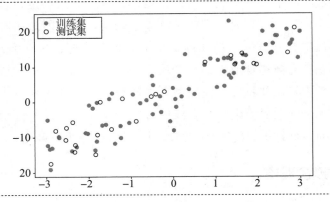

定义多项式回归管道。

```
from sklearn. pipeline import Pipeline
from sklearn. preprocessing import PolynomialFeatures
from sklearn. preprocessing import StandardScaler
from sklearn. linear_model import LinearRegression

def poly_reg( degree =2):
    return Pipeline([
        ('poly_reg', PolynomialFeatures( degree = degree))
        ,('std', StandardScaler())
        ,('line_reg', LinearRegression())
    ])
```

基于训练集数据进行模型训练，并分别在训练集和测试集上评价模型效果。

```
from sklearn. metrics import mean_squared_error

#模型训练
poly_model = poly_reg( degree =80)
poly_model. fit( X_train, y_train)
```

```
fig = plt.figure(figsize = (16, 5), dpi = 70)

#绘制训练数据及其预测曲线
ax1 = fig.add_subplot(1, 2, 1)
plt.title('模型在训练集的拟合效果')
plt.scatter(X_train, y_train, color = 'grey')
y_predict = poly_model.predict(np.sort(X_train, axis = 0))
plt.plot(np.sort(X_train, axis = 0), y_predict, color = 'steelblue', linewidth = 2.5)
plt.axis([-3, 3, -30, 30])

#绘制测试数据及其预测曲线
ax2 = fig.add_subplot(1, 2, 2)
plt.title('模型在测试集的拟合效果')
plt.scatter(X_test, y_test, color = 'black', facecolors = 'none')
y_predict = poly_model.predict(np.sort(X_test, axis = 0))
plt.plot(np.sort(X_test, axis = 0), y_predict, color = 'steelblue', linewidth = 2.5)
plt.axis([-3, 3, -30, 30])

plt.show()

#分别计算模型在训练集和测试集上的MSE
y_train_predict = poly_model.predict(X_train)
y_test_predict = poly_model.predict(X_test)
print('模型在训练集的 MSE 为:', mean_squared_error(y_train, y_train_predict))
print('模型在测试集的 MSE 为:', mean_squared_error(y_test, y_test_predict))
```

**输 出**

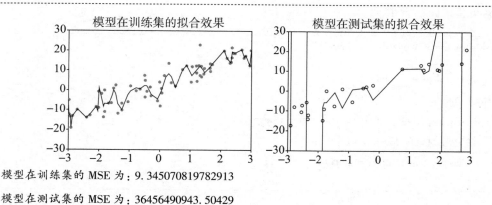

模型在训练集的 MSE 为: 9.345070819782913

模型在测试集的 MSE 为: 36456490943.50429

可见，当采用较高复杂度时（degree = 80），模型在训练集上有较好的拟合效果，但在测试集上表现很差，说明存在严重的过拟合问题。下面将介绍一种自动调节和控制模型复杂度的方法，从而帮助解决过拟合问题，提升模型泛化性能。

### 3.4.2  正则化方法

**正则化**（Regularization）是解决过拟合问题的经典方法。正则化在损失函数中添加特定惩罚项（Penalty Term），通过在算法学习过程中抑制模型系数（使某些系数趋向于 0）控制模型复杂度，进而缓解模型过拟合现象。根据添加惩罚项的不同形式，可分为 **L1 正则化**和 **L2 正则化**。下面详细介绍这两种方法。

#### 3.4.2.1  L1 正则化

L1 正则化又称**套索回归**（LASSO Regression）。设 $M$ 次多项式模型为 $f(x,\theta) = \theta_0 + \theta_1 x + \theta_2 x^2 + \cdots + \theta_M x^M = \sum_{j=0}^{M} \theta_j x^j, j = 0,1,\cdots,M$。式中 $x$ 是单变量输入，$\theta_0,\theta_1,\cdots,\theta_M$ 为待估计的参数。对于 $N$ 个样本，定义其损失函数为

$$L(\theta) = \sum_{i=1}^{N} (y^{(i)} - \theta_0 - \theta_1 x^{(i)} - \theta_2 x^{2(i)} - \cdots - \theta_M x^{M(i)})^2 + \alpha \sum_{j=1}^{M} |\theta_j|, i = 1,2,\cdots,N$$

注意到，损失函数的最后一项 $\alpha \sum_{j=1}^{M} |\theta_j|$ 为新添加的惩罚项。其中，$\sum_{j=1}^{M} |\theta_j|$ 是各系数的绝对值之和，又称 L1 范数。在 L1 范数的作用下，如果系数 $\theta$ 变大，那么损失函数 $L(\theta)$ 也会变大。因此在算法学习过程中，为保证损失函数尽可能小，系数 $\theta$ 也应尽可能小。L1 范数前的系数 $\alpha$ 代表正则化强度，$\alpha$ 越大，正则化强度就越大。极端情况下，当 $\alpha$ 趋向无穷大时，所有系数都会变为 0，此时多项式模型的拟合曲线将变成一条水平直线。

针对上文中多项式模型复杂度过高（degree = 80）而导致的过拟合问题，下面采用套索回归逐步提高正则化强度超参数 $\alpha$，以展现 L1 正则化对模型效果的影响。

定义套索回归管道。

```python
from sklearn.linear_model import Lasso

def Lasso_reg(degree, alpha):
    return Pipeline([
        ('poly_reg', PolynomialFeatures(degree = degree))
        , ('std', StandardScaler())
        , ('lasso', Lasso(alpha = alpha))
    ])
```

为便于重复调用，定义 Lasso_fit 函数实现套索回归拟合并绘制结果图像。与多项式回归模型的拟合函数 poly_reg 相比，此处增加了 L1 正则化强度超参数 $\alpha$。

```
def Lasso_fit(X, y, degree, alpha, ax):
    #训练与预测
    lasso = Lasso_reg(degree = degree, alpha = alpha)
    lasso.fit(X_train, y_train)
    y_test_predict = lasso.predict(X_test)

    #效果评价 MSE
    mse = mean_squared_error(y_test, y_test_predict)

    #绘制拟合曲线
    ax.scatter(X_test, y_test, color = 'grey')
    ax.plot(np.sort(X_test, axis = 0), y_test_predict[np.argsort(X_test, axis = 0)],
            color = 'steelblue', linewidth = 2.5)
    #在子图底部添加文本框并打印 MSE
    ax.text(0, -0.1, f'MSE = {mse:.2f}', transform = ax.transAxes)
    #设置子图的标题和标签等信息
    ax.set_title(f'套索回归: alpha = {alpha}, degree = {degree}', size = 12)
```

绘制正则化强度超参数 $\alpha$ 分别为 0.1、1 和 10 时的拟合结果图像。

```
#创建三个子图
fig, axs = plt.subplots(nrows = 1, ncols = 3, figsize = (15, 5), sharex = True, sharey = True)

#循环调用 Lasso_fit 函数
for alpha, ax in zip([0.1, 1, 10], axs):
    Lasso_fit(X, y, degree = 80, alpha = alpha, ax = ax)

plt.subplots_adjust(wspace = 0.1, left = 0.1, right = 0.9)
```

输出

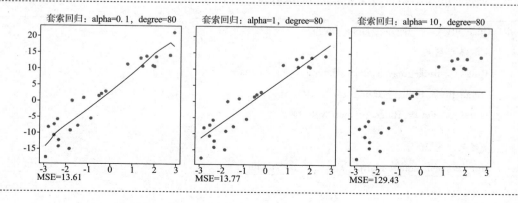

93

上图展示了不同正则化强度对模型效果的影响：当超参数 $\alpha = 0.1$ 时，MSE 大幅下降至 13.61，预测曲线也基本贴合测试数据集分布，说明 L1 正则化有效解决了过拟合问题。进一步加大惩罚力度并设定超参数 $\alpha = 1$，MSE 小幅增加至 13.77，预测曲线变得更为平直，接近一条倾斜直线。当正则化强度更强时（$\alpha = 10$），模型在测试集数据的预测效果急剧下降（MSE $= 129.43$），此时预测曲线接近一条水平直线，多项式模型的各项系数都趋向于 0。

#### 3.4.2.2 L2 正则化

L2 正则化又称岭回归（Ridge Regression）。与套索回归相比，岭回归在损失函数中添加 L2 范数作为惩罚项，定义其损失函数为

$$L(\theta) = \sum_{i=1}^{N} (y^{(i)} - \theta_0 - \theta_1 x^{(i)} - \theta_2 x^{2(i)} - \cdots - \theta_M x^{M(i)})^2 + \frac{1}{2}\alpha \sum_{j=1}^{M} \theta_j^2$$

同理，损失函数的最后一项 $\frac{1}{2}\alpha \sum_{j=1}^{M} \theta_j^2$ 为新添加的惩罚项。其中 $\sum_{j=1}^{M} \theta_j^2$ 为模型各项系数的平方和，对应为 L2 范数的平方，所谓 L2 范数即模型系数平方和再求平方根（欧氏距离）。$\alpha$ 仍然代表正则化强度，$\alpha$ 越大则惩罚强度越大。

针对上文中多项式模型复杂度过高（degree $= 80$）而导致的过拟合问题，下面采用岭回归逐步提高正则化强度超参数 $\alpha$，以展现 L2 正则化对模型效果的影响。

定义岭回归管道。

```python
from sklearn. linear_model import Ridge

def Ridge_reg(degree, alpha):
    return Pipeline([
        ('poly_reg', PolynomialFeatures(degree = degree))
        ,('std', StandardScaler())
        ,('ridge', Ridge(alpha = alpha))
    ])
```

为便于重复调用，定义 Ridge_fit 函数实现岭回归拟合并绘制结果图像。

```python
def Ridge_fit(X, y, degree, alpha, ax):
    #训练与预测
    Ridge = Ridge_reg(degree = degree, alpha = alpha)
    Ridge. fit(X_train, y_train)
    y_test_predict = Ridge. predict(X_test)

    #效果评价 MSE
    mse = mean_squared_error(y_test, y_test_predict)
```

```
#绘制拟合曲线
ax. scatter( X_test, y_test, color = 'grey')
ax. plot( np. sort( X_test, axis = 0), y_test_predict[ np. argsort( X_test, axis = 0)],
        color = 'steelblue', linewidth = 2. 5)

ax. text( 0, - 0. 1, f'MSE = {mse:. 2f}', transform = ax. transAxes)        ax. set_title( f'岭回归：al-
pha = {alpha}, degree = {degree}', size = 12)
```

依次绘制岭回归正则化强度超参数 $\alpha$ 为 1、100 和 1000000 的拟合结果图像。

```
#创建三个子图
fig, axs = plt. subplots( nrows = 1, ncols = 3, figsize = (15, 5), sharex = True, sharey = True)

#循环调用 Ridge_fit 函数
for alpha, ax in zip( [1, 100, 1000000], axs):
    Ridge_fit( X, y, degree = 80, alpha = alpha, ax = ax)

plt. subplots_adjust( wspace = 0. 1, left = 0. 1, right = 0. 9)
```

**输 出**

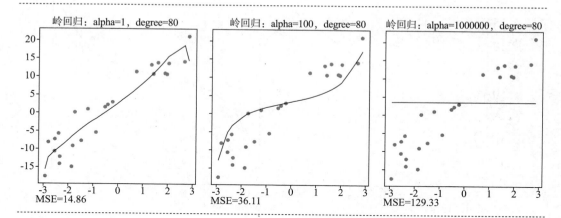

上图展示了不同正则化强度对模型效果的影响：当超参数 $\alpha = 1$ 时，MSE 大幅下降至 14.86，预测曲线基本贴合数据分布，说明采用 L2 正则化提升了模型的泛化能力；进一步增强正则化强度，当超参数 $\alpha = 100$，MSE 小幅增加至 36.11，模型预测效果下降；当惩罚力度极强（$\alpha = 1000000$）时，MSE = 129.33，模型在测试集的预测效果大幅下降。此时，预测曲线接近一条水平直线，多项式模型的各项系数都趋向于 0（模型复杂度极低），可能出现欠拟合问题。

由此可见，在选择正则化强度时，需要在模型复杂度与泛化能力之间进行权衡，以获得较好的性能。恰当的正则化强度可以提高模型的泛化能力，显著降低过拟合风险。

### 3.4.3 进一步讨论

采用正则化方法可以有效处理过拟合问题，其背后的关键逻辑是：当惩罚强度 $\alpha > 0$ 时，损失函数值将随着模型复杂度（模型系数的绝对值）的增加而增大。这意味着，在机器学习算法训练过程中，有两种不同机制共同作用于损失函数最小化：一方面，高复杂度模型（模型系数远离 0）可以更好拟合训练数据，有利于降低损失函数值；另一方面，正则化通过引入惩罚项增加了"反向牵引"力量，此时低复杂度模型（模型系数趋向 0）更有利于损失函数最小化，从而避免用过于复杂的模型拟合训练数据。

基于上一小节的讨论可知，在正则化强度不断提升的过程中，套索回归与岭回归的拟合曲线呈现不同的变化趋势。如图 3-9 所示，当 $\alpha = 1$ 时，套索回归的预测曲线已经基本为一条直线；而当超参数增至 100 时，岭回归的拟合曲线仍为曲线。这说明对模型复杂度的抑制效果而言，L1 正则化比 L2 正则化似乎更为显著。

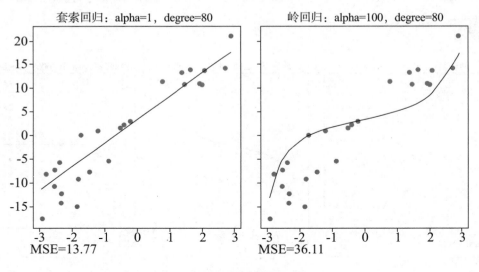

**图 3-9 套索回归和岭回归**

两种不同的正则化方法存在此种差异的主要原因是：**L1 正则化使模型系数分布更为稀疏，而 L2 正则化使模型系数分布更为平滑**。L1 正则化采用绝对值惩罚项，这意味着对于不同大小系数施加无差别的惩罚力度，而绝对值较小的系数被惩罚后很容易变成 0。因此，经过 L1 正则化后，大量模型系数值变为 0，达到了稀疏化的目的。L2 正则化采用平方惩罚项，这意味着对绝对值较大系数施加更重的惩罚，而对绝对值较小系数施加很轻的惩罚。而当系数绝对值趋近于 0 时，惩罚将非常轻微。因此，岭回归结果倾向于保留更多的特征项，这些特征系数将接近于 0 但不等于 0。

还可以从另一个视角理解两者的差别，即相对于 L1 正则化，L2 正则化倾向于让模型各特征项的系数取值更为平均。假定存在一个二元线性回归模型：

$$Y = \theta_1 X_1 + \theta_2 X_2$$

假定已知模型系数之间存在关系：

$$\theta_1 + \theta_2 = 2$$

则该模型可能为以下三种形式：

$$Y = X_1 + X_2, Y = 2 X_1, Y = 2 X_2$$

其中，$Y = X_1 + X_2$ 的系数都为 1，系数取值较为平均；$Y = 2 X_1$ 和 $Y = 2 X_2$ 的系数差异则较大。如果使用 L1 正则化，不论训练后得到的模型是 $Y = X_1 + X_2$ 还是 $Y = 2 X_1$ 或 $Y = 2 X_2$，惩罚项都为 $2\alpha$。但如果使用 L2 正则化，$Y = X_1 + X_2$ 的惩罚项是 $2\alpha$，而后两个模型的惩罚项是 $4\alpha$。此时，为最小化损失函数值，机器学习算法将倾向于选择系数更为平均的 $Y = X_1 + X_2$ 模型。因此，若 $\theta_1$ 与 $\theta_2$ 之和为常数，相较于 L1 正则化，L2 正则化会令各个系数趋于平均（甚至相等），即模型系数分布更为平滑。

随着海量数据处理的兴起，为降低计算工作量，工程上对于模型稀疏化的要求也随之出现，利用 L1 正则化的"特征选择"功能可删除非必要特征变量。此时，L2 正则化往往不能满足需求，因为它只是使得模型系数值趋近于 0，而不是等于 0，这样就无法舍弃模型里任何一个特征。不过，因为 L2 正则化具有处处可导的数学特性，所以也有便于计算的独特优势。基于两种正则化方法的差异，建模实践中应根据具体应用场景选择合适的正则化方法。

## ◎ 本章注释

1. 该数据是由 Python 生成的模拟数据集，生产成本等于生产个数与一个随机数之和。

2. 本案例的流程上是如此。完整的机器学习流程还涉及超参数、模型的对比和选择。这在本书后续章节会进行介绍。

3. train_test_split 函数的 shuffle 参数取了默认值 True，修改为 False 则在原顺序基础上划分数据集。

4. 模型训练结果与数据集的划分有关，不同训练集数据训练得出的模型参数不同。

5. 这里的决定系数与经典统计方法的决定系数的计算公式是相同的。

6. 出现一列 1 是因为 PolynomialFeatures 模块的参数 include_bias 取默认值 True，修改为 False 可以将它去掉。

## 本章小结

本章介绍了机器学习最简单的模型：线性回归模型，并基于多项式回归阐述了机器学习中模型拟合的相关知识点。第一，针对同一回归任务，分别展示了经典统计方法与机器学习的解决流程，提出了机器学习回归任务的常用评估指标，并指出二者的本质区别——前者是人在学习，后者是计算机在学习。第二，以线性回归中的多项式回归模型为例，介绍了机器学习中可能出现的欠拟合、恰拟合和过拟合三种模型效果。随着模型复杂度的上升，模型对训练集数据的拟合效果由欠拟合到恰拟合再到过拟合，模型在测试集上的表现随之发生波动。机器学习的理想目标是获得一个恰拟合的模型，但拟合过程中可能因模型复杂度与其泛化能力失衡而出现欠拟合和过拟合，这一规律在模型复杂度曲线中得到了直观展示。第三，机器学习的泛化误差可以分解为三部分：偏差、方差和噪声。一个好的模型特点是低偏差、低方差，但现实中二者不可兼得，随着模型复杂度的上升，模型由高偏差、低方差转向低偏差、高方差，也即由欠拟合逐渐转为过拟合。学习曲线可以用于诊断模型是否存在过拟合（高方差）或欠拟合（高偏差）问题。欠拟合和过拟合都是不可接受的，提升模型复杂度可以解决欠拟合问题，正则化方法可以解决过拟合问题，其中 L1 正则化（套索回归）会使得模型系数分布更为稀疏，而 L2 正则化（岭回归）会使得模型系数分布更为平滑。

## 课后习题

1. 从数据集划分角度，简述为什么机器学习的预测能力一般强于传统统计方法。

2. 本章第一节以测试训练集为例，分别采用统计方法和机器学习方法实现了线性回归模型的拟合。对比两种方法的决定系数 $R^2$ 发现，机器学习方法的决定系数（0.97）低于统计方法的决定系数（1.00），这是否说明本例中统计方法更优呢？为什么？

参考答案
请扫码查看

3. 偏差和方差是什么？它们与机器学习的预测误差有什么关系？

4. 为什么随着模型越来越复杂，在训练集上的效果越来越好，而在测试集上的效果则表现出先升后降的趋势？

5. L1 正则化与 L2 正则化的惩罚项有什么区别？在正则化强度不断增加的过程中，L1 正则化与 L2 正则化对模型系数的影响趋势有何不同？请简述背后的原因。

# 第4章
# 逻辑回归与模型评估

## 4.1　从线性回归到逻辑回归

　　**逻辑回归**（Logistic Regression）是一种可以处理二元分类问题的机器学习算法。逻辑回归由线性回归发展而来，属于广义线性模型（Generalized Linear Model）。该模型通过 Sigmoid 函数将线性回归的输出值映射到（0,1）概率区间，再通过概率预测类别。逻辑回归模型建模思路简单且可解释性强，此外还具有诸多优点。例如，无须对数据分布做出假设，因而可避免假设分布不准确带来的问题，适用于各种分类任务。下面从一个实际例子开始介绍逻辑回归模型原理。

### 4.1.1　二元分类问题

　　人们日常生活中充斥着二元选择问题，比如是否购买某件衣服、是否报考某所大学、是否入住某家酒店等。在这些类似情境下，选择的结果（标签）往往与个体的属性（特征）息息相关。例如，各大电商平台都开发了相关预测模型，能够根据用户的性别、年龄、历史订单等特征预测用户是否对某件衣服感兴趣，进而实现广告的精准投放。这样既提升了用户体验，又增加了电商平台的销售额。假定该电商平台用于训练模型的数据集如表 4-1 所示。为简化讨论，用户特征仅设置"年龄"一个维度，电商平台根据用户年龄决定是否对用户投放广告，其中 1 代表投放，0 代表不投放。

表 4-1　电商平台训练数据集

| 用户 ID | 年龄 | 是否投放 |
| --- | --- | --- |
| 1 | 20 | 0 |
| 2 | 22 | 0 |
| 3 | 24 | 0 |
| 4 | 26 | 0 |
| 5 | 28 | 0 |

（续表）

| 用户 ID | 年龄 | 是否投放 |
|---|---|---|
| 6 | 30 | 1 |
| 7 | 32 | 1 |
| 8 | 34 | 1 |
| 9 | 36 | 1 |
| 10 | 38 | 1 |

　　这个场景是一个典型的**二元分类问题**，即只有两个类别的分类问题。此例中标签变量 $y$ 为"是否投放"，特征变量 $X$ 为"年龄"。利用已经学过的线性回归模型，可尝试用一条直线拟合这些数据。拟合结果如图 4 – 1 所示，其中纵轴表示投放广告的概率（$z$），横轴代表用户年龄（$X$）。

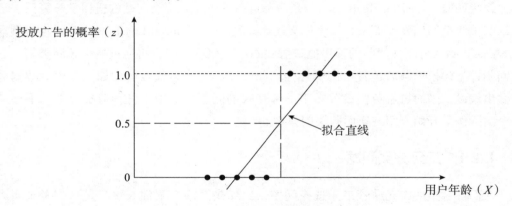

图 4 – 1　线性回归模型训练结果

　　在二元分类情境下，数据的类别标签一般为 0 或 1，而线性回归的预测值是连续型数值，因此需要对 $z(X)$ 的取值进行转换。从图 4 – 1 中可以看出，只要选定阈值为 0.5，就可得到一种准确的预测判定方式：当投放广告概率的预测值大于 0.5 则投放广告，反之不投放，即

$$y = \begin{cases} 1, z(X) \geqslant 0.5 \\ 0, z(X) < 0.5 \end{cases}$$

　　利用上面的模型，对于任意给定年龄的用户都可准确预测是否应该投放广告。从这个例子来看，似乎线性回归模型也能很好地解决分类问题，然而现实并非如此简单。接下来增加一个训练样本：用户年龄为 60 岁，且需要投放广告。继续采用线性回归模型进行拟合，观察拟合后的效果。

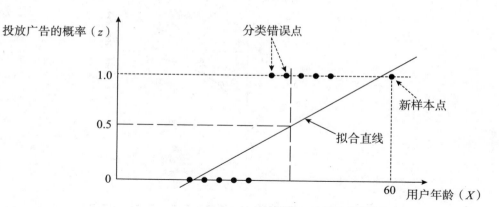

**图 4 - 2　增加一个训练样本后的线性回归训练结果**

拟合后的结果如图 4 - 2 所示。与之前的回归结果相比，新回归直线的斜率和截距都发生了很大变化。显然，此时仍沿用 0.5 作为阈值并不合适——出现了两处分类错误。可见，使用线性回归模型解决分类问题时，数据集的微小调整可能导致模型发生很大变动。换句话说，模型的**稳健性**（Robustness）较差。

### 4.1.2　Sigmoid 映射函数

除稳健性较差外，这里直接采用线性回归模型还存在一个问题：投放广告概率 $z(X)$ 有意义的取值范围在 0 到 1 之间，而线性回归模型输出的预测值在实数域范围内取值，导致 $z(X)$ 的预测值可能出现大于 1 或小于 0 的情况。为解决这个问题，可以通过一个**映射函数**将线性回归模型预测值范围转换至 (0,1) 区间，再通过设定阈值将其输出为 0/1 二元分类值。

**逻辑函数**（Logistic Function），又被称为对数概率函数，正好符合上述要求，其数学表达式定义为

$$y = \frac{1}{1 + e^{-z}}$$

它的函数图像如图 4 - 3 所示。由于函数图像呈 "S" 形，所以该函数又名 Sigmoid 函数[1]。Sigmoid 函数在 ( - ∞ , + ∞ ) 范围内单调可微，值域为 (0,1)。通过**将线性回归模型的输出 $z(X)$ 作为 Sigmoid 函数的输入**，即把 $z = a^{\mathrm{T}}X + b$ 代入 Sigmoid 函数，可将值域为实数集的 $z$ 值转化为值域为 (0,1) 的 $y$ 值。

观察 Sigmoid 函数图像可知，其输出值在 $z = 0$ 附近变化很陡，而在远离 $z = 0$ 的两端变化很平缓，这意味着其输出结果对输入数据的离散度不敏感，模型稳健性较强。此外，Sigmoid 函数在数学计算上具有独特优势[2]，在求解最优解时可以使用已有的许多优化算法，如梯度下降法、牛顿法（Newton Method）等，因而被广泛应用于各个领域。

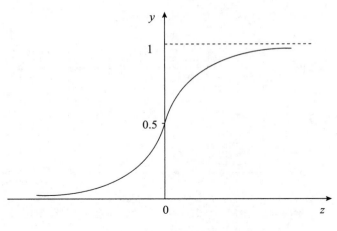

图 4 - 3　逻辑函数

### 4.1.3　逻辑回归定义

一个事件发生的概率和不发生的概率之比被称为**事件发生比**（Odds）。在机器学习情境下，假设 $y$ 是样本标签为 1 的概率，$1-y$ 是样本标签为 0 的概率，则事件发生比可定义为

$$\text{Odds} = \frac{y}{1-y}$$

它反映了模型预测样本标签为 1 的相对可能性，取对数后可得**对数概率**（Log Odds，简称 Logit）

$$\text{Logit} = \ln\frac{y}{1-y}$$

代入 Sigmoid 函数，即可得到逻辑回归（也称对数概率回归）模型的表达式

$$\text{Logit} = \ln\frac{y}{1-y} = \ln\frac{\dfrac{1}{1+e^{-z}}}{1-\dfrac{1}{1+e^{-z}}} = z = a^{\mathrm{T}}X + b$$

注意到，在上述数学推导中，Sigmoid 函数的数学形式发挥了极其巧妙的作用，使**得表达式最右边正好是线性回归模型表达式**。[3] 由此可见，只要将预测值从事件发生概率 $z(X)$ 转变为对数概率 Logit，实质上仍可沿用线性回归模型思路解决二元分类问题。

与其他机器学习模型相同，参数 $a$ 和 $b$ 的估计值通过最小化逻辑回归的损失函数求得，此处不予详述。

### 4.1.4　事件发生比与对数概率的关系

事件发生比（Odds）与对数概率（Logit）两个指标都体现了事件发生的相对可能

性，区别仅在于后者在前者的基础上进行了对数变换。不过，这个简单的数学变换在实际应用中却起到了关键作用。其一，正如上文所示，对数变换后才可利用 Sigmoid 函数特点，将二元分类问题转换为线性回归模型求解；其二，转换为线性回归模型后，模型参数更具直观的经济意义，极大增强了指标的可解释性。除此之外，Logit 还赋予事件发生比更强的现实意义，更便于比较不同事件发生概率之间的关系。为了说明这一点，将事件发生比和对数概率随概率变化的趋势绘制在一张图中。为美观显示，概率只取了 $[0.1, 0.9]$ 部分。

```
import matplotlib. pyplot as plt
import numpy as np

x = np. arange(0. 1,0. 901,0. 01)
Odds = x/(1-x)
Logit = np. log(x/(1-x))
fig = plt. figure(figsize = (6,4))
plt. plot(x,Odds,label = 'Odds',c = 'indianred',linestyle = '--')
plt. plot(x,Logit,label = 'Logit',c = 'steelblue')
plt. xlabel('Probability')
plt. legend(shadow = True)
plt. grid() #生成网格
```

输 出

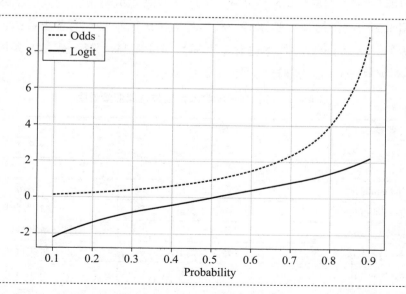

从图像能大致看出，事件发生比（Odds）这一指标存在**不对称性**，这在实际应用中常会带来一些困扰。一方面，数值上存在不对称关系。比如，当事件发生概率 $y$ 为

0.3 和 0.7 时，这两个概率关于 0.5 对称，但它们的事件发生比却分别是 0.429 和 2.333，很难直观感受到对称关系。另一方面，变化程度也是不对称的。例如，当事件发生概率 $y$ 从 0.2 降低到 0.1 时，事件发生比减少了 0.139；当事件发生概率从 0.8 增加到 0.9 时，事件发生比却增加了 5。虽然概率增量相同，但发生比增量却完全不同。从取值范围来看，当概率为 0.5 时，发生比为 1，即事件发生与不发生的概率相同；当概率小于 0.5 时，发生比取值范围为 $(0, 1)$，而当概率大于 0.5 时，发生比取值范围为 $(1, +\infty)$；当概率大于或小于 0.5 时，发生比的取值范围并不对称。

相比之下，Logit 曲线关于坐标 $(0.5, 0)$ 呈中心对称[4]，因而其取值和变化都具备**对称性**。比如，当事件发生概率 $y$ 为 0.3 和 0.7 时，对数概率分别为 $-0.847$ 和 0.847，这两个值关于 0 对称。再如，当事件发生概率 $y$ 从 0.2 减少至 0.1 时，对数概率增量是 $-0.811$；当事件发生概率从 0.8 增加到 0.9 时，对数概率增量是 0.811，二者绝对值相等。从取值范围来看，当事件发生比为 1 时，对数概率为 0；当事件发生比小于或大于 1 时，对数概率取值范围为 $(-\infty, 0)$ 或 $(0, +\infty)$，取值范围对称。因此，Logit 赋予发生比更强的现实意义，能够更容易比较不同事件发生概率之间的关系。

# 4.2　二元分类预测案例

了解逻辑回归的模型原理后，本节结合居民收入水平预测的具体情境搭建逻辑回归模型，目标是根据居民的年龄、学历、工作类型等相关特征预测其收入水平。本案例所用数据来源于美国加州大学尔湾分校，是美国居民年收入的普查数据，共记录了 32561 个观测样本。每个观测样本包含 1 个标签变量和 13 个特征变量，具体变量及说明如表 4-2 所示（fnlwgt 为抽样权重，不予考虑）。

表 4-2　美国居民年收入普查数据集变量说明

| 变量名 | 变量类型 | 说明 |
| --- | --- | --- |
| age | 数值型变量 | 年龄 |
| workclass | 类别型变量 | 工作类型 |
| education | 类别型变量 | 学历 |
| education_num | 数值型变量 | 受教育年限 |
| martial_status | 类别型变量 | 婚姻状况 |
| occupation | 类别型变量 | 所在行业 |
| relationship | 类别型变量 | 家庭角色 |
| race | 类别型变量 | 种族 |
| sex | 类别型变量 | 性别 |

（续表）

| 变量名 | 变量类型 | 说明 |
|---|---|---|
| capital_gain | 数值型变量 | 该年度投资收益 |
| capital_loss | 数值型变量 | 该年度投资损失 |
| hours_per_week | 数值型变量 | 每星期工作时间 |
| native_country | 类别型变量 | 出生国家 |
| fnlwgt | 数值型变量 | 抽样权重 |
| label | 类别型变量 | 年收入分类 |

其中年收入分类（label）是二元标签变量，表示居民的收入水平，具体包含"＞50k"和"＜=50k"两大类别。为简化讨论，本节仅选取数据表中的 5 个数值型变量作为模型的特征变量，即年龄（age）、受教育年限（education_num）、该年度投资收益（capital_gain）、该年度投资损失（capital_loss）和每星期工作时间（hours_per_week）。

下面使用 sklearn 工具包进行模型训练和预测。

### 4.2.1 数据概览

建模前先了解数据基本情况，这将为后续的建模过程提供指导和依据。采用 pandas 读取数据并选取所需的数值型特征变量和二元标签变量。

```
import pandas as pd
import numpy as np

data_path = 'people. csv'
raw_data = pd. read_csv(data_path)
#选取需要使用的列
cols = ['age', 'education_num', 'capital_gain', 'capital_loss',
        'hours_per_week', 'label']
data = raw_data[cols]
```

查看前十行数据。

```
data. head(10)
```

**输 出**

| | age | education_num | capital_gain | capital_loss | hours_per_week | label |
|---|---|---|---|---|---|---|
| **0** | 39 | 13 | 2174 | 0 | 40 | ＜=50K |
| **1** | 50 | 13 | 0 | 0 | 13 | ＜=50K |

（续表）

| | age | education_num | capital_gain | capital_loss | hours_per_week | label |
|---|---|---|---|---|---|---|
| 2 | 38 | 9 | 0 | 0 | 40 | < =50K |
| 3 | 53 | 7 | 0 | 0 | 40 | < =50K |
| 4 | 28 | 13 | 0 | 0 | 40 | < =50K |
| 5 | 37 | 14 | 0 | 0 | 40 | < =50K |
| 6 | 49 | 5 | 0 | 0 | 16 | < =50K |
| 7 | 52 | 9 | 0 | 0 | 45 | >50K |
| 8 | 31 | 14 | 14084 | 0 | 50 | >50K |
| 9 | 42 | 13 | 5178 | 0 | 40 | >50K |

观察上表发现，年收入分类 label 是类别型变量，无法直接参与建模，需将它转换为数值型变量。下面使用 pd. Categorical 函数对 label 列进行标签编码，并将编码后的结果作为新的一列插入数据表中。

```
#把非数值型变量转换成数值型变量
label_code = pd. Categorical( data. label) . codes
#在数据表最右侧插入新的数值型标签列
data. insert( data. shape[ 1] ,'label_code', label_code) #data. shape[ 1]取出总列数
data. head( 10)
```

输 出

| | age | education_num | capital_gain | capital_loss | hours_per_week | label | label_ code |
|---|---|---|---|---|---|---|---|
| 0 | 39 | 13 | 2174 | 0 | 40 | < =50K | 0 |
| 1 | 50 | 13 | 0 | 0 | 13 | < =50K | 0 |
| 2 | 38 | 9 | 0 | 0 | 40 | < =50K | 0 |
| 3 | 53 | 7 | 0 | 0 | 40 | < =50K | 0 |
| 4 | 28 | 13 | 0 | 0 | 40 | < =50K | 0 |
| 5 | 37 | 14 | 0 | 0 | 40 | < =50K | 0 |
| 6 | 49 | 5 | 0 | 0 | 16 | < =50K | 0 |
| 7 | 52 | 9 | 0 | 0 | 45 | >50K | 1 |
| 8 | 31 | 14 | 14084 | 0 | 50 | >50K | 1 |
| 9 | 42 | 13 | 5178 | 0 | 40 | >50K | 1 |

使用 DataFrame 的默认 describe 函数，可以得到数值型变量的基本统计信息，如计数、均值、标准差、最小值和最大值等。此处需要获取全部变量的统计信息，故进一步设置 describe 函数的参数 include 等于 all。

```
data. describe( include = 'all')
```

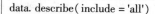
输 出

|  | age | education_num | capital_gain | capital_loss | hours_per_week | label | label_code |
|---|---|---|---|---|---|---|---|
| count | 32561. 000000 | 32561. 000000 | 32561. 000000 | 32561. 000000 | 32561. 000000 | 32561 | 32561. 000000 |
| unique | NaN | NaN | NaN | NaN | NaN | 2 | NaN |
| top | NaN | NaN | NaN | NaN | NaN | < = 50K | NaN |
| freq | NaN | NaN | NaN | NaN | NaN | 24720 | NaN |
| mean | 38. 581647 | 10. 080679 | 1077. 648844 | 87. 303830 | 40. 437456 | NaN | 0. 240810 |
| std | 13. 640433 | 2. 572720 | 7385. 292085 | 402. 960219 | 12. 347429 | NaN | 0. 427581 |
| min | 17. 000000 | 1. 000000 | 0. 000000 | 0. 000000 | 1. 000000 | NaN | 0. 000000 |
| 25% | 28. 000000 | 9. 000000 | 0. 000000 | 0. 000000 | 40. 000000 | NaN | 0. 000000 |
| 50% | 37. 000000 | 10. 000000 | 0. 000000 | 0. 000000 | 40. 000000 | NaN | 0. 000000 |
| 75% | 48. 000000 | 12. 000000 | 0. 000000 | 0. 000000 | 45. 000000 | NaN | 0. 000000 |
| max | 90. 000000 | 16. 000000 | 99999. 000000 | 4356. 000000 | 99. 000000 | NaN | 1. 000000 |

## 4. 2. 2  逻辑回归建模

本案例的目标是建立一个逻辑回归模型，使它能够根据输入的居民特征信息，自动判断该居民的年收入是否大于 5 万，即实现对年收入分类 label 的预测。划分训练集和测试集，测试集占总数据集的 20%。

```
from sklearn. model_selection import train_test_split

train_set, test_set = train_test_split( data, test_size = 0. 2, random_state = 2310)
```

从训练集中获取特征变量和标签变量。将训练集划分为特征集 X_train 和标签集 y_train，其中特征集 X_train 包含用于模型输入的特征，标签集 y_train 包含对应的输出结果。

```
from sklearn. preprocessing import StandardScaler

features = ['age', 'education_num', 'capital_gain',
            'capital_loss', 'hours_per_week']
label = 'label_code'
X_train = train_set[features]
y_train = train_set[label]
```

sklearn 工具包提供了 LogisticRegression 类用于构建逻辑回归模型。在导入 Logisti-cRegression 类后，将初始化的模型赋给 model_LR。

```
from sklearn. linear_model import LogisticRegression

model_LR = LogisticRegression( )
```

基于特征和标签数据集，使用 fit 方法进行模型训练。

```
model_LR. fit( X_train, y_train)
```

**输 出**

---
LogisticRegression( )
---

此时 model_LR 为训练得到的模型。

### 4.2.3  特征系数

逻辑回归的**特征系数**（Feature Coefficient）表示其他特征保持不变时，$x_i$ 每变化一个单位，对数概率 Logit 的变化值。下面查看该模型的特征系数，包括各特征项系数以及截距项系数。

```
#系数和截距
coefficients = model_LR. coef_[0]
intercept = model_LR. intercept_[0]

#查看模型结果
result_df = pd. DataFrame( { "Feature" : [ "Intercept" ] + features,
                            "Coefficient" : [ intercept ] + list( coefficients) } )
print( result_df)
```

**输 出**

---
|   | Feature | Coefficient |
|---|---|---|
| 0 | Intercept | − 8. 297254 |
| 1 | age | 0. 043454 |
| 2 | education_num | 0. 321475 |
| 3 | capital_gain | 0. 000319 |
| 4 | capital_loss | 0. 000730 |
| 5 | hours_per_week | 0. 039943 |
---

由上述输出结果，可得 Logit 预测模型表达式为

$$\text{Logit} = \ln(\text{odds}) = \ln\frac{y}{1-y}$$

$$= -8.2973 + 0.0435\text{age} + 0.3215\text{education\_num} + 0.0003\text{capital\_gain}$$
$$+ 0.0007\text{capital\_loss} + 0.0399\text{hours\_per\_week}$$

虽然得到了逻辑回归模型的估计结果，但对它的解读却不如线性回归那么简单直接。以特征 hours_per_week 的系数 0.0399 为例，该系数的经济意义为：当其他特征值保持不变时，某居民的每星期工作时间每增加 1 个小时，其年收入大于 5 万的**对数概率**将增加 0.0399。显然，这种解释不够直观。

### 4.2.4　比值比

逻辑回归中通过使用**比值比**（Odds Ratio，OR）进一步还原特征变量对事件发生比的影响程度。假设某个逻辑回归模型的表达式为 $\text{Logit} = a^{\mathrm{T}}X + b$，那么特征变量 $X$ 的对数概率可以表示为

$$\ln\text{Odds}(X) = a^{\mathrm{T}}X + b$$

通过指数运算可将对数概率转换为事件发生比

$$\text{Odds}(X) = e^{a^{\mathrm{T}}X + b}$$

接着，计算 $X$ 中某一特征 $x_i$ 增加一个单位后的事件发生比与原事件发生比的比值

$$\frac{\text{Odds}(x_i + 1)}{\text{Odds}(x_i)} = \frac{e^{a_i(x_i+1)+b}}{e^{a_i x_i + b}}$$

化简得到

$$e^{a_i(x_i+1)+b-a_i x_i - b} = e^{a_i}$$

故特征 $x_i$ 增加一个单位时 Odds Ratio 的表达式为

$$\text{OR} = \frac{\text{Odds}(x_i + 1)}{\text{Odds}(x_i)} = e^{a_i}$$

下面以 e 为底对模型中所有的特征系数做指数运算得到一系列 OR 值，从而还原各个特征变量对事件发生比的影响。

```
#计算 OR 值
odds_ratios = np.exp(coefficients)
#输出结果
result_df = pd.DataFrame({"Feature": ["Intercept"] + features,
                          "Coefficient": [intercept] + list(coefficients),
                          "OR": [np.exp(intercept)] + list(odds_ratios)})
print(result_df)
```

| | Feature | Coefficient | OR |
|---|---|---|---|
| 0 | Intercept | -8.297254 | 0.000249 |
| 1 | age | 0.043454 | 1.044412 |
| 2 | education_num | 0.321475 | 1.379160 |
| 3 | capital_gain | 0.000319 | 1.000319 |
| 4 | capital_loss | 0.000730 | 1.000731 |
| 5 | hours_per_week | 0.039943 | 1.040752 |

OR 是逻辑回归的重要指标，体现了特征变动对事件发生比的影响。当 OR 大于 1 时，特征 $X$ 与事件发生比是正相关的；当 OR 小于 1 时，特征 $X$ 与事件发生比是负相关的。仍以特征 hours_per_week 的系数 0.039943 为例，它对应的 OR 为 1.040752。这意味着居民每星期工作时间每增加 1 个小时，其年收入大于 5 万的事件发生比大约增加 4% 。

### 4.2.5　边际效应

上述通过指数化运算得到了各个特征系数所对应的 OR 值，然而这一结果仍然不够直观。相比于事件发生比的变化，衡量事件发生概率的变化可能更具现实意义，即所谓变量的**边际效应**（Marginal Effect）。不同于线性回归模型，由于

$$\text{Logit} = \ln \frac{y}{1-y} = a^{\mathrm{T}} X + b$$

因而逻辑回归模型的自变量 $X$ 的边际效应并不简单等于其系数 $a^{\mathrm{T}}$。特征变量的边际效应衡量了特征变量变动对标签变量的直接影响，其数学表达为 Logit 函数关于 $x_i$ 的偏导数 $\frac{\partial \text{Logit}}{\partial x_i}$。在具体代码实现中，可以采用微小变化的步长增加特征变量的值，然后分别计算带有微小变化的特征变量数据和原始特征变量数据在逻辑回归模型中的预测概率。通过计算二者之差，最终得到近似的边际效应值。

```
#计算边际效应
marginal_effects = [ ]
epsilon = 1e - 5    #微小变化的步长

for i in range(len(features)):
    X_tmp = X_train.copy()
    X_tmp[features[i]] = X_tmp[features[i]] + epsilon    #在第 i 个特征上增加微小变化
    prob_with_epsilon = model_LR.predict_proba(X_tmp)[:, 1]
    prob_without_epsilon = model_LR.predict_proba(X_train)[:, 1]
```

```
#边际效应的近似值
marginal_effect = np. mean( prob_with_epsilon − prob_without_epsilon) / epsilon
marginal_effects. append( marginal_effect)

#将边际效应与特征名称对应起来,并转换成 DataFrame
coefficients_df = pd. DataFrame( {'特征名称': features , '边际效应': marginal_effects} )
print( coefficients_df)
```

输 出

| | 特征名称 | 边际效应 |
|---|---|---|
| 0 | age | 0.005577 |
| 1 | education_num | 0.041257 |
| 2 | capital_gain | 0.000041 |
| 3 | capital_loss | 0.000094 |
| 4 | hours_per_week | 0.005126 |

模型各项系数的边际效应均大于 0 , 说明各项特征变量增加时, 年收入大于 5 万的
发生概率都将增加。例如 hours_per_week 的边际效应为 0.0051 , 这意味着每增加 1 小
时工作时间, 年收入大于 5 万的事件发生概率将增加 0.51 个百分点。

### 4.2.6 模型预测

下面输入测试集样本的特征变量, 使用训练好的模型预测年收入大于 5 万的事件
发生概率 ( prob )。

```
test_set[ 'prob'] = model_LR. predict_proba( test_set[ features ] )[ : , 1]
test_set
```

输 出

| | age | education_num | capital_gain | capital_loss | hours_per_week | label | label_code | prob |
|---|---|---|---|---|---|---|---|---|
| 19463 | 55 | 9 | 0 | 0 | 40 | < =50K | 0 | 0.195248 |
| 24430 | 38 | 10 | 0 | 0 | 40 | < =50K | 0 | 0.137820 |
| 19621 | 36 | 11 | 0 | 0 | 60 | < =50K | 0 | 0.310008 |
| 3862 | 41 | 11 | 0 | 1848 | 48 | >50K | 1 | 0.571351 |
| 27549 | 20 | 10 | 0 | 0 | 40 | < =50K | 0 | 0.068135 |
| ... | ... | ... | ... | ... | ... | ... | ... | ... |
| 8090 | 34 | 9 | 0 | 0 | 40 | < =50K | 0 | 0.088765 |

（续表）

|  | age | education_num | capital_gain | capital_loss | hours_per_week | label | label_code | prob |
|---|---|---|---|---|---|---|---|---|
| **32485** | 28 | 9 | 0 | 0 | 40 | <=50K | 0 | 0.069815 |
| **16098** | 40 | 10 | 0 | 0 | 40 | <=50K | 0 | 0.148476 |
| **13916** | 69 | 6 | 0 | 0 | 25 | <=50K | 0 | 0.085374 |
| **11853** | 52 | 10 | 0 | 0 | 40 | >50K | 1 | 0.227031 |

6513 rows × 8 columns

不同于线性回归，逻辑回归模型的直接预测结果是取值在 0 到 1 之间的事件发生概率，而非连续数值。通过进一步**设置分类阈值**，可将预测的事件发生概率转化为事件分类结果。一般而言，需要根据具体任务情景来确定合适阈值，并结合领域知识和业务背景进行判断和决策。

本案例设定阈值 $\alpha$ 为 0.5，据此将预测概率 prob 转化为分类结果 pred，并将最终预测结果 pred 添加至数据表的最右列。

```
test_set.loc[:,'prob'] = model_LR.predict_proba(test_set[features])[:,1]
alpha = 0.5
test_set.loc[:, 'pred'] = test_set.apply(lambda x: 1 if x['prob'] > alpha
                        else 0, axis=1)
test_set
```

**输 出**

|  | age | education_num | capital_gain | capital_loss | hours_per_week | label | label_code | prob | pred |
|---|---|---|---|---|---|---|---|---|---|
| **19463** | 55 | 9 | 0 | 0 | 40 | <=50K | 0 | 0.195248 | 0 |
| **24430** | 38 | 10 | 0 | 0 | 40 | <=50K | 0 | 0.137820 | 0 |
| **19621** | 36 | 11 | 0 | 0 | 60 | <=50K | 0 | 0.310008 | 0 |
| **3862** | 41 | 11 | 0 | 1848 | 48 | >50K | 1 | 0.571351 | 1 |
| **27549** | 20 | 10 | 0 | 0 | 40 | <=50K | 0 | 0.068135 | 0 |
| **...** | ... | ... | ... | ... | ... | ... | ... | ... | ... |
| **8090** | 34 | 9 | 0 | 0 | 40 | <=50K | 0 | 0.088765 | 0 |
| **32485** | 28 | 9 | 0 | 0 | 40 | <=50K | 0 | 0.069815 | 0 |
| **16098** | 40 | 10 | 0 | 0 | 40 | <=50K | 0 | 0.148476 | 0 |
| **13916** | 69 | 6 | 0 | 0 | 25 | <=50K | 0 | 0.085374 | 0 |
| **11853** | 52 | 10 | 0 | 0 | 40 | >50K | 1 | 0.227031 | 0 |

6513 rows × 9 columns

至此，基本完成了一个简单的逻辑回归建模和预测任务。然而，这个模型的预测效果到底如何，本案例暂时还没有涉及，这将在 4.4 节的模型评估方法部分进行详细讨论。

# 4.3　多元分类问题

上述讨论集中于二元分类问题，然而现实中还可能碰到多元分类问题。所谓**多元分类**（Multiclass Classification）问题指被预测的标签变量具有三个及以上离散类别的问题。例如，电商平台可能需要将用户群体划分为忠实用户、普通用户和流失用户三种类型。对于这类问题，逻辑回归依然适用，但需要对模型做一些调整。常用方法有两种：一种方法是使用多元逻辑回归模型；另一种方法是将多元分类问题转换为多个二元分类问题，即所谓 One-vs-All（简称 OvA）。

## 4.3.1　模型原理

### 4.3.1.1　多元逻辑回归

**多元逻辑回归**（Multinomial Logit Regression）在二元逻辑回归的基础上拓展而来。二元逻辑回归使用 Sigmoid 函数将线性预测结果转化为概率，并通过设定阈值来划分类别。多元逻辑回归则使用 Softmax 函数将线性预测结果转化为多个类别的概率分布，每个类别的概率表示样本属于该类别的可能性，最终选择概率最大的类别作为分类结果。

Softmax 函数可视为对 Sigmoid 函数的推广[5]。设逻辑回归的表达式为 $y = aX + b$。二元逻辑回归中，类别标签 $y$ 的取值为 0 或 1，利用 Sigmoid 函数可以得到 $X = X_i$ 时，$y_i = 1$ 和 $y_i = 0$ 的概率，即条件概率 $P(y = 1 \mid X = X_i)$ 和 $P(y = 0 \mid X = X_i)$。多元逻辑回归中，假定类别标签 $y$ 的取值为 0，1，2，…，$n - 1$，可类似地利用 Softmax 函数得到 $X = X_i$ 时，$y_i$ 为各个类别的概率，即条件概率

$$P(y = 0 \mid X = X_i),$$
$$P(y = 1 \mid X = X_i),$$
$$P(y = 2 \mid X = X_i),$$
$$\cdots$$
$$P(y = n - 1 \mid X = X_i)$$

最大的条件概率对应的类别标签就是 $y_i$ 的最终预测结果。

### 4.3.1.2　One-vs-All 多元分类算法

相较于多元逻辑回归，One-vs-All 多元分类算法原理更为简单，它本质上是将多元分类视为多个二元分类。在进行模型训练时，对于具有 $n$ 个类别的多元分类问题，One-vs-All 算法会为每个类别构建一个二元分类模型。在每个二元分类模型中，将一个类别作为正例，其余 $n-1$ 个类别作为反例，然后使用二元分类算法进行训练。按照这种方法，总共可以构建 $n$ 个二元分类模型。对于新的输入样本，One-vs-All 算法将该样本数据输入每个二元分类模型，并获得预测结果。如果样本 $X_i$ 只在第 $k$ 个二元分类模型中被预测为正例，那么类别标签的预测值就为 $k$；若样本 $X_i$ 同时在多个二元分类模型中被预测为正例，则通常考虑用多个二元分类模型预测置信度，并且选择置信度最高的类别标签作为最终预测结果。

通过将多元分类问题拆分为多个二元分类子问题，One-vs-All 算法简化了模型的训练和预测过程。每个二元分类模型只需要考虑一种类别与其他类别的区分，而不需要同时处理所有类别之间的复杂关系。

### 4.3.2　多元分类预测案例

本节使用鸢尾植物数据集来阐明多元分类问题的实现方法。该数据集共有 150 朵鸢尾花，分别来自三个不同品种，即山鸢尾、变色鸢尾及维吉尼亚鸢尾，数据中还包含花瓣的长度和宽度等特征信息。下面将基于花瓣长度（petal length）和花瓣宽度（petal width）两个特征，分别采用多元逻辑回归和 One-vs-All 两种方法预测鸢尾花类别，绘制分类结果图像并对比模型效果。

导入鸢尾花数据集并选取所需变量。其中山鸢尾、变色鸢尾和维吉尼亚鸢尾对应取值分别为 0、1、2。

```
import pandas as pd
from sklearn. datasets import load_iris

iris = load_iris( )
data_selected = pd. DataFrame( iris. data, columns = iris. feature_names) [ [ 'petal length ( cm)', 'petal width ( cm)'] ]
data_selected[ 'target'] = iris. target
```

以 petal length（cm）为 $x$ 轴，petal width（cm）为 $y$ 轴绘制坐标图。将山鸢尾、变色鸢尾和维吉尼亚鸢尾三种不同类型样本点绘制在坐标系中，分别显示为三角形、圆形和矩形。

```
import numpy as np
import matplotlib. pyplot as plt

#设置中文显示
plt. rcParams[ 'font. sans – serif'] = [ 'SimHei']
plt. rcParams[ 'axes. unicode_minus'] = False
```

```
X = ['petal length (cm)', 'petal width (cm)']
y = 'target'

#定义三种颜色和三种图案代表不同类别
colors = np.array(['black', 'gray', 'white'])
markers = np.array(['^', 'o', 's'])
species = np.array(['山鸢尾', '变色鸢尾', '维吉尼亚鸢尾'])

#创建一个图形框
fig = plt.figure(figsize = (6, 6))
#使用不同颜色和图案绘制不同类别数据点
for i in range(len(markers)):
    plt.scatter(data_selected.loc[data_selected[y] == i, X[0]],
                data_selected.loc[data_selected[y] == i, X[1]],
                c = colors[i], marker = markers[i], edgecolors = 'k')

#设置横纵坐标的标签
plt.xlabel(X[0], fontsize = 12)
plt.ylabel(X[1], fontsize = 12)
#创建图例
legend_labels = [f'{species[i]}' for i in range(len(species))]
plt.legend(legend_labels)
plt.show()
```

输出

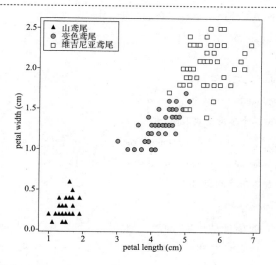

下面分别使用多元逻辑回归和 One-vs-All 两种方法对鸢尾花数据集进行分类，并对比分类效果。LogisticRegression 函数中的 multi_class 参数指定了所用模型方法：multinomial 表示采用多元逻辑回归，ovr 表示采用 One-vs-All 方法。

```python
from sklearn. linear_model import LogisticRegression

#创建一个图形框
fig = plt. figure(figsize = (12, 6))

#使用两种不同的方法对数据建模
methods = ['multinomial', 'ovr']
for i in range(len(methods)):
    #训练模型
    model = LogisticRegression(multi_class = methods[i], solver = 'sag',
                                max_iter = 1000, random_state = 49)
    model. fit(data_selected[X]. values, data_selected[y])

    #根据数据值确定坐标轴的长度
    x1Min = np. min(data_selected[X[0]]) - 0.5
    x1Max = np. max(data_selected[X[0]]) + 0.5
    x2Min = np. min(data_selected[X[1]]) - 0.5
    x2Max = np. max(data_selected[X[1]]) + 0.5

    #生成笛卡尔坐标系,并将坐标系所有网格坐标点存入 area
    area = np. dstack(np. meshgrid(np. arange(x1Min, x1Max, 0.02),
                        np. arange(x2Min, x2Max, 0.02))). reshape(-1, 2)
    #将坐标平面中的每个点按照模型预测分为三种类别
    pic = model. predict(area)
    #绘制子图
    ax = fig. add_subplot(1, 2, i+1)
    plt. title('采用' + methods[i] + '方法',fontsize = 14)
    #使用不同颜色绘制三个不同类别区域
    ax. scatter(area[:,0], area[:,1], c = colors[pic. astype('int64')], alpha = 0.15,
            s = 2, edgecolors = colors[pic. astype('int64')])
    #使用不同颜色绘制不同类别数据点
    for j in range(len(markers)):
            ax. scatter(data_selected. loc[data_selected[y] == j, X[0]],fontsize = 12],
                data_selected. loc[data_selected[y] == j, X[1]],fontsize = 12],
                c = colors[j], marker = markers[j],
```

```
                    edgecolors = 'k', label = species[ j ] )
    ax. set_xlim( x1Min, x1Max)
    ax. set_ylim( x2Min, x2Max)

#设置横纵坐标的标签
    plt. xlabel( X[0], fontsize = 12)
    plt. ylabel( X[1], fontsize = 12)
#添加图例
    plt. legend( )
```

**输 出**

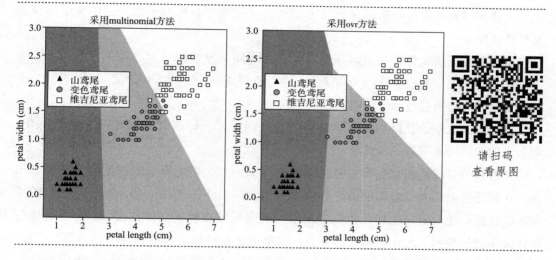

图中不同形状及灰度的样本点代表不同类别的鸢尾花，三种不同灰度的背景表示模型预测结果。如果数据点灰度和背景灰度相同，则预测正确，反之则预测错误。从图像上看，两种方法的背景色边界有细微差距，但最终分类结果基本相似。

# 4.4　模型评估方法

模型评估的目标是选出泛化能力强的模型完成机器学习任务。一个完整的模型评估方案可分为三步：首先，确定数据集划分策略；其次，选择模型评估指标；最后，比较不同模型的指标结果，选出最佳模型。最终选择的模型要在两个维度上达到最佳：

·一是选择特定算法下的**最佳超参数**（Hyperparameter），这是机器学习算法中的调优参数，如正则化惩罚系数和决策树深度等。在上文的居民年收入预测模型中，人为设定的概率划分阈值 $\alpha$ 就属于超参数，它在很大程度上决定了最终预测结果，但它却不是逻辑回归模型本身的一部分。调整超参数取值以达到更优模型效果的过程被称为调参。

·二是选择**最佳算法**。例如分别采用线性回归、逻辑回归和决策树三种算法对同一分类任务进行建模，对比不同算法的评估指标结果，择出最优算法。在产业实践中，往往需要基于海量数据进行大量实验调参，试用多种模型算法，甚至多模型融合策略，以选出具有最优参数和最佳算法的预测模型。

虽然无法提前获取真正的"未知样本"，但基于已有数据集进行切分来完成模型训练和评估，可近似判定模型状态（过拟合或欠拟合），进而逐步迭代优化模型。在遵循训练集和测试集数据不交叉这一原则的基础上，划分数据集的方法有留出法（Hand-out）、交叉验证法（Cross Validation）和自助法（Bootstrapping）等。

·**留出法**直接将数据集划分为训练集和测试集两个互斥的子集，采用测试集评估模型训练结果。

·**交叉验证法**先将数据集划分为 $n$ 个规模相同且互斥的子集，每次以其中的一个子集作为测试集，其余全部作为训练集。通过重复进行 $n$ 次训练和测试，最终使用 $n$ 个评估指标的均值衡量模型泛化能力。

·**自助法**从原始数据集中对样本进行有放回抽样，得到含有 $m$ 个样本的训练集，剩余未抽取的样本则作为测试集。

之前章节对线性回归和模型拟合问题的介绍中，采用的划分数据集方法正是留出法。在阐述和演示欠拟合和过拟合两个重要概念时，实际上已经展示了一个完整的模型评估过程：使用留出法划分数据集，采用决定系数作为模型评估指标，再通过比较指标大小选择模型。对评估指标结果进行简单地比较取值大小会存在一些问题[6]，更严谨的做法是采用统计假设检验方法，如二项检验、交叉验证 $t$ 检验等。

接下来介绍分类任务下常用的评估指标：查全率、查准率和 $F_1$-score，以及对比不同回归任务算法的评估指标：ROC 曲线和 AUC。

### 4.4.1 查准率与查全率

#### 4.4.1.1 指标的直观表达

仍沿用上文居民年收入预测情境，年收入大于 5 万的高收入类型标签值为 1，年收入小于等于 5 万的低收入类型标签值为 0。依据样本真实类型和模型预测类型的不同，可能存在如图 4-4 所示的四种组合：

·区域 $A$ 表示对高收入样本的错误预测，即年收入真实值 $y_i = 1$，但预测值 $\hat{y_i} = 0$ 的样本集合；

·区域 $B$ 表示对高收入样本的正确预测，即年收入真实值 $y_i = 1$，且预测值 $\hat{y_i} = 1$

的样本集合；

·区域 $C$ 表示对低收入样本的错误预测，即年收入真实值 $y_i = 0$，但预测值 $\hat{y}_i = 1$ 的样本集合；

·区域 $D$ 表示对低收入样本的正确预测，即年收入真实值 $y_i = 0$，且预测值 $\hat{y}_i = 0$ 的样本集合。

注意到，区域 $A + B$ 是真实高收入类型的样本集合，区域 $B + C$ 是模型预测为高收入类型的样本集合。

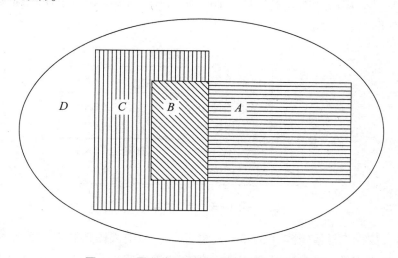

**图 4 – 4　居民收入水平预测案例的样本组合**

给定高收入类型为阳性，低收入类型为阴性的条件下，可从两个方面构建指标判断模型对高收入类型（阳性）的预测效果。一方面希望模型能实现"**精确**"预测阳性类型，对应指标为**查准率**（Precision），又称精准率，其计算公式为

$$precision = \frac{B}{B + C}$$

当查准率很高时，在图形上表现为区域 $B$ 的面积很大，而区域 $C$ 的面积很小。此时，如果模型预测某样本为阳性，则该样本大概率真实值就是阳性。当查准率取值为 1 时，意味着模型对阳性样本的预测结果完全正确。换句话说，尽管可能存在阳性样本被错误预测为阴性（区域 $A > 0$）的情况，但凡是被模型预测为阳性的样本，其真实值一定是阳性。

另一方面也希望模型能实现"**全面**"预测阳性类型，对应指标为**查全率**（Recall），又称召回率，其计算公式为

$$recall = \frac{B}{A + B}$$

当查全率很高时，在图形上表现为区域 $B$ 的面积很大，而区域 $A$ 的面积很小。此

时，对于所有真实阳性样本，模型预测值大概率也为阳性。当查全率取值为1时，意味着模型将所有真实阳性样本都找齐了。换句话说，尽管可能存在一些阴性样本被错误预测为阳性（区域 $C > 0$）的情况，但所有真实阳性样本的预测值一定都为阳性。

#### 4.4.1.2 指标的数学定义

下面将给出这两个指标的严格定义。将样本按预测值和真实值进行划分：当样本预测结果为1（或0）时，称样本为阳性（或阴性）；真实值与预测值相符（或不相符）时，称样本为真（或伪）。由此可将样本分为4类：**真阳性**（True Positive，TP）、**伪阳性**（False Positive，FP）、**真阴性**（True Negative，TN）和**伪阴性**（False Negative，FN），以矩阵形式表示如图4-5。

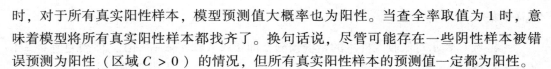

预测值

| | | 1 | 0 |
|---|---|---|---|
| **真实值** | 1 | 真阳性（TP）区域$B$ | 伪阴性（FN）区域$A$ |
| | 0 | 伪阳性（FP）区域$C$ | 真阴性（TN）区域$D$ |

图4-5 混淆矩阵

该矩阵又被称为**混淆矩阵**（Confusion Matrix）。与前文图形相对应，区域 $A$ 为伪阴性，区域 $B$ 为真阳性，区域 $C$ 为伪阳性，区域 $D$ 为真阴性。于是查准率和查全率可分别定义为

$$\text{precision} = \frac{\text{TP}}{\text{TP} + \text{FP}}$$

$$\text{recall} = \frac{\text{TP}}{\text{TP} + \text{FN}}$$

在统计学中，通常将伪阳性（FP）称为**第一类错误**，衡量第一类错误的指标是查准率；而将伪阴性（FN）称为**第二类错误**，衡量第二类错误的指标是查全率。以新冠病毒检测为例，出现第一类错误意味着把阴性样本误诊为阳性样本（抓错了），病毒检测的查准率降低；出现第二类错误则意味着把阳性样本误诊为阴性（漏网了），病毒检测的查全率降低。

#### 4.4.1.3 应用场景权衡

查全率和查准率从不同角度衡量了预测效果，最为理想的情况是同时提升查全率和查准率两个指标，然而这两个指标之间存在**此消彼长**的关系，现实中常常面临"鱼和熊掌不可兼得"的困境。以上文建立的居民年收入预测逻辑回归模型为例，若降低阈值 $\alpha$，往往会提高查全率，但同时会降低查准率，正如图4-6所示。反之亦然。

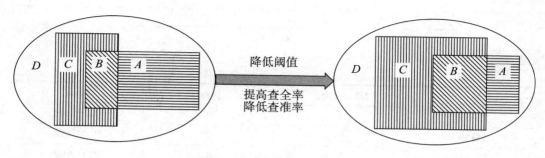

图 4 - 6　查全率与查准率

现实中，不同的应用场景对查准率和查全率各有侧重。某些场景中关注的焦点是查全率，希望实现"**应收尽收**"。例如，电商平台希望模型不要漏掉任何一个对商品感兴趣的目标客户，即使模型预测结果中包含了一些对商品不感兴趣的客户，也是可以接受的。此时可调低模型阈值 $\alpha$，通过牺牲查准率来保证查全率。而在另一些场景中，查准率才是重点，偏好"**宁缺毋滥**"。以按点击付费的广告市场为例，共有三种参与者：一是需要在互联网上对产品做广告的商家，比如 Nike 公司；二是广告投放中介，比如某广告公司；三是广告位提供者，比如微博。Nike 公司将广告内容委托给广告公司，广告公司向微博购买广告位。广告公司通过分析选定目标客户群并将相应广告推送给他。如果该客户点击了广告，Nike 公司会向广告公司支付相应费用。由于广告位成本高昂，广告公司希望投放的每条广告都尽量被点击，但不太关心是否向每个对 Nike 公司产品感兴趣的客户都推送了广告。此时可调高模型阈值 $\alpha$ 提高查准率，当然这会以牺牲查全率为代价。

#### 4.4.1.4　综合指标 $F_1$-score

从上文可知，查准率和查全率两个指标同时受到阈值 $\alpha$ 的影响，而且往往呈反向变化。对于模型预测来说，在很多情况下两个指标都很重要，一味追求某一个指标并不合适。以居民年收入预测案例为例，极端情况下令 $\alpha = 0$，模型预测所有居民的年收入都大于 5 万，此时查全率可达 100%，但查准率极低。显然，这种预测没有任何价值。采用指标 $F_1$-score 可兼顾两个指标的影响，其表达式为

$$F_1 = \frac{2}{\left(\dfrac{1}{\text{precision}} + \dfrac{1}{\text{recall}}\right)} = 2 \times \frac{\text{precision} \times \text{recall}}{\text{precision} + \text{recall}}$$

从数学表达式上来看，它其实是**查准率与查全率的调和平均数**。对于二元分类问题，$F_1$-score 综合考虑了预测结果的查准率和查全率，在查准率与查全率都很重要的应用场景里，通常可以根据 $F_1$-score 来选择最优阈值。

#### 4.4.1.5　特定阈值下的模型评估

下面通过 Python 代码实现上述模型评估过程。以上文中居民年收入预测为例，在设定阈值 $\alpha = 0.5$ 条件下，逻辑回归模型对测试集数据的预测结果如下。

```
test_set[['label_code', 'pred', 'prob']]
```

输 出

| | label_code | pred | prob |
|---|---|---|---|
| 19463 | 0 | 0 | 0. 195248 |
| 24430 | 0 | 0 | 0. 137820 |
| 19621 | 0 | 0 | 0. 310008 |
| 3862 | 1 | 1 | 0. 571351 |
| 27549 | 0 | 0 | 0. 068135 |
| . . . | . . . | . . . | . . . |
| 8090 | 0 | 0 | 0. 088765 |
| 32485 | 0 | 0 | 0. 069815 |
| 16098 | 0 | 0 | 0. 148476 |
| 13916 | 0 | 0 | 0. 085374 |
| 11853 | 1 | 0 | 0. 227031 |

6513 rows × 3 columns

　　基于上述预测结果和真实值标签，可进行模型预测结果评估工作。一般采用
sklearn 工具包的 metrics 模块实现各项模型评估指标计算，包括 $R^2$ 和 MSE 等回归任务
评估指标以及分类任务评估指标等。具体地，查准率、查全率和 $F_1$-score 的计算可通
过 metrics 模块的 precision_recall_fscore_support 函数实现。该函数有四个返回值：查准
率、查全率、$F_1$-score 和真实阳性样本数量。

```
from sklearn import metrics

precision, recall, fscore, support = metrics. precision_recall_fscore_support(
    test_set[label], test_set['pred'])

print('查准率为:', precision)
print('查全率为:', recall)
print('f1-score 为:', fscore)
print('测试集中真实阳性样本数量为:', support)
```

输 出

查准率为：[0. 82637788 0. 70743405]
查全率为：[0. 95057727 0. 37436548]
f1-score 为：[0. 88413715 0. 48962656]

测试集中真实阳性样本数量为：[4937 1576]

从输出结果可知，对于二元分类问题，输出结果中存在两组指标值，这是因为 precision_recall_fscore_support 函数以每种类别为阳性分别输出四项指标。

从上文理论分析可知，随着判别阈值 $\alpha$ 的升降，模型各项评估指标也将随之变化。下面展示阈值 $\alpha$ 取值从 0 变化到 1 时，查准率、查全率和 $F_1$-score 指标的取值变化情况。这里仍以年收入大于 5 万的高收入居民作为阳性样本。

```python
from functools import partial
from sklearn.metrics import precision_score, recall_score, f1_score

thresholds = np.arange(0, 1.02, step = 0.02)
y_scores = model_LR.predict_proba(test_set[features])

def metric_at_threshold(metric, a, y_scores, threshold):
    return metric(a, y_scores >= threshold)

precision_score_ = partial(precision_score, zero_division = 1)
#zero_division = 1 设置在除法为零时返回的值
precision = [metric_at_threshold(precision_score_, test_set[label],
                                 y_scores[:, 1], threshold)
             for threshold in thresholds]
recall = [metric_at_threshold(recall_score, test_set[label],
                              y_scores[:, 1], threshold)
          for threshold in thresholds]
f1 = [metric_at_threshold(f1_score, test_set[label],
                          y_scores[:, 1], threshold)
      for threshold in thresholds]

fig = plt.figure(figsize = (6, 4))
plt.plot(thresholds, precision, color = 'steelblue',
         label = 'precision', linestyle = '--')
plt.plot(thresholds, recall, color = 'indianred',
         label = 'recall', linestyle = '-.')
plt.plot(thresholds, f1, color = 'black', label = 'f1')
plt.grid()
plt.legend()
plt.xlabel('阈值', fontsize = 12)
```

```
plt. ylabel('指标值', fontsize = 12)
plt. show( )
```

**输 出**

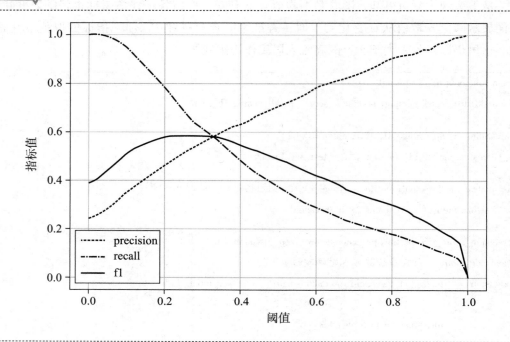

从图像可以看出，随着阈值 $\alpha$ 不断增加，查准率持续上升，查全率则持续下降，而综合了查全率和查准率的 $F_1$-score 则先上升后下降。若以 $F_1$-score 为评价指标，则最优阈值即为 $F_1$-score 最大时 $\alpha$ 的取值，可通过下面代码求得。

```
threshold = thresholds[ f1. index( max( f1) ) ]
print('最优判别阈值为 :',threshold)
```

**输 出**

最优判别阈值为 : 0. 24

### 4.4.2 ROC 曲线

上文计算的各项指标可用于在特定算法下寻找最佳超参数。然而，当采用不同算法进行模型训练时，模型在不同超参数设定下可能有不同表现，这使得难以横向比较各种不同算法的实现效果。如何在排除超参数影响条件下，比较不同算法的预测效果？下面将要介绍的 ROC 曲线和 AUC 指标可用于解决此问题。

#### 4.4.2.1　TPR 和 FPR

回顾上文的混淆矩阵（图 4 – 5）：

可进一步定义**真阳性率**（True Positive Rate，TPR）为

$$TPR = \frac{TP}{TP + FN}$$

**真阳性率即查全率**，表示针对所有真实阳性样本，模型有多大概率确保它们的预测结果也是阳性；同时，定义**伪阳性率**（False Positive Rate，FPR）为

$$FPR = \frac{FP}{FP + TN}$$

**伪阳性率可理解为"查准率的对立面"**，表示针对所有真实阴性样本，模型有多大概率确保它们的预测结果却是阳性。

显然，对于一份预测结果，其真阳性率越高越好，而伪阳性率越低越好。**不同于查准率与查全率往往呈反向变动，真阳性率和伪阳性率一般呈同方向变动**。换言之，提高阳性预测的正确程度必须以提高阴性预测的错误程度为代价；反之亦然。直观理解，分类问题面临真阳性率和伪阳性率的权衡（Trade-off）。**真阳性率是做预测得到的回报，而伪阳性率相当于所需付出的代价**。对于二元分类逻辑回归模型而言，降低阈值 $\alpha$ 时这两个指标都会升高。因为阈值降低意味着筛选的门槛降低：门槛降低的正面作用是阳性样本很难被漏掉，真阳性率自然会提高；门槛降低的负面作用是阴性样本容易混进来，伪阳性率自然会提高。其直观表达如图 4 – 7 所示。

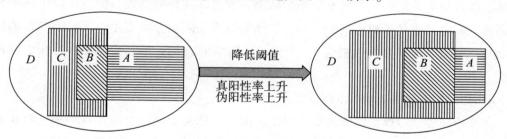

**图 4 – 7　TPR 与 FPR 的权衡**

按照图 4 – 7 区域划分，这两个指标还可表达为

$$TPR = \frac{B}{A + B}$$

以及

$$FPR = \frac{C}{C + D}$$

#### 4.4.2.2　ROC 空间

**ROC**（Receiver Operating Characteristic）**空间**，即以伪阳性率（FPR）为横轴且以真阳性率（TPR）为纵轴，绘制一个长度为 1 的正方形。对于任意一份预测结果，根

据相应的真伪阳性率，可将它表示为 ROC 空间中的一点，如图 4-8 所示。

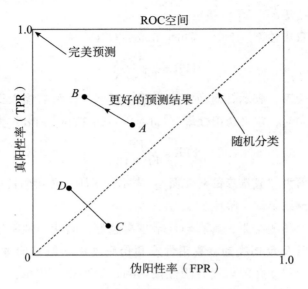

图 4-8 ROC 空间

在 ROC 空间里，**越靠近左上角的点预测效果越好**。例如，从 A 点移动到 B 点，模型预测结果将得到改善。图中正方形左上角的点 (0,1) 表示预测结果与真实情况完全一致，是一个完美预测。图中虚线（正方形对角线）表示所有随机分类的预测结果。显然，随机分类只是以一定概率猜测的结果，没有任何预测功能，但也提供了一个**讨论基准**。图中 C 点位于对角线右下方，其预测效果比随机分类更差。只要依据 C 的结果做相反预测（以对角线做镜像），得到新预测结果 D 的效果将会更好，且优于随机分类。

### 4.4.2.3 曲线下面积 AUC

如果将机器学习模型阈值遍历其取值区间，并把每个阈值对应预测结果（FPR 和 TPR）都记录在图上，就可得所谓的 **ROC 曲线**。ROC 曲线是以伪阳性率（FPR）为横坐标、真阳性率（TPR）为纵坐标绘制的模型评估曲线。ROC 曲线都是上升的曲线（斜率大于 0），且都通过点 (0,0) 和点 (1,1)。ROC 曲线的一般图形如图 4-9 所示。

ROC 曲线描述了模型效果随着阈值变化而变化的过程。以居民年收入预测模型为例，曲线从左往右可以认为是阈值 $\alpha$ 从 0 到 1 的变化过程：当阈值 $\alpha$ 为 0 时，代表模型不加以识别将测试集样本全部判断为高收入类型，即标签预测值全部为 1；当阈值 $\alpha$ 为 1 时，代表模型不加以识别将测试集样本全部判断为低收入类型，即标签预测值全部为 0。

当一个算法的 ROC 曲线完全高于另一个算法时，可以认为前者的性能要优于后者。但更多时候不同算法的 ROC 曲线存在交叉区域，此时可采用 **ROC 曲线下面积**

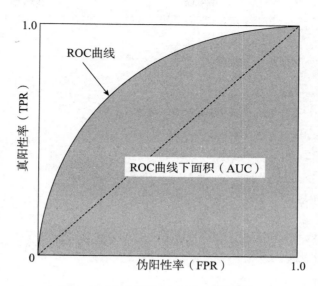

图 4 – 9   ROC 曲线与曲线下面积 AUC

（Area Under Curve，AUC）衡量不同算法的预测效果，也就是比较不同算法的灰色区域面积。AUC 可被视为模型预测正确的概率，AUC 越大则模型预测效果越好。AUC 为 0.5 时为随机分类，识别能力为 0；AUC 越接近于 1，识别能力越强，AUC 等于 1 时为完全识别。注意到，AUC 指标与之前的查准率和查全率不同，它的取值**不依赖模型阈值 $\alpha$，而完全取决于算法本身**，因此是更为全面的模型评估指标。虽然传统 AUC 定义于二元分类问题，但完全可将这一指标推广到更多的应用场景。

### 4.4.2.4   采用 AUC 评估模型

下面使用 Python 程序实现上述模型评估过程，仍采用 sklearn 工具包中的 metrics 模块。按照 ROC 方法，可遍历整个阈值区间（从 0 取到 1），通过 roc_curve 函数计算 AUC 指标。通过传入"真实标签值"和"模型预测发生概率"两个参数，可计算出不同阈值条件下 TPR 和 FPR 值，然后据此计算 AUC。

```
#注意此处用的是 test_set['prob']，而不是 test_set['pred']
fpr, tpr,_ = metrics. roc_curve(test_set[label], test_set['prob'])
auc = metrics. auc(fpr, tpr)
print('ROC 曲线下面积为：', auc)
```

输 出

ROC 曲线下面积为：0.8309502395153554

依据上面计算得到的（fpr，tpr）坐标，绘制 ROC 曲线。

```
import matplotlib. pyplot as plt

plt. rcParams['font. sans-serif'] = ['SimHei']

fig = plt. figure(figsize = (5, 5))
ax = fig. add_subplot(1, 1, 1) #在图形框里只画一幅图
ax. plot(fpr, tpr, 'k--', label = '%s; %s = %0.3f %
        ('ROC 曲线', '曲线下面积(AUC)', auc))
ax. fill_between(fpr, tpr, color = 'grey', alpha = 0.2) #填充绘制灰色区域
ax. plot([0, 1], [0, 1], 'k-. ')
ax. set_xlim([0, 1])
ax. set_ylim([0, 1])
legend = plt. legend(shadow = True)
plt. show()
```

输 出

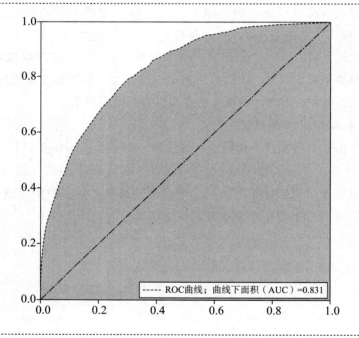

### 本章注释

1. 严格来说，Sigmoid 函数即形似 "S" 的函数，对数概率函数是 Sigmoid 函数的典型代表。

2. Sigmoid 函数是任意阶可导的凸函数，求导操作相对比较方便（$(e^x)' = e^x$）。

3. 事实上，Logit 与逻辑函数互为反函数。

4. 这一结论可通过数学推导证明，此处省略证明过程。

5. 本书仅介绍 Softmax 函数的部分原理，省略其详细推导，感兴趣的读者可参考其他资料。

6. 结果与测试集的选择有关；一些算法具有随机性，导致每次运行的结果可能不相同。

## 本章小结

　　本章介绍了逻辑回归模型，并基于逻辑回归阐述了机器学习中模型评估的相关知识点。逻辑回归名称中含有"回归"二字，但实际是一类用于解决二元分类问题的机器学习算法。逻辑回归通过 Sigmoid 函数将线性回归的输出值映射到 $(0,1)$ 概率区间，其输出是一个概率值，表示一个样本属于某一类别的可能性。多元分类指被预测的标签变量具有三个及以上离散类别的情形。对于这类问题，可以使用多元逻辑回归模型将线性预测结果转化为多个类别的概率分布，然后选择概率最大的类别作为分类结果；还可以使用 One-vs-All 方法，将多元分类问题转换为多个二元分类问题。机器学习模型性能可通过各种评估指标来衡量，常用的评估指标有查全率、查准率和 $F_1$-score 。具体而言，查全率衡量模型正确识别阳性样本的能力，即在所有真阳性样本中有多少被模型正确预测为阳性；查准率衡量模型在预测为阳性的样本中有多少是真阳性的能力；$F_1$-score 则是查全率和查准率的调和平均数。当采用不同算法进行模型训练时，模型在不同超参数设定下可能有不同表现。ROC 曲线描述了模型效果随着超参数变化而变化的过程；而 ROC 曲线下面积（AUC）测度了模型在不同超参数下的平均性能，因此适用于横向比较不同模型的效果。

## 课后习题

1. 为什么逻辑回归也可被视为一种线性回归？逻辑回归与普通线性回归的主要区别是什么？

2. 考虑一个二元分类情境，金融机构使用逻辑回归来评估贷款申请人是否会违约。已知模型表达式为

$$\text{Logit} = -0.02\, x_1 + 0.03\, x_2 + 0.16$$

参考答案
请扫码查看

其中 $x_1$ 为年收入水平，$x_2$ 为债务水平，二者都是数值型变量，且单位都为万元。

请回答下列问题：

（1）直观解释模型中的两个特征系数和截距项的经济意义。

（2）进一步还原两个特征变量对事件发生比的影响程度。

（3）假设一个申请人的年收入水平 $x_1$ 为 6 万元，债务水平 $x_2$ 为 3 万元，根据模型计算该申请人的违约概率，并解释这个概率值的含义。

（4）设定阈值为 0.5，则该申请人的预测结果为"违约"还是"不违约"？

3. 一个完整的模型评估方案分为哪几步？

4. 简述分类任务常用的评估指标。

5. 泰坦尼克号数据集是一个用于机器学习和数据分析练习的经典数据集，包含了泰坦尼克号上 891 名乘客的相关信息。数据表中的第一个变量为标签变量，表示乘客的生存状态（1 表示生存，0 表示未生存）。其他变量为乘客的一系列个人信息指标，均为数值型特征变量。建模目标是基于这些特征变量判断乘客是否存活。

（1）载入数据，查看前 5 行观测值及训练数据的基本描述性统计信息；

（2）将数据划分为 80% 的训练集和 20% 的测试集；

（3）将数据集中的所有特征变量进行标准化处理；

（4）使用逻辑回归模型进行估计；

（5）在测试集上进行预测后评估模型性能，计算查准率、查全率和 $F_1$ -score；

（6）绘制 ROC 曲线并计算 AUC 值。

（详细数据请参照 titanic. csv）.

# 第 5 章
# 支持向量机与核函数

## 5.1　支持向量机模型

机器学习模型可分为参数模型和非参数模型两大类型。参数模型需要根据经验对模型结构进行一定假设，然后对其分布参数进行求解估计，比如之前章节介绍的线性回归模型和逻辑回归模型。与之相反，非参数模型一般不需要对目标模型形式做过多假定和限制，而是通过大量数据推断模型结构和参数。在经济大数据分析实践中，面对复杂的应用场景和未知的数据规律，往往更倾向于采用非参数模型，例如支持向量机、决策树和神经网络等。

**支持向量机**（Support Vector Machine，SVM）由 Vladimir N. Vapnik 等人于 20 世纪 90 年代末提出，是一类监督学习下对数据进行二元分类的广义线性分类（Generalized Linear Classifier，GLM）模型。支持向量机的学习策略是**间隔最大化**，可形式化为一个求解凸二次规划（Convex Quadratic Programming）问题[1]。在深度学习兴起之前，支持向量机是机器学习领域最常用的分类方法之一，被广泛应用于文本分类、图像识别和模式识别等各个领域，被誉为"**万能分类器**"。随着深度学习技术的发展，支持向量机在某些领域被逐渐取代。然而支持向量机仍是一种简单有效的分类方法，尤其是在中小规模数据集的分类问题上，支持向量机具有与神经网络相比拟的模型效果和稳定性。下面结合二元分类情境，介绍支持向量机的模型原理。

### 5.1.1　二元分类情境：分离超平面

国家发展水平测度是经济学研究的重要议题之一。经济学家常依据各个国家的制度环境、进出口贸易、国民收入和受教育程度等指标评估该国的发展水平。现有一个经济调查数据集包含多个国家的观测数据，每个观测样本包含两个特征变量和一个标签变量。其中特征变量为人均受教育程度和人均 GDP；标签变量是国家发展水平，包括"落后国家"和"发达国家"两大类别。以人均 GDP 为横坐标，人均受教育程度为纵坐标，并分别用三角形和圆点表示落后国家和发达国家，可绘制样本数据如图5－1所示。

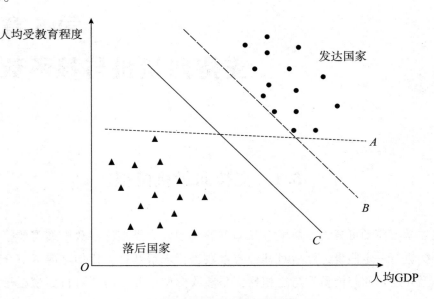

**图 5－1　某经济调查数据集样本数据**

相较于落后国家，发达国家拥有更高的人均受教育程度和人均 GDP 水平，在图中体现为发达国家和落后国家的样本点分别集中分布于坐标系的右上和左下区域，并能被一条直线完美分开。这种能被一个线性模型将不同类别的样本完全分开的数据集被称为**线性可分**（Linearly Separable）数据集，而分开它们的直线或超平面被称为**分离超平面**（Separating Hyperplane）。图 5－1 显示了三种可准确分类的分离超平面：直线 $A$ 与两类数据点的距离都很近；直线 $B$ 距离落后国家样本点很远，但十分靠近发达国家样本点；相比之下，直线 $C$ 最大程度区分了两种类别，直观来看它所代表的模型优于直线 $A$ 和直线 $B$。或者说，直线 $C$ 的"**倾斜度**"更加合理，而且位置更加"**居中**"。显然，除直线 $A$、直线 $B$ 和直线 $C$ 三条直线外，还存在无穷个分离超平面可将两类数据点准确分开。通过进一步量化上述所谓"倾斜度"和"居中"的概念，可得到获取最优分离超平面的一般方法。

在线性可分情况下，支持向量机遵循如下两个原则寻找最优分离超平面：

第一，利用间隔最大化求解分离超平面的最优倾斜度。训练数据集中与分离超平面距离最近的样本点被称为**支持向量**（Support Vector），例如图 5－2 中点 $A$ 与点 $B$。支持向量机试图在两个类别之间保持一条尽可能宽的分离带，因此间隔边界直线 $H_1$ 和直线 $H_2$ 必须分别穿过支持向量点 $A$ 和点 $B$，分离带宽度为直线 $H_1$ 和直线 $H_2$ 之间的距离，即所谓**间隔**（Margin）。

第二，分离超平面应处于间隔边界的居中位置。默认情况下，所有数据点的权重相同，因此分离超平面到两个类别支持向量的距离应相等，在图 5 - 2 中体现为分离超平面 $w$ 应位于直线 $H_1$ 和直线 $H_2$ 的中间位置。

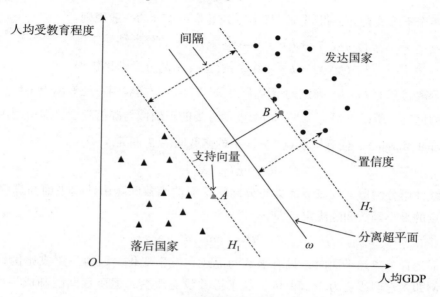

**图 5 - 2　分离超平面与支持向量**

由上述两大原则可知，分离超平面的选择取决于支持向量，移动甚至去除支持向量以外的其他样本点并不会影响分类结果（超平面位置）。由于支持向量在确定分离超平面中起着决定性作用，所以将这种分类模型称为支持向量机。支持向量机模型中，一个数据点与分离超平面的距离表示分类预测的确信程度，也称**置信度**（Confidence）。在线性可分情形下，样本点距离分离超平面越远，分类预测的确信程度也越高，即置信度越高。最优的分离超平面意味着能够以充分大的确信程度对数据进行分类。

### 5.1.2　损失函数：最大化间隔

下面以更严谨的数学表达进一步展示支持向量机的算法原理。$(X_i, y_i)$ 为训练集上的任意样本点。其中，$X_i$ 为特征向量，$y_i \in \{+1, -1\}$ 为类标签变量，$i = 1, 2, \cdots, N$。在线性可分情形下，假设存在分离超平面 $(w, b)$，对应方程为

$$w^{\mathrm{T}} X + b = 0$$

其中 $w^{\mathrm{T}} = (w_1, w_2, \cdots, w_d)$ 为法向量，决定了分离超平面的方向；$b$ 为截距项，决定了分离超平面与原点之间的距离。分离超平面将特征空间划分为两部分：一部分是正类；另一部分是负类。法向量指向的一侧为正类（$y_i = +1$），另一侧为负类（$y_i = -1$）。

在线性可分数据集中，假设超平面 $(w, b)$ 能将所有样本正确分类，则对于样本点 $(X_i, y_i)$，可依据下式判断其类别：

$$\begin{cases} w^{\mathrm{T}}X_i + b > 0 \Rightarrow y_i = +1 \\ w^{\mathrm{T}}X_i + b < 0 \Rightarrow y_i = -1 \end{cases}$$

将两个不等式合并，得到判断样本点分类是否正确的一般规则：

$$\begin{cases} y_i(w^{\mathrm{T}}X_i + b) > 0 \Rightarrow \text{点}(X_i, y_i)\text{的分类结果正确} \\ y_i(w^{\mathrm{T}}X_i + b) < 0 \Rightarrow \text{点}(X_i, y_i)\text{的分类结果错误} \end{cases}$$

在分离超平面 $(w,b)$ 确定的情况下，$|w^{\mathrm{T}}X_i + b|$ 能够相对地表示点 $(X_i, y_i)$ 距离超平面的远近。所以可用 $y_i(w^{\mathrm{T}}X_i + b)$ 表示分类的正确性与确信程度，即所谓**函数间隔**（Functional Margin）。任意样本点 $(X_i, y_i)$ 的函数间隔 $\widehat{d_i}$ 可定义为

$$\widehat{d_i} = y_i(w^{\mathrm{T}}X_i + b)$$

在线性可分情形下，该训练集与分离超平面的函数间隔由该超平面与训练集中所有样本点的最小函数间隔决定，即

$$\widehat{d} = \min_{i=1,\cdots,N} \widehat{d_i}$$

然而选择分离超平面时，只有函数间隔还在发生变化，因为只要成比例地改变 $w$ 和 $b$，例如将它们改变为 $2w$ 和 $2b$，超平面并没有改变，但函数间隔却成为原来的 2 倍。因此可以对分离超平面的法向量 $w$ 添加一个规范化约束 $\|w\|$ 以固定间隔，通过这种方式将函数间隔转化为**几何间隔**（Geometric Margin）。任意样本点 $(X_i, y_i)$ 的几何间隔 $d_i$ 可以表示为

$$d_i = y_i\left(\frac{w^{\mathrm{T}}}{\|w\|}X_i + \frac{b}{\|w\|}\right)$$

其中 $\|w\| = \sqrt{w_1^2 + w_2^2 + \cdots + w_d^2}$。

同理，在线性可分情形下，该训练集与分离超平面的几何间隔由该超平面与训练集中所有样本点的最小几何间隔决定，即

$$d = \min_{i=1,\cdots,N} d_i$$

根据函数间隔和几何间隔定义，两者有以下关系：

$$d_i = \frac{\widehat{d_i}}{\|w\|}, d = \frac{\widehat{d}}{\|w\|}$$

通过以上处理，如果超平面参数 $w$ 和 $b$ 成比例地改变（超平面没有改变），那么函数间隔也将按此比例改变，而几何间隔却不变。

支持向量机学习的基本思想是求解能够正确划分训练数据集并且使几何间隔最大的分离超平面，由此得到下面的条件约束最优化问题：

$$\max_{w,b} d$$
$$\text{s. t. } y_i\left(\frac{w^{\mathrm{T}}}{\|w\|}X_i + \frac{b}{\|w\|}\right) \geq d, i = 1, 2, \cdots, N$$

目标函数希望最大化超平面关于训练数据集的几何间隔 $d$ ，约束条件表明训练集中任意样本点 $(X_i, y_i)$ 的几何间隔大于等于 $d$ 。考虑几何间隔和函数间隔的关系，可将这个问题改写为

$$\max_{w,b} \frac{\hat{d}}{\|w\|}$$
$$\text{s. t. } y_i(w^{\mathrm{T}} X_i + b) \geqslant \hat{d}, i = 1, 2, \cdots, N$$

注意到，此处函数间隔 $\hat{d}$ 的取值并不影响最优化问题的解。例如，将 $w$ 和 $b$ 按比例变为 $\lambda w$ 和 $\lambda b$ ，这时函数间隔变为 $\lambda \hat{d}$ 。函数间隔的这一改变对上面最优化问题的不等式约束没有影响，对目标函数的优化也没有影响，也就是说，它产生了一个等价的最优化问题。不失一般性，令 $\hat{d} = 1$ ，则上式等价的最优化问题可以表示为

$$\max_{w,b} \frac{1}{\|w\|}$$
$$\text{s. t. } y_i(w^{\mathrm{T}} X_i + b) \geqslant 1, i = 1, 2, \cdots, N$$

直观表达如图 5 – 3 所示。

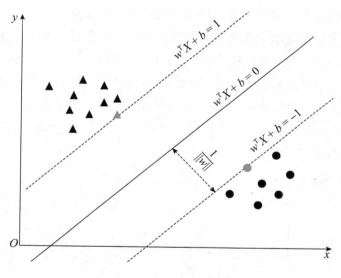

**图 5 – 3　最大化分离间隔**

为了最大化间隔，仅需最大化 $\frac{1}{\|w\|}$ 。为便于数学处理，可等价转化为最小化 $\|w\|^2$ 。因此可定义支持向量机的损失函数为

$$L = \frac{1}{2} \|w\|^2$$

此时最大化问题被转换为最小化问题

$$\min_{w,b} \frac{1}{2} \|w\|^2$$

$$\text{s. t.} \quad y_i(w^T X_i + b) \geq 1, i = 1,2,\cdots,N$$

以上形式的约束最优化问题为凸二次规划问题[2]，求出最优解$w^*$和$b^*$，得到分离超平面$w^* X + b^* = 0$。

注意，上述讨论仅局限于不同类型样本点可被一个分离超平面完美分隔的理想情况，由此得到的分类模型被称为**线性可分**（Linear Separable）支持向量机，也称**硬间隔**（Hard Margin）支持向量机。下面将放松对训练数据集过于严格的假设，讨论非线性可分条件下的软间隔最大化分类问题。

# 5.2 近似线性可分情形

### 5.2.1 引入新的损失项

上节讨论了线性可分情形下的支持向量机模型，这是支持向量机的基本形式。然而，如果支持向量机仅适用于线性可分情况，那么这个模型几乎没有实用价值。现实中很多训练数据集表现为**近似线性可分**（Approximately Linear Separable）形式，即样本数据大致可由一条直线或超平面将不同类别样本分开，但同时也存在某些不满足完全分隔条件的离群点。例如图 5 – 4 中点 $a$ 是发达国家样本，但更靠近落后国家的类别中心；而点 $b$ 是落后国家样本，但更靠近发达国家的类别中心。因此，不存在能完全区分两个类别样本点的直线。

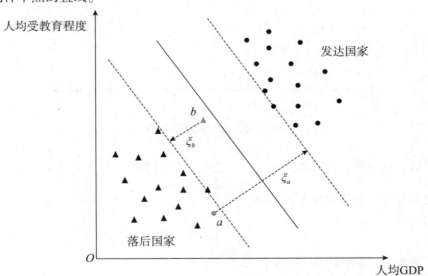

**图 5 – 4　近似线性可分情形**

为了解决这个问题，支持向量机引进了**软间隔**（Soft Margin）分隔方法。软间隔允许某些样本点位于分离超平面的错误一侧，但会对这些点施加一定惩罚，即引入**损失项** $\xi_i \geqslant 0$。损失项 $\xi_i$ 表示模型在样本点 $i$ 处违反自身分类原则的程度，即样本点 $i$ 与相应间隔边界的距离。近似线性可分意味着某些样本点 $(X_i, y_i)$ 不能满足函数间隔大于或等于 1 的约束条件。此时放松约束条件，对每个样本点 $(X_i, y_i)$ 引进损失项 $\xi_i$，只要求所有样本点满足

$$y_i(w^{\mathrm{T}} X_i + b) + \xi_i \geqslant 1$$

加入损失项后，目标损失函数也由原来的 $\frac{1}{2}\|w\|^2$ 相应调整为

$$L = \frac{1}{2}\|w\|^2 + C \sum_i \xi_i$$

近似线性可分情境下，最小化目标函数意味着两种效应：一是最大化分离间隔，即 $\frac{1}{2}\|w\|^2$ 尽可能小；二是最小化离群点损失，即 $\sum_i \xi_i$ 尽可能小。注意到，这两个目标之间存在一种**权衡关系**：增加分离间隔有利于减小 $\frac{1}{2}\|w\|^2$，但必须容忍更多分类错误带来的惩罚 $\sum_i \xi_i$；相反，减小分离间隔将会增加 $\frac{1}{2}\|w\|^2$，然而却可以降低分类错误带来的惩罚 $\sum_i \xi_i$。**惩罚系数** $C$ 设定了模型分类错误损失的权重，是调和二者关系的超参数，数值越大则意味着模型越重视分类错误。

因此，近似线性可分情形下，支持向量机的最优化问题为

$$\min_{w,b,\xi_i} \frac{1}{2}\|w\|^2 + C \sum_i \xi_i$$

$$\text{s. t. } y_i(w^{\mathrm{T}} X_i + b) + \xi_i \geqslant 1, \xi_i \geqslant 0, i = 1, 2, \cdots, N$$

同样，求解此最优化问题可得分离超平面 $w^* X + b^* = 0$。这类模型被称为近似线性可分支持向量机，也称软间隔支持向量机。

### 5.2.2 使用不同惩罚系数训练模型

为进一步理解支持向量机模型的工作原理和超参数 $C$ 的选择，下面采用鸢尾花数据集构建支持向量机分类模型，对比不同惩罚系数 $C$ 所对应的分类结果。

导入鸢尾花数据集，该数据集包含三种不同品种的鸢尾花，每个品种采集了 50 个样本。本案例提取其中的变色鸢尾和维吉尼亚鸢尾搭建一个近似线性可分的二元分类情境，并使用花瓣长度和花瓣宽度两个特征变量训练支持向量机模型。

```
import pandas as pd
from sklearn. datasets import load_iris

#加载鸢尾花数据集
iris = load_iris( )
#创建 DataFrame 并选择变量
selected_data = pd. DataFrame( iris. data, columns = iris. feature_names) [ [
    'petal length（cm)', 'petal width（cm)'] ]
selected_data[ 'target'] = iris. target
#提取变色鸢尾和维吉尼亚鸢尾
data = selected_data[ selected_data[ 'target'] . isin( [ 1, 2] ) ]
data
```

**输出**

|  | petal length（cm） | petal width（cm） | target |
|---|---|---|---|
| 50 | 4. 7 | 1. 4 | 1 |
| 51 | 4. 5 | 1. 5 | 1 |
| 52 | 4. 9 | 1. 5 | 1 |
| 53 | 4. 0 | 1. 3 | 1 |
| 54 | 4. 6 | 1. 5 | 1 |
| ... | ... | ... | ... |
| 145 | 5. 2 | 2. 3 | 2 |
| 146 | 5. 0 | 1. 9 | 2 |
| 147 | 5. 2 | 2. 0 | 2 |
| 148 | 5. 4 | 2. 3 | 2 |
| 149 | 5. 1 | 1. 8 | 2 |

100 rows × 3 columns

绘制散点图直观了解数据集基本情况。图中圆形代表变色鸢尾，三角形代表维吉尼亚鸢尾。

```
import matplotlib. pyplot as plt

#为在 Matplotlib 中显示中文,设置特殊字体
plt. rcParams[ 'font. sans – serif'] = [ 'Microsoft YaHei']
plt. rcParams[ 'axes. unicode_minus'] = False
#绘制类别为 1 的数据点
label1 = data[ data[ 'target'] = = 1]
```

```
plt. scatter(label1['petal length（cm）'], label1['petal width（cm）'], marker = 'o',
        color = 'indianred', label = '变色鸢尾')
#绘制类别为2的数据点
label2 = data[data['target'] = = 2]
plt. scatter(label2['petal length（cm）'], label2['petal width（cm）'], marker = '^',
        color = 'steelblue', label = '维吉尼亚鸢尾')
#添加图例
plt. legend( )
#设置坐标轴标签
plt. xlabel('Petal Length（cm）', fontsize = 12)
plt. ylabel('Petal Width（cm）', fontsize = 12)
#显示图形
plt. show( )
```

**输 出**

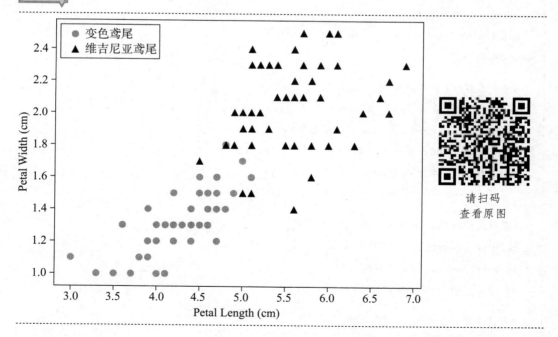

请扫码
查看原图

　　从散点图可知，本例中的鸢尾花数据集为近似线性可分数据集。下面设置超参数 *C* 值为 1000 和 1，分别训练支持向量机模型，可视化两个模型的分类结果并标记分类错误点。sklean 工具包中提供了 SVC 类用于实现支持向量机模型，其参数 kernel 用于设置支持向量机所使用的核函数类型，此处采用 linear 线性核函数。核函数是机器学习中的重要概念之一，下文将详细介绍。

```
import numpy as np
from sklearn. svm import SVC
from sklearn. model_selection import train_test_split

#转换为 NumPy 数组
X = data[['petal length (cm)', 'petal width (cm)']]. values
y = data['target']. values

#设置超参数 C 的取值
C = [1000, 1]

#创建一个图形框
fig, axs = plt. subplots(1, len(C), figsize = (10, 5))
for i, c in enumerate(C):
    #在图形框里画第 i+1 个子图
    ax = axs[i]
    #创建一个 SVM 模型并训练
    model = SVC(C = c, kernel = "linear")
    model. fit(X, y)

    #绘制类别为 1 的数据点
    ax. scatter(X[y == 1, 0], X[y == 1, 1], marker = 'o',
            color = 'indianred', label = '变色鸢尾')
    #绘制类别为 2 的数据点
    ax. scatter(X[y == 2, 0], X[y == 2, 1], marker = '^',
            color = 'steelblue', label = '维吉尼亚鸢尾')

    #根据坐标轴刻度,生成坐标点
    x1 = np. linspace(3, 6, 100)
    x2 = np. linspace(1, 3, 100)
    X1, X2 = np. meshgrid(x1, x2)

    #计算决策函数的值,绘制等高线
    #每个点到分离超平面的距离
    soft = model. decision_function(np. c_[X1. ravel(), X2. ravel()])
    #reshape 之前 soft. shape = (100000,),转换后 soft. shape = (100,100)
    soft = soft. reshape(X1. shape)

    #contour 函数绘制类似于等高线,levels 表示在特定高度[-1, 0, 1]绘制等高线
```

```
ax. contour(X1, X2, soft, levels = [-1, 0, 1],
            colors = ['k'], linestyles = [':', '-', ':'])
#此处的 soft 值即为高度值, levels = [-1, 0, 1] 表示画出高度值为 -1,0,1 的三条线

#标记分类错误的点
predictions = model. predict(X)
misclassified = X[predictions ! = y]
ax. scatter(misclassified[:, 0], misclassified[:, 1], marker = 'o', edgecolor = 'k',
            facecolor = 'none', linewidths = 1, s = 110, label = '分类错误点')

#添加图例
ax. legend()
#设置坐标轴标签
ax. set_xlabel('Petal Length (cm)', fontsize = 12)
ax. set_ylabel('Petal Width (cm)', fontsize = 12)
#设置标题
ax. set_title(f'C = {c}', fontsize = 14)

plt. tight_layout()
plt. show()
```

**输 出**

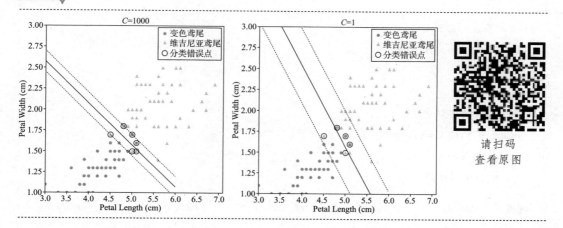

请扫码
查看原图

　　左图中使用了较大 $C$ 值, 这意味着对分类错误非常在意, 导致模型分离间隔较小, 落在两条虚线之间的样本点也较少, 分类结果较为 "严格"。右图使用了较小 $C$ 值, 这意味着对分类错误较为宽容, 导致模型分离间隔较大, 更多样本点落在两条虚线之间, 分类结果较为 "粗略"。注意, 这里不能仅依据落在虚线之间离群点的多少来判别模型的优劣, 因为这只展现了模型在训练数据集上的分类效果。虽然右图落在虚线之间的

离群点多于左图，但它可能在测试集上表现更好，或者说它可能具有更强的泛化能力。

### 5.2.3　惩罚系数与分离间隔

下面依次设定超参数 $C$ 为 0.1、1、10、100 和 1000，并绘制惩罚系数 $C$ 与分离间隔之间的关系图。

```python
import warnings
warnings.filterwarnings('ignore')

def visualize_margin(data, C, res):
    #提取每个模型的分离间隔
    margins = [2.0 / np.linalg.norm(model.coef_) for model in res]

    #绘制图形
    plt.figure(figsize=(6, 4))
    plt.plot(C, margins, marker='o', linestyle='-', color='k')
    plt.xscale('log')
    plt.xlabel('惩罚系数', fontsize=12)
    plt.ylabel('分离间隔', fontsize=12)
    plt.title('惩罚系数与分离间隔之间的关系', fontsize=14)
    plt.grid(True)
    plt.show()

#设置超参数 C 的取值
C = [0.1, 1, 10, 100, 1000]
res = []
for c in C:
    #创建 SVM 模型并训练
    model = SVC(C=c, kernel='linear')
    model.fit(X, y)
    res.append(model)

#调用可视化函数
visualize_margin(data, C, res)
```

输 出

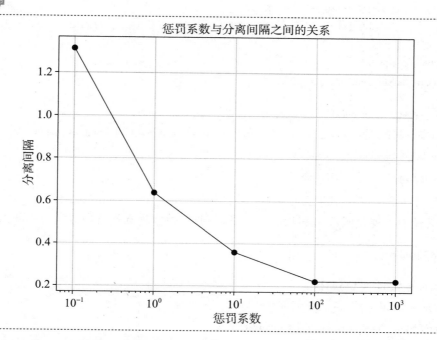

从上图可知，随着惩罚系数 $C$ 取值的增加，模型分离间隔变得越来越小。一般而言，通过增大惩罚系数（减小分离间隔），可显著减少分类错误从而提高模型在训练集上的表现，然而这样做的风险是会产生过拟合问题，导致在测试集上表现不佳。因此，$C$ 值越大说明越偏重模型在训练集的拟合效果，$C$ 值越小则说明越关注模型在测试集的泛化能力。实践中选择最优超参数 $C$ ，需要在欠拟合与过拟合之间取得适当平衡。

## 5.3　支持向量机与逻辑回归的差异

逻辑回归和支持向量机都是常用的二元分类模型，然而两者在损失函数设计和模型分类效果等方面存在诸多差异。逻辑回归是一种基于概率模型的分类算法，其目标是寻找一个能够将不同类别样本点分隔开的决策边界，所有样本点所占权重无差异。支持向量机则是一种基于支持向量的分类算法，试图找到一个能够最大化不同类别样本点分离间隔的超平面，它更关注接近分离超平面的样本点。下面通过一个简单例子展示逻辑回归和支持向量机的差异。

### 5.3.1　定义所需函数

定义数据生成函数 generateData。利用 make_blobs 函数依据指定中心坐标生成随机样本点，然后将生成数据集以 DataFrame 的形式存储。DataFrame 对象中包含一个标签变量（$y$）以及两个特征变量（$x1$ 和 $x2$）。

```
import numpy as np
import pandas as pd
from sklearn. datasets import make_blobs

def generateData( n, centers) :
    X, y = make_blobs( n_samples = n, centers = centers, cluster_std = 1, random_state = 7)
    data = pd. DataFrame( np. hstack( [ y. reshape( - 1,1) , X]))
    data. columns = [ 'y', 'x1', 'x2']
    return data
```

定义模型可视化函数 visualize，用于绘制原始数据集和支持向量机分类效果。

```
import matplotlib. pyplot as plt

def visualize( A, B, reA, reB) :
    #为在 Matplotlib 中显示中文,设置特殊字体
    plt. rcParams[ 'font. sans - serif'] = [ 'SimHei']
    plt. rcParams[ 'axes. unicode_minus'] = False

    fig = plt. figure( figsize = ( 10, 5) )

    #原始数据集的分类效果
    ax = fig. add_subplot( 1, 2, 1)
    drawData( ax, A)
    drawHyperplane( ax, reA[ 0]. coef_, reA[ 0]. intercept_, 'k') #绘制黑色实线
    drawHyperplane( ax, reA[ 1]. coef_, reA[ 1]. intercept_, 'r - . ')#绘制红色虚线
    ax. set_xlim( [ - 12, 12] )
    ax. set_ylim( [ - 7, 7] )
    legend = plt. legend( shadow = True, loc = 'best')

    #添加数据后的分类效果
    ax1 = fig. add_subplot( 1, 2, 2)
    drawData( ax1 ,B)
    drawHyperplane( ax1, reB[ 0]. coef_, reB[ 0]. intercept_, 'k')
    drawHyperplane( ax1, reB[ 1]. coef_, reB[ 1]. intercept_, 'r - . ')
    ax1. set_xlim( [ - 12, 12] )
    ax1. set_ylim( [ - 7, 7] )
    legend = plt. legend( shadow = True, loc = 'best')
```

```
        plt. show( )

#绘制数据样本点(给定特征和标签)
def drawData( ax, data):
    label1 = data[data['y'] = =1]
    ax. scatter(label1[['x1']], label1[['x2']], marker = 'o')
    label0 = data[data['y'] = =0]
    ax. scatter(label0[['x1']], label0[['x2']], marker = '^', color = 'k')
    return ax

#绘制分离超平面(给定斜率和截距等)
def drawHyperplane( ax, coef, intercept, style):
    a = - coef[0][0] / coef[0][1]
    xx = np. linspace( - 8, 12)
    yy = a * xx - (intercept) / coef[0][1]
    ax. plot( xx, yy, style, label = '% s: %. 2f' % ('斜率为', a))
    return ax
```

## 5.3.2 对比分类效果

生成一组样本量较少的数据集 A，其中包含了分别以 (0,0) 和 (1,1) 为中心随机生成的两种类别（三角形和圆点）。然后，在数据集 A 基础上增加一组样本量较大且距离更远的随机数据，得到数据集 B。

```
A = generateData( 10, [[0, 0], [1, 1]])
B = pd. concat([A, generateData(90, [[ -7, -2], [8.5, 3]])], ignore_index = True)
```

分别训练支持向量机模型和逻辑回归模型。此处支持向量机采用 linear 线性核函数，设置惩罚系数 C 等于 1。

```
from sklearn. svm import SVC
from sklearn. linear_model import LogisticRegression

def svmAndLogit( data):
    svmModel = SVC( C =1, kernel = 'linear')
    svmModel. fit(data[['x1', 'x2']], data['y'])

    logitModel = LogisticRegression( )
    logitModel. fit(data[['x1', 'x2']], data['y'])

    return svmModel, logitModel
```

使用支持向量机和逻辑回归分别对数据集 A 和数据集 B 进行分类，进而对比数据集变动对不同类别模型的影响效果差异。实线代表支持向量机的分离超平面，虚线代表逻辑回归的分离超平面。

```
svmA, logitA = svmAndLogit(A)
svmB, logitB = svmAndLogit(B)
visualize(A, B, (svmA, logitA), (svmB, logitB))
```

**输 出**

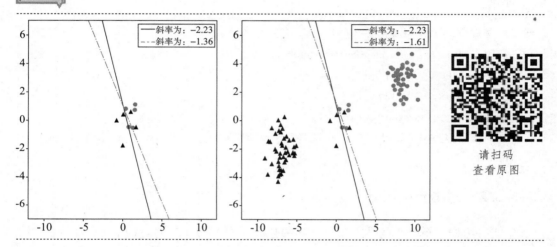

请扫码
查看原图

由上图可知，支持向量机在数据集 A 和数据集 B 上的分离超平面斜率相同，说明加入新样本点后基本不影响模型结果；而逻辑回归在数据集 A 和数据集 B 上的分离超平面斜率并不相同，加入新样本点后其斜率变得更为陡峭，说明新增数据对逻辑回归模型结果有影响。这是因为在支持向量机中，越靠近分离超平面的样本点，所占权重越大。由于新加入的数据远离分离超平面，对支持向量机模型效果的影响几乎可以忽略不计。不同于支持向量机，逻辑回归中所有样本点所占权重相等，因此当加入新数据后，分类结果也相应发生改变。

### 5.3.3 改变惩罚系数

然而，支持向量机模型并非完全不受新加入数据的影响，其样本点权重分布与惩罚系数 C 的取值有关。下面尝试改变惩罚系数，观察对应模型在数据集 A 和数据集 B 的分类结果差异。分别设置支持向量机惩罚系数 C 等于 1 和 0.0001，并比较两种模型受数据集变动影响的差异。

```
def softAndHardMargin(data):
    hardMargin = SVC(C = 1, kernel = 'linear')
    hardMargin.fit(data[['x1', 'x2']], data['y'])

    softMargin = SVC(C = 1e - 4, kernel = 'linear')
    softMargin.fit(data[['x1', 'x2']], data['y'])

    return hardMargin, softMargin

softA, hardA = softAndHardMargin(A)
softB, hardB = softAndHardMargin(B)
visualize(A, B, (softA, hardA), (softB, hardB))
```

**输 出**

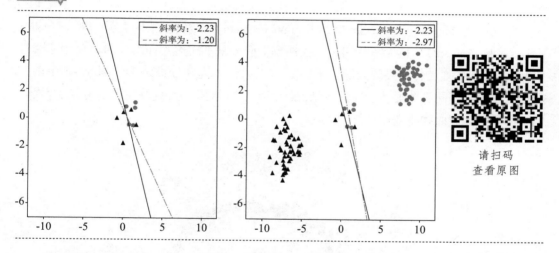

请扫码
查看原图

　　图中黑色实线代表 $C = 1$ 时的分离超平面，虚线代表 $C = 0.0001$ 时的分离超平面。由上图可知，惩罚系数 $C$ 取值为 1 时，分离超平面基本不受数据集变动的影响。而当 $C$ 减小至 0.0001 时，支持向量机模型在数据集 $A$ 和数据集 $B$ 的斜率发生了明显变动。这是因为当惩罚系数剧烈减小时，距离超平面较近的原始数据样本权重迅速下降，反而凸显了远离超平面的新增数据样本对分类结果的重要性。

　　支持向量机和逻辑回归对样本权重的不同隐含假设，为模型选择提供了重要参考。在实践任务中，如果希望模型对数据集中靠近分类边界的样本点更加敏感，则可采用惩罚系数 $C$ 较大的支持向量机；如果需要综合考虑数据集合中的每一个样本点，则可采用逻辑回归或者惩罚系数 $C$ 较小的支持向量机。

# 5.4 核函数基本原理

上文介绍了适用于数据集为线性可分和近似线性可分情形的支持向量机。在这两种情形下，通过寻找一个线性超平面可以完成对数据集的分类。然而在现实任务中，分类问题极有可能是非线性的，这时需要使用**非线性支持向量机**（Nonlinear Support Vector Machine）。非线性支持向量机又称**核函数支持向量机**（Kernel Support Vector Machine），其主要特点是利用核函数实现低维空间到高维空间的映射，进而在高维空间利用线性支持向量机完成分类工作。本节先介绍核函数的相关概念。

## 5.4.1 非线性分类问题

**非线性分类问题**（Nonlinear Classification Problem）又称线性不可分问题（Linearly Inseparable Problem），指无法使用一个线性超平面分割不同类别样本，而需使用非线性模型[3]才能很好地进行分类的问题。下图展示了一种非线性分类情形。图 5 – 5 中两类数据分布为两个同心圆形状。在这种情况下，无法直接用一条直线完美划分两类数据，但可用一条椭圆曲线将它们分开。

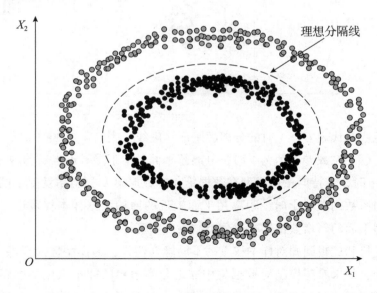

图 5 – 5 非线性分类问题

非线性分类问题往往难以求解。理想的解决方法是进行一个非线性变换，将非线性分类问题转换为线性分类问题，最终通过解变换后的线性分类问题求解原来的非线性分类问题。例如，图 5 – 5 中二维平面的两个坐标轴分别为 $X_1$ 和 $X_2$ ，故图中的椭圆

曲线方程可表示为

$$a_1 X_1 + a_2 X_1^2 + a_3 X_2 + a_4 X_2^2 + a_5 X_1 X_2 + a_6 = 0$$

设想构造另外一个五维空间 $Z$，其中五个坐标轴分别为

$$Z_1 = X_1, Z_2 = X_1^2, Z_3 = X_2, Z_4 = X_2^2, Z_5 = X_1 X_2$$

在新的五维坐标系下，原空间中的点相应地变换为新空间中的点，上述椭圆曲线方程变换为新空间中的直线

$$\sum_{i=1}^{5} a_i Z_i + a_6 = 0$$

在新坐标系 $Z$ 中，直线 $\sum_{i=1}^{5} a_i Z_i + a_6 = 0$ 是一个能将两类数据完全分开的线性超平面方程。至此，原低维空间的非线性分类问题变成了新高维空间的线性分类问题。

这个例子说明，通过构造一个映射 $\varphi: \mathbb{R}^2 \to \mathbb{R}^5$，可以将 $X$ 坐标系照此规则映射为 $Z$ 坐标系。在新空间中，原有的非线性可分数据将变成线性可分数据，从而就可使用线性分类方法从数据集中训练出分类模型。这种处理方式正是使用核函数方法解决非线性分类问题的基本思想。这种巧妙利用核函数映射与线性分类方法解决非线性分类问题的技术称为**核技巧**（Kernel Trick）。

### 5.4.2　核函数映射方法

上述处理非线性分类问题的思路看起来似乎非常简单易行：找到一个映射 $\varphi(\cdot)$，将原始数据集映射到新空间中，然后使用线性分类方法建模。然而需要注意的是，在实际操作中可能遇到非常棘手的计算复杂度困境。例如，上文对二维空间做映射，选择的新空间是原始空间的所有一阶项和二阶项的组合，一共得到了五个维度。依次类推，如果原始空间是三维，将会得到十九个维度的新空间。随着原始空间维度增加，**新空间的维度数目将呈爆炸性增长，这为 $\varphi(\cdot)$ 的计算带来了极大的挑战**。如果遇到极高维度情况，那么可能根本无法计算。核函数的出现正是为了应对高维度情况下简化计算的挑战，下面介绍其基本原理。

设原始特征空间[4]为 $\mathbb{X}$，转换后的新特征空间为 $\mathbb{H}$，如果存在一个从 $\mathbb{X}$ 到 $\mathbb{H}$ 的映射

$$\varphi(\xi): \mathbb{X} \to \mathbb{H},$$

使得对任意的 $x, y \in \mathbb{X}$，都有

$$k(x, y) = \varphi(x)^T \varphi(y)$$

成立[5]，则称定义在 $\mathbb{X} \times \mathbb{X}$ 上的函数 $k(x, y)$ 为**核函数**（Kernel Function）。上式中 $\varphi(\xi)$ 为映射函数，$\varphi(x)^T \varphi(y)$ 为 $\varphi(x)^T$ 和 $\varphi(y)$ 的内积[6]。注意，这一过程并不需要知晓 $\varphi(\xi)$ 具体对应的映射表达式，只需要知道核函数对应于某一种映射 $\varphi(\cdot)$ 即可。通常使用 $\varphi(x)$ 和 $\varphi(y)$ 计算内积十分困难，直接计算 $k(x, y)$ 则比较容易。在核函数的桥梁

作用下，两者的最终结果相等，因此只需计算 $k(x,y)$。这种只定义核函数 $k(x,y)$，而不显式地定义映射函数的做法体现了核技巧的重要思想[7]。

下面用一个例子说明上述原理。假设在二维空间 $(x_1, x_2)$ 中有两个样本点 $A = (1,2)^{\mathrm{T}}$ 和 $B = (3,4)^{\mathrm{T}}$。构造一个从二维空间到三维空间的映射函数 $\varphi(\cdot) = (x_1^2, \sqrt{2}\, x_1 x_2, x_2^2)^{\mathrm{T}}$，在新的特征空间中，$A$ 点和 $B$ 点的坐标分别为

$$\varphi(A) = (1, 2\sqrt{2}, 4)^{\mathrm{T}}, \varphi(B) = (9, 12\sqrt{2}, 16)^{\mathrm{T}}$$

可见，通过映射 $\varphi(\cdot)$ 实现了将样本点 $A$ 和 $B$ 从二维上升到三维空间的操作。对于转换后的三维空间坐标点（向量）$A$ 和 $B$，采用矩阵乘法计算其向量内积

$$\varphi(A)^{\mathrm{T}}\varphi(B) = 121$$

定义核函数为

$$k(x,y) = (x^{\mathrm{T}}y)^2$$

则一定有

$$k(A,B) = (A^{\mathrm{T}}B)^2 = \varphi(A)^{\mathrm{T}}\varphi(B) = 121$$

显然，在向量维度比较高的情况下，核函数 $k(A,B)$ 的计算难度将大大低于直接计算 $\varphi(A)^{\mathrm{T}}\varphi(B)$。

Cover 定理已在数学上严格证明得到：**如果能把数据从低维空间映射到高维空间，就更可能在高维空间把数据做线性分离**。因此，对于在 $N$ 维空间中线性不可分的数据，在 $N+1$ 维以上的空间会有更大可能变成线性可分。支持向量机通过引入核函数巧妙简化了高维空间中的内积运算，从而解决了非线性分类问题。[8]

## 5.5　非线性支持向量机

**非线性支持向量机**用于处理非线性可分的数据集，它通过引入核函数将训练数据集从原始特征空间映射到更高维特征空间，从而实现非线性分类。在 sklearn 工具包中，可以通过设置 kernel 参数的值选择相应的核函数。下面介绍三种常用的核函数，并沿用鸢尾花数据集展示它们在支持向量机建模中的应用。

### 5.5.1　数据集和可视化函数

导入鸢尾花数据集。

```
import pandas as pd
from sklearn. datasets import load_iris

#加载鸢尾花数据集
```

```
iris = load_iris( )
#创建 DataFrame 并选择变量
selected_data = pd. DataFrame( iris. data, columns = iris. feature_names)[ [
    'petal length ( cm)', 'petal width ( cm)' ] ]
selected_data[ 'target'] = iris. target
#提取变色鸢尾和维吉尼亚鸢尾
data = selected_data[ selected_data[ 'target']. isin( [ 1, 2 ] ) ]
```

定义可视化核函数支持向量机的通用函数，便于重用代码。

```
def visualizeKernel( ax, X, y, svc) :
    x_min, x_max = X[ :, 0]. min( ) - 1, X[ :, 0]. max( ) + 1
    y_min, y_max = X[ :, 1]. min( ) - 1, X[ :, 1]. max( ) + 1
    xx, yy = np. meshgrid( np. arange( x_min, x_max, 0. 02),
                           np. arange( y_min, y_max, 0. 02) )
    Z = svc. predict( np. c_[ xx. ravel( ), yy. ravel( ) ] )
    Z = Z. reshape( xx. shape)
    plt. contourf( xx, yy, Z, cmap = plt. cm. gray, alpha = 0. 4)
    for i in range( len( y) ) :
        if y[ i] = = 1 :
            plt. scatter( X[ i, 0], X[ i, 1], c = 'b', marker = 'o')
        else :
            plt. scatter( X[ i, 0], X[ i, 1], c = 'k', marker = '^')
    ax. set_xlim( xx. min( ), xx. max( ) )
    ax. set_ylim( yy. min( ), yy. max( ) )
```

## 5.5.2　线性核函数

**线性核函数**（Linear Kernel Function）是支持向量机中最简单的核函数之一，主要用于处理线性可分和近似线性可分的数据集。线性核函数实际上是输入特征的线性组合，可在原始空间中直接计算内积而无须进行特征映射。其表达式为

$$k( x_1, x_2) = \langle x_1, x_2 \rangle$$

其中，$x_1$ 和 $x_2$ 是输入样本的特征向量，$\langle x_1, x_2 \rangle$ 表示 $x_1$ 和 $x_2$ 的内积。线性核函数的优点是所含参数少且运算速度快，适用于特征数量较多而样本数量较少的情况。然而，线性核函数的能力有限，无法处理非线性问题。非线性数据集通常需要使用更复杂的核函数。作为讨论基准，下面先采用线性核函数在鸢尾花数据集的原始空间中寻找最优分离超平面，其中超参数 $C$ 表示对离群点的惩罚力度。

```
from sklearn import svm

#可视化

fig = plt.figure(figsize = (10, 5))

ax1 = fig.add_subplot(1, 2, 1)
X = data[['petal length (cm)', 'petal width (cm)']].values
y = data['target'].values
svc = svm.SVC(kernel = 'linear', C = 1).fit(X, y)
visualizeKernel(ax1, X, y, svc)
plt.title('线性核函数支持向量机分类:C = 1')

ax2 = fig.add_subplot(1, 2, 2)
svc = svm.SVC(kernel = 'linear', C = 100).fit(X, y)
visualizeKernel(ax2, X, y, svc)
plt.title('线性核函数支持向量机分类:C = 100')

plt.tight_layout()
plt.show()
```

输 出

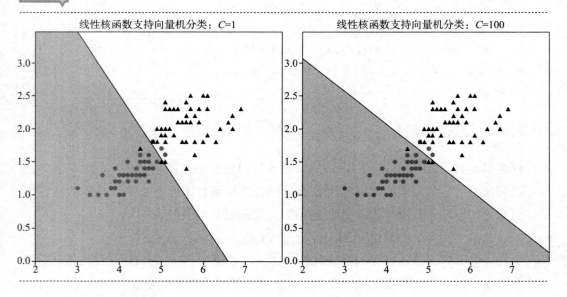

### 5.5.3 多项式核函数

**多项式核函数** (Polynomial Kernel Function) 可实现将低维输入空间映射到高维特

征空间，其表达式为

$$k(x_1, x_2) = (\langle x_1, x_2 \rangle + R)^d$$

其中 $x_1$ 和 $x_2$ 是输入样本的特征向量，$\langle x_1, x_2 \rangle$ 表示它们的内积，$R$ 是常数项，$d$ 是多项式阶数。在 sklearn 工具包中，多项式函数使用超参数 degree（对应于多项式阶数 $d$）调节模型复杂度。degree 取值越大，模型复杂度越高，越容易导致过拟合；degree 取值越小，模型复杂度越低，越容易导致欠拟合。下面使用多项式核函数训练支持向量机模型，绘制了两个对应不同 degree 值的子图，以展示不同模型效果。

```
fig = plt.figure(figsize = (10, 5))

ax1 = fig.add_subplot(1, 2, 1)
svc = svm.SVC(kernel = 'poly', C = 1, degree = 2).fit(X, y)
visualizeKernel(ax1, X, y, svc)
plt.title('多项式核函数支持向量机分类:degree = 2')

ax2 = fig.add_subplot(1, 2, 2)
svc = svm.SVC(kernel = 'poly', C = 1, degree = 10).fit(X, y)
visualizeKernel(ax2, X, y, svc)
plt.title('多项式核函数支持向量机分类:degree = 10')

plt.tight_layout()
plt.show()
```

输 出

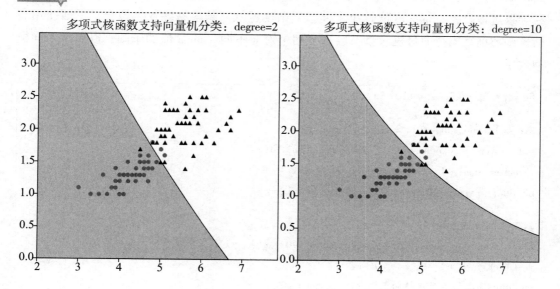

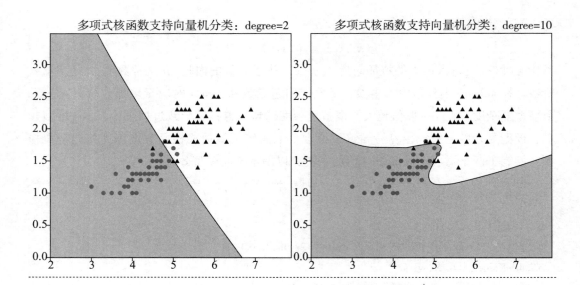

### 5.5.4 高斯核函数

**高斯核函数**（Gaussian Kernel）是一种**径向基核函数**（Radial Basis Function），其表达式为

$$k(x_1, x_2) = e^{-\frac{\|x_1-x_2\|^2}{2\sigma^2}}$$

其中，$x_1$ 和 $x_2$ 是输入样本的特征向量，$\|x_1 - x_2\|^2$ 表示它们的欧氏距离的平方。$\sigma > 0$ 是高斯核函数的带宽，控制径向作用范围。在 sklearn 工具包中，高斯核函数使用超参数 gamma（对应于带宽 $\sigma$）调节模型复杂度。gamma 取值越大，模型复杂度越高，越容易导致过拟合；gamma 取值越小，模型复杂度越低，越容易导致欠拟合。下面使用高斯核函数训练支持向量机模型，绘制了两个对应不同 gamma 值的子图，以展示不同模型效果。

```
fig = plt. figure(figsize = (10, 5))

ax1 = fig. add_subplot(1, 2, 1)
svc = svm. SVC(kernel = 'rbf', C = 1, gamma = 2). fit(X, y)
visualizeKernel(ax1, X, y, svc)
plt. title('高斯核函数支持向量机分类:gamma = 2')

ax2 = fig. add_subplot(1, 2, 2)
svc = svm. SVC(kernel = 'rbf', C = 1, gamma = 40). fit(X, y)
visualizeKernel(ax1, X, y, svc)
plt. title('高斯核函数支持向量机分类:gamma = 40')
```

```
plt. tight_layout( )
plt. show( )
```

输 出

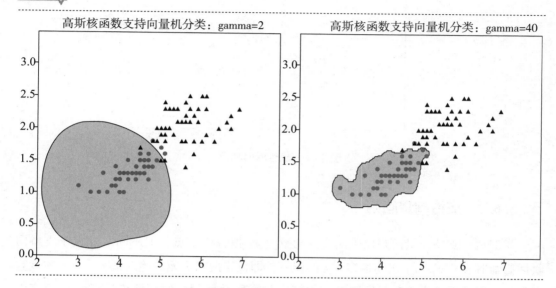

高斯核函数灵活性很强且在大多数情况下都有较好性能，因此应用非常广泛。在不确定采用何种核函数时，可优先试用高斯核函数。除了这些基本形式的核函数，还可通过组合多个核函数得到新的核函数。在实际应用中，通过选择适当核函数和调节核函数参数，支持向量机可以有效处理非线性分类问题。

## 5.6　模型拓展：支持向量回归

支持向量机原理不仅适用于分类问题，还可进一步推广至回归问题。**支持向量回归**（Support Vector Regression，SVR）是支持向量机的重要应用分支，其目标是要找到一个回归平面，使得一个数据集中所有样本点与该平面的距离最短。相对于传统线性回归，支持向量回归是一个更为"宽容"的回归模型。

### 5.6.1　传统线性回归

回顾传统线性回归模型，它使用线性函数 $f(x)$ 在向量空间里拟合数据样本，以所有样本点到该线性函数的距离为损失项，并通过最小化所有损失项之和来估计线性函数参数。其模型原理如图 5-6 所示。

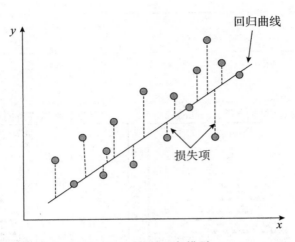

图 5 – 6　线性回归模型

## 5.6.2　支持向量回归

类似地，支持向量回归也采用线性函数 $f(x)$ 拟合样本点，但不同之处在于支持向量回归能容忍 $f(x)$ 与 $y$ 之间最多有 $\epsilon$ 的误差，即仅当两者之差的绝对值大于 $\epsilon$ 时才计算损失。直观地看，支持向量回归基于支持向量在线性回归曲线两侧构造了一个"容忍度"为 $2\epsilon$ 的间隔带。对于所有落入间隔带内的样本，支持向量回归模型并不计入损失项，而只有那些超出间隔带的样本点才被计入损失项。图 5 – 7 中两条虚线之间为间隔带，落入其中的样本点不计算损失。

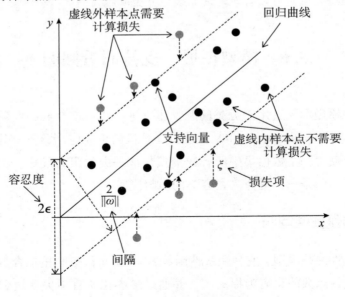

图 5 – 7　支持向量回归

假定超出间隔带上界的样本点 $y_i$ 和超出下界的样本点 $y_i^*$ 所对应的损失项分别为 $\xi_i$ 和 $\xi_i^*$，则支持向量回归的最优化问题为

$$\min_{w,b,\xi,\xi^*} \frac{1}{2} \parallel w \parallel^2 + C \sum_{i=1}^{m} (\xi_i + \xi_i^*)$$

s. t. $f(x_i) - y_i \leqslant \epsilon + \xi_i$; $\quad y_i^* - f(x_i) \leqslant \epsilon + \xi_i^*$; $\quad \xi_i \geqslant 0$; $\quad \xi_i^* \geqslant 0, i = 1,2,\cdots,m$

对比支持向量机和支持向量回归可发现：**支持向量机希望样本点都在间隔带外，而支持向量回归希望样本点都落在间隔带内**。对于分类任务而言，模型训练目标是使距离超平面最近的样本点之间的间隔（$\frac{2}{\parallel w \parallel}$）最大，间隔越大则分类效果越好，然而这样会带来离群点惩罚增大。回归任务同样也追求间隔（$\frac{2}{\parallel w \parallel}$）最大，然而它追求的是，在给定容忍度（$2\epsilon$）条件下，使距离超平面最远的样本点之间的间隔最大。

相较于传统回归模型，支持向量回归对噪声更具容忍度，所以当数据集存在异常值时，其结果更具有稳健性。此外，支持向量回归还可使用核函数进行特征变换从而解决非线性回归问题，这使其相对于传统线性回归更为灵活通用。

## 5.7 财政收入预测案例

本节对某市财政收入数据进行分析，探讨财政收入的影响因素并使用支持向量回归对未来两年的财政收入进行预测，从而为政府制定财政收支决策提供依据。案例实现主要包含以下步骤：

1. 了解数据基本情况；

2. 对数据表进行探索性分析，了解特征之间的相关性，并采用 Lasso 回归模型进行特征筛选；

3. 以 1994—2013 年的各项特征值为基础，建立单变量灰色预测模型，预测 2014 年和 2015 年各项特征值；

4. 以 1994—2013 年的各项特征值和标签值为基础，建立支持向量回归预测模型；

5. 将第三步得到的特征预测值输入已训练好的支持向量回归模型中，从而得到 2014 年和 2015 年财政收入预测值。

### 5.7.1 数据概览

本案例所用数据为某市 1994—2013 年的宏观经济数据，各项变量含义及变量说明如表 5 - 1 所示。

表 5 – 1　某市 1994—2013 年的宏观经济数据

| 变量名称 | 变量含义 | 变量说明 | 变量类型 |
|---|---|---|---|
| $x1$ | 社会从业人数 | 伴随着居民消费水平提高，就业人数增加，从而间接影响财政收入 | 特征变量 |
| $x2$ | 在岗职工工资总额 | 主要影响居民的潜在消费能力 | 特征变量 |
| $x3$ | 社会消费品零售总额 | 代表社会整体消费情况，消费增长一般会导致财政收入增长 | 特征变量 |
| $x4$ | 城镇居民人均可支配收入 | 居民可支配收入越高消费能力越强，从而带来财政收入持续增长 | 特征变量 |
| $x5$ | 城镇居民人均消费性支出 | 居民在消费商品的过程中会产生各种税费，居民消费越多对财政收入贡献就越大 | 特征变量 |
| $x6$ | 年末总人口 | 在地方经济发展水平既定条件下，人均地方财政收入与地方人口数呈反比例变化 | 特征变量 |
| $x7$ | 全社会固定资产投资额 | 建造和购置固定资产的经济活动，主要通过投资来扩大税源，进而拉动财政税收收入增长 | 特征变量 |
| $x8$ | 地区生产总值 | 表示地方经济发展水平。一般来讲，越是经济发达的地区，其财政收入规模就越大 | 特征变量 |
| $x9$ | 第一产业产值 | 取消农业税及实施"三农"政策后，第一产业对财政收入的影响变小 | 特征变量 |
| $x10$ | 税收 | 政府财政最重要的收入形式和来源 | 特征变量 |
| $x11$ | 居民消费价格指数 | 反映居民购买消费品及服务价格水平变动情况，影响城乡居民生活支出和财政收入 | 特征变量 |
| $x12$ | 第三产业与第二产业产值比（产业结构） | 当产业结构逐步优化时，财政收入也会随之增加 | 特征变量 |
| $x13$ | 居民消费水平 | 很大程度上受整体经济状况的影响，从而间接影响地方财政收入 | 特征变量 |
| $y$ | 财政收入 | 是政府为履行其职能、实施公共政策和提供公共物品与服务需要而筹集的一切资金的总和 | 标签变量 |

导入数据集并查看前五行数据。

```
import pandas as pd
import numpy as np

data = pd. read_excel( '1994 - 2013. xlsx')
data. head( 5)
```

输 出

|   | x1 | x2 | x3 | x4 | x5 | x6 | x7 | x8 | x9 | x10 | x11 | x12 | x13 | y |
|---|----|----|----|----|----|----|----|----|----|-----|-----|-----|-----|---|
| 0 | 3831732 | 181. 54 | 448. 19 | 7571. 00 | 6212. 70 | 6370241 | 525. 71 | 985. 31 | 60. 62 | 65. 66 | 120. 0 | 1. 029 | 5321 | 64. 87 |
| 1 | 3913824 | 214. 63 | 549. 97 | 9038. 16 | 7601. 73 | 6467115 | 618. 25 | 1259. 20 | 73. 46 | 95. 46 | 113. 5 | 1. 051 | 6529 | 99. 75 |
| 2 | 3928907 | 239. 56 | 686. 44 | 9905. 31 | 8092. 82 | 6560508 | 638. 94 | 1468. 06 | 81. 16 | 81. 16 | 108. 2 | 1. 064 | 7008 | 88. 11 |
| 3 | 4282130 | 261. 58 | 802. 59 | 10444. 60 | 8767. 98 | 6664862 | 656. 58 | 1678. 12 | 85. 72 | 91. 70 | 102. 2 | 1. 092 | 7694 | 106. 07 |
| 4 | 4453911 | 283. 14 | 904. 57 | 11255. 70 | 9422. 33 | 6741400 | 758. 83 | 1893. 52 | 88. 88 | 114. 61 | 97. 7 | 1. 200 | 8027 | 137. 32 |

获取全部变量的统计指标信息，指标显示只保留两位小数。

```
data. describe( include = 'all'). round( 2)
```

输 出

|   | x1 | x2 | x3 | x4 | x5 | x6 | x7 | x8 | x9 | x10 | x11 | x12 | x13 | y |
|---|----|----|----|----|----|----|----|----|----|-----|-----|-----|-----|---|
| count | 20. 00 | 20. 00 | 20. 00 | 20. 00 | 20. 00 | 20. 00 | 20. 00 | 20. 00 | 20. 00 | 20. 00 | 20. 00 | 20. 00 | 20. 00 | 20. 00 |
| mean | 5579519. 95 | 765. 04 | 2370. 83 | 19644. 69 | 15870. 95 | 7350513. 60 | 1712. 24 | 5705. 80 | 129. 49 | 340. 22 | 103. 31 | 1. 42 | 17273. 80 | 618. 08 |
| std | 1262194. 72 | 595. 70 | 1919. 17 | 10203. 02 | 8199. 77 | 621341. 85 | 1184. 71 | 4478. 40 | 50. 51 | 251. 58 | 5. 51 | 0. 25 | 11109. 19 | 609. 25 |
| min | 3831732. 00 | 181. 54 | 448. 19 | 7571. 00 | 6212. 70 | 6370241. 00 | 525. 71 | 985. 31 | 60. 62 | 65. 66 | 97. 50 | 1. 03 | 5321. 00 | 64. 87 |
| 25% | 4525116. 75 | 302. 22 | 976. 66 | 11827. 82 | 9669. 16 | 6822868. 00 | 848. 40 | 2077. 76 | 91. 86 | 143. 24 | 99. 80 | 1. 20 | 8418. 50 | 175. 44 |
| 50% | 5308896. 50 | 565. 94 | 1586. 02 | 15943. 38 | 12345. 70 | 7314304. 00 | 1262. 05 | 4104. 58 | 113. 53 | 235. 76 | 102. 45 | 1. 46 | 13267. 00 | 319. 50 |
| 75% | 6594657. 50 | 1033. 54 | 3294. 48 | 25889. 94 | 21332. 18 | 7867809. 75 | 2244. 12 | 8500. 09 | 169. 96 | 521. 06 | 103. 93 | 1. 58 | 22633. 00 | 909. 27 |
| max | 7599295. 00 | 2110. 78 | 6882. 85 | 42049. 14 | 33156. 83 | 8323096. 00 | 4454. 55 | 15420. 14 | 228. 46 | 852. 56 | 120. 00 | 1. 91 | 41972. 00 | 2088. 14 |

### 5.7.2 特征筛选

为整体了解各变量关系，下面对各列数据进行归一化处理，并绘制其随时间变化的趋势图。

```python
import matplotlib. pyplot as plt
from sklearn. preprocessing import MinMaxScaler

#设置线条样式和标记
linestyles = ['-', '--', '-.', ':']
markers = ['o', 's', '^', 'v', 'D', 'x', 'p', 'h', '*', '>', '<', 'P', 'X']
colors = ['k', 'steelblue', 'indianred']

#实现归一化
scaler = MinMaxScaler()
scaler = scaler. fit(data)
data_scale = pd. DataFrame(scaler. transform(data))
data_scale. columns = data. columns

#绘制折线图
fig, ax = plt. subplots(figsize = (8, 6))
for i, column in enumerate(data_scale. columns):
    linestyle = linestyles[i % len(linestyles)]
    marker = markers[i % len(markers)]
    color = colors[i % len(colors)]
    ax. plot(data_scale[column], label = column, linestyle = linestyle,
            marker = marker, color = color)

#添加图例和标签
ax. legend()
ax. set_xlabel('year', fontsize = 12)
ax. set_ylabel('value', fontsize = 12)
plt. show()
```

输出

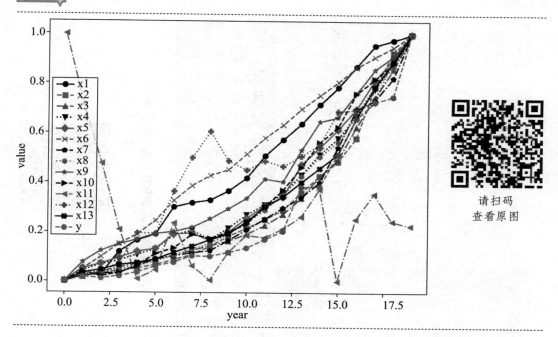

请扫码
查看原图

　　由上图可知，大多数特征变量的整体变化趋势与标签变量一致，都呈现随时间上升趋势。只有变量 $x11$（居民消费价格指数）分布比较特别，呈现周期性波动趋势。

　　地方财政收入的影响因素众多，可通过观察相关系数大小判断各变量之间的相关性。下面采用 pearson 相关系数法计算各数据列两两之间的相关系数，并绘制相关性热力图直观展示各列之间的相关性。

```
import seaborn as sns

plt. figure( figsize = ( 8 ,8 ) )
sns. heatmap( data. corr( ) , center = 0, square = True, linewidths = . 5 ,
            cbar_kws = { 'shrink': . 5 } , annot = True, fmt = '. 1f' )
plt. xticks( fontsize = 10)
plt. yticks( fontsize = 10)
plt. show( )
```

161

输 出

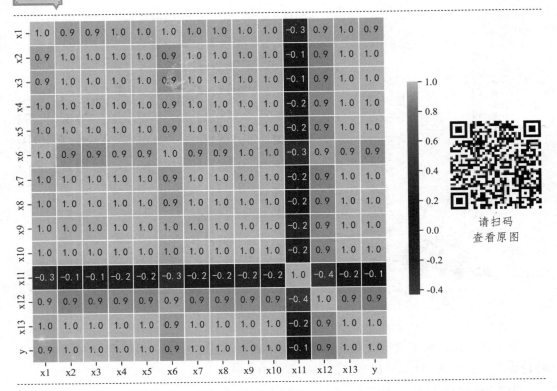

请扫码
查看原图

由上图可知，居民消费价格指数 $x11$ 与财政收入 $y$ 的相关性不显著，且总体呈负相关趋势。其余特征变量均与财政收入呈现高度正相关关系。同时，各特征之间也存在着明显多重共线性，例如 $x2$ 和 $x3$、$x2$ 和 $x13$、$x3$ 和 $x13$ 等多对特征变量之间存在完全共线性。因此，某些特征之间存在着信息重复，下面采用 Lasso 回归方法进一步筛选关键特征。

```
from sklearn. linear_model import Lasso

lasso = Lasso( alpha = 1000, max_iter = 10000)  #调用 Lasso 函数,值越大则越多系数趋近于0
lasso. fit( data. iloc[ :,0:13], data['y'])
print('相关系数为:',np. round(lasso. coef_,5))  #输出结果,保留五位小数
print('系数非零特征个数:',np. sum(lasso. coef_ ! = 0))  #计算相关系数非零的个数
mask = lasso. coef_ ! = 0  #相关系数是否非零的布尔数组
print('相关系数是否非零:',mask)
```

输出

---

相关系数为：$[\ -2.1000\mathrm{e}-04 \quad -0.0000\mathrm{e}+00 \quad 2.6400\mathrm{e}-02 \quad -4.6300\mathrm{e}-02 \quad 9.0880\mathrm{e}-02 \quad 1.5000\mathrm{e}$
$-04 \quad 3.6271\mathrm{e}-01 \quad 3.1830\mathrm{e}-02 \quad -0.0000\mathrm{e}+00 \quad 0.0000\mathrm{e}+00 \quad 0.0000\mathrm{e}+00 \quad 0.0000\mathrm{e}+00$
$-1.1050\mathrm{e}-02\ ]$

系数非零特征个数：8

相关系数是否非零：[ True False  True  True  True  True  True  True False False False False True ]

---

获取 Lasso 筛选后的数据集。

```
select_data = data.iloc[:,:13].iloc[:,mask]    #利用 mask 筛选相关系数非零的特征列
select_data = pd.concat([select_data,data.y],axis=1)
select_data.head(5)
```

输出

---

|   | x1 | x3 | x4 | x5 | x6 | x7 | x8 | x13 | y |
|---|------|--------|----------|---------|---------|--------|---------|------|--------|
| 0 | 3831732 | 448.19 | 7571.00 | 6212.70 | 6370241 | 525.71 | 985.31 | 5321 | 64.87 |
| 1 | 3913824 | 549.97 | 9038.16 | 7601.73 | 6467115 | 618.25 | 1259.20 | 6529 | 99.75 |
| 2 | 3928907 | 686.44 | 9905.31 | 8092.82 | 6560508 | 638.94 | 1468.06 | 7008 | 88.11 |
| 3 | 4282130 | 802.59 | 10444.60 | 8767.98 | 6664862 | 656.58 | 1678.12 | 7694 | 106.07 |
| 4 | 4453911 | 904.57 | 11255.70 | 9422.33 | 6741400 | 758.83 | 1893.52 | 8027 | 137.32 |

---

利用 Lasso 回归方法筛选得到影响财政收入的 8 项关键因素，分别为社会从业人数
（$x1$）、社会消费品零售总额（$x3$）、城镇居民人均可支配收入（$x4$）、城镇居民人均消
费性支出（$x5$）、年末总人口（$x6$）、全社会固定资产投资额（$x7$）、地区生产总值
（$x8$）和居民消费水平（$x13$）。

### 5.7.3  预测特征值

在 Lasso 特征选择的基础上，需要对选定的每个特征变量进一步建立预测模型，获
取这些因素在 2014 年和 2015 年的预测值。相较于线性回归模型和神经网络模型等，**灰
色预测模型**（Gray Forecast Model）在处理小样本预测问题时性能更佳。所谓灰色预测
模型是一种基于少量且不完全信息建立数学模型并做出预测的方法。灰色预测模型通
过鉴别各个因素之间的差异程度进行关联分析，对原始数据处理后生成具有一定规律
性的序列，然后建立相应微分方程模型，从而预测事物未来的发展趋势。灰色预测模

型中最常用的是 GM（1，1）模型，即采用一阶微分方程且只含一个变量的灰色预测模型。

下面构建灰色预测模型，得到 Lasso 回归选定的特征变量在 2014 年及 2015 年的预测值。下面定义灰色预测函数。

```
def GM11(x0):
    import numpy as np
    x1 = x0.cumsum() #生成累加序列
    z1 = (x1[:len(x1)-1] + x1[1:])/2.0 #生成紧邻均值(MEAN)序列,共 n-1 个值
    z1 = z1.reshape((len(z1),1))
    B = np.append(-z1, np.ones_like(z1), axis = 1)#生成 B 矩阵
    Y = x0[1:].reshape((len(x0)-1, 1))#Y 矩阵
    #计算参数
    [[a],[u]] = np.dot(np.dot(np.linalg.inv(np.dot(B.T, B)), B.T), Y)
    #还原值
    f = lambda k: (x0[0] - u/a) * np.exp(-a*(k-1)) - (x0[0] - u/a) * np.exp(-a*(k-
2))
    #计算残差
    delta = np.abs(x0 - np.array([f(i) for i in range(1,len(x0)+1)]))
    C = delta.std()/x0.std()
    P = 1.0 * (np.abs(delta - delta.mean()) < 0.6745*x0.std()).sum()/len(x0)
    #返回灰色预测函数、a、b、首项、方差比、小误差概率
    return f, a, u, x0[0], C, P
```

为便于后面的特征值预测，在原始数据表中添加年份索引列和两个空行。

```
import warnings
warnings.filterwarnings("ignore")

columns = ['x1', 'x3', 'x4', 'x5', 'x6', 'x7', 'x8', 'x13'] #lasso 筛选出来的特征
GM_data = data[columns + ['y']]

GM_data.index = range(1994, 2014) #为数据表添加年份索引列
GM_data.loc[2014] = pd.Series(dtype='object')   #添加空行
GM_data.loc[2015] = pd.Series(dtype='object')   #添加空行
GM_data
```

输 出

| | x1 | x3 | x4 | x5 | x6 | x7 | x8 | x13 | y |
|---|---|---|---|---|---|---|---|---|---|
| **1994** | 3831732.0 | 448.19 | 7571.00 | 6212.70 | 6370241.0 | 525.71 | 985.31 | 5321.0 | 64.87 |
| **1995** | 3913824.0 | 549.97 | 9038.16 | 7601.73 | 6467115.0 | 618.25 | 1259.20 | 6529.0 | 99.75 |
| **1996** | 3928907.0 | 686.44 | 9905.31 | 8092.82 | 6560508.0 | 638.94 | 1468.06 | 7008.0 | 88.11 |
| **1997** | 4282130.0 | 802.59 | 10444.60 | 8767.98 | 6664862.0 | 656.58 | 1678.12 | 7694.0 | 106.07 |
| **1998** | 4453911.0 | 904.57 | 11255.70 | 9422.33 | 6741400.0 | 758.83 | 1893.52 | 8027.0 | 137.32 |
| **1999** | 4548852.0 | 1000.69 | 12018.52 | 9751.44 | 6850024.0 | 878.26 | 2139.18 | 8549.0 | 188.14 |
| **2000** | 4962579.0 | 1121.13 | 13966.53 | 11349.47 | 7006896.0 | 923.67 | 2492.74 | 9566.0 | 219.91 |
| **2001** | 5029338.0 | 1248.29 | 14694.00 | 11467.35 | 7125979.0 | 978.21 | 2841.65 | 10473.0 | 271.91 |
| **2002** | 5070216.0 | 1370.68 | 13380.47 | 10671.78 | 7206229.0 | 1009.24 | 3203.96 | 11469.0 | 269.10 |
| **2003** | 5210706.0 | 1494.27 | 15002.59 | 11570.58 | 7251888.0 | 1175.17 | 3758.62 | 12360.0 | 300.55 |
| **2004** | 5407087.0 | 1677.77 | 16884.16 | 13120.83 | 7376720.0 | 1348.93 | 4450.55 | 14174.0 | 338.45 |
| **2005** | 5744550.0 | 1905.84 | 18287.24 | 14468.24 | 7505322.0 | 1519.16 | 5154.23 | 16394.0 | 408.86 |
| **2006** | 5994973.0 | 2199.14 | 19850.66 | 15444.93 | 7607220.0 | 1696.38 | 6081.86 | 17881.0 | 476.72 |
| **2007** | 6236312.0 | 2624.24 | 22469.22 | 18951.32 | 7734787.0 | 1863.34 | 7140.32 | 20058.0 | 838.99 |
| **2008** | 6529045.0 | 3187.39 | 25316.72 | 20835.95 | 7841695.0 | 2105.54 | 8287.38 | 22114.0 | 843.14 |
| **2009** | 6791495.0 | 3615.77 | 27609.59 | 22820.89 | 7946154.0 | 2659.85 | 9138.21 | 24190.0 | 1107.67 |
| **2010** | 7110695.0 | 4476.38 | 30658.49 | 25011.61 | 8061370.0 | 3263.57 | 10748.28 | 29549.0 | 1399.16 |
| **2011** | 7431755.0 | 5243.03 | 34438.08 | 28209.74 | 8145797.0 | 3412.21 | 12423.44 | 34214.0 | 1535.14 |
| **2012** | 7512997.0 | 5977.27 | 38053.52 | 30490.44 | 8222969.0 | 3758.39 | 13551.21 | 37934.0 | 1579.68 |
| **2013** | 7599295.0 | 6882.85 | 42049.14 | 33156.83 | 8323096.0 | 4454.55 | 15420.14 | 41972.0 | 2088.14 |
| **2014** | NaN | NaN | NaN | NaN | NaN | NaN | NaN | NaN | NaN |
| **2015** | NaN | NaN | NaN | NaN | NaN | NaN | NaN | NaN | NaN |

对于 Lasso 回归选取的每个特征列,采用 GM (1,1) 方法为其添加 2014 年与 2015 年的预测值。

```
for i in columns：
    GM = GM11(GM_data[i][list(range(1994, 2014))].values)
    f = GM[0]
    c = GM[-2]
    p = GM[-1]
    GM_data[i][2014] = f(len(GM_data) - 1)
    GM_data[i][2015] = f(len(GM_data))
    GM_data[i] = GM_data[i].round(2)

GM_data
```

输出

| | x1 | x3 | x4 | x5 | x6 | x7 | x8 | x13 | y |
|---|---|---|---|---|---|---|---|---|---|
| 1994 | 3831732.00 | 448.19 | 7571.00 | 6212.70 | 6370241.00 | 525.71 | 985.31 | 5321.00 | 64.87 |
| 1995 | 3913824.00 | 549.97 | 9038.16 | 7601.73 | 6467115.00 | 618.25 | 1259.20 | 6529.00 | 99.75 |
| 1996 | 3928907.00 | 686.44 | 9905.31 | 8092.82 | 6560508.00 | 638.94 | 1468.06 | 7008.00 | 88.11 |
| 1997 | 4282130.00 | 802.59 | 10444.60 | 8767.98 | 6664862.00 | 656.58 | 1678.12 | 7694.00 | 106.07 |
| 1998 | 4453911.00 | 904.57 | 11255.70 | 9422.33 | 6741400.00 | 758.83 | 1893.52 | 8027.00 | 137.32 |
| 1999 | 4548852.00 | 1000.69 | 12018.52 | 9751.44 | 6850024.00 | 878.26 | 2139.18 | 8549.00 | 188.14 |
| 2000 | 4962579.00 | 1121.13 | 13966.53 | 11349.47 | 7006896.00 | 923.67 | 2492.74 | 9566.00 | 219.91 |
| 2001 | 5029338.00 | 1248.29 | 14694.00 | 11467.35 | 7125979.00 | 978.21 | 2841.65 | 10473.00 | 271.91 |
| 2002 | 5070216.00 | 1370.68 | 13380.47 | 10671.78 | 7206229.00 | 1009.24 | 3203.96 | 11469.00 | 269.10 |
| 2003 | 5210706.00 | 1494.27 | 15002.59 | 11570.58 | 7251888.00 | 1175.17 | 3758.62 | 12360.00 | 300.55 |
| 2004 | 5407087.00 | 1677.77 | 16884.16 | 13120.83 | 7376720.00 | 1348.93 | 4450.55 | 14174.00 | 338.45 |
| 2005 | 5744550.00 | 1905.84 | 18287.24 | 14468.24 | 7505322.00 | 1519.16 | 5154.23 | 16394.00 | 408.86 |
| 2006 | 5994973.00 | 2199.14 | 19850.66 | 15444.93 | 7607220.00 | 1696.38 | 6081.86 | 17881.00 | 476.72 |
| 2007 | 6236312.00 | 2624.24 | 22469.22 | 18951.32 | 7734787.00 | 1863.34 | 7140.32 | 20058.00 | 838.99 |
| 2008 | 6529045.00 | 3187.39 | 25316.72 | 20835.95 | 7841695.00 | 2105.54 | 8287.38 | 22114.00 | 843.14 |
| 2009 | 6791495.00 | 3615.77 | 27609.59 | 22820.89 | 7946154.00 | 2659.85 | 9138.21 | 24190.00 | 1107.67 |
| 2010 | 7110695.00 | 4476.38 | 30658.49 | 25011.61 | 8061370.00 | 3263.57 | 10748.28 | 29549.00 | 1399.16 |
| 2011 | 7431755.00 | 5243.03 | 34438.08 | 28209.74 | 8145797.00 | 3412.21 | 12423.44 | 34214.00 | 1535.14 |
| 2012 | 7512997.00 | 5977.27 | 38053.52 | 30490.44 | 8222969.00 | 3758.39 | 13551.21 | 37934.00 | 1579.68 |
| 2013 | 7599295.00 | 6882.85 | 42049.14 | 33156.83 | 8323096.00 | 4454.55 | 15420.14 | 41972.00 | 2088.14 |
| 2014 | 8142148.24 | 7042.31 | 43611.84 | 35046.63 | 8505522.58 | 4600.40 | 18686.28 | 44506.47 | NaN |
| 2015 | 8460489.28 | 8166.92 | 47792.22 | 38384.22 | 8627139.31 | 5214.78 | 21474.47 | 49945.88 | NaN |

### 5.7.4 模型训练与预测

对整个数据表做标准化处理后，从中提取特征变量矩阵（features）和标签变量矩阵（labels），为支持向量回归建模做准备。

```
train = GM_data. loc[ list( range( 1994 , 2014 ) ) ]. copy( )

mean = train. mean( )

std = train. std( )

train = ( train − mean ) / std    #训练数据标准化

GM_columns = list( GM_data. columns[ :len( GM_data. columns ) − 1 ] )

features = train[ GM_columns ]. values

labels = train[ 'y' ]. values
```

基于（ $X_{1994—2013}$ , $y_{1994—2013}$ ）历史数据训练支持向量回归模型。sklearn 工具包中提供了用于实现支持向量回归的 LinearSVR 类，其参数 max_iter 用于指定最大迭代次数，此处设置 max_iter 为 10000。基于特征数据集 features 和标签数据集 labels，调用 fit 方法进行模型训练。

```
from sklearn. svm import LinearSVR

svr = LinearSVR( max_iter = 10000 )

svr. fit( features , labels )
```

输 出

-----------------------------------------------------------------------------------------------------
LinearSVR( max_iter = 10000 )
-----------------------------------------------------------------------------------------------------

将 $X_{1994—2013}$ 和灰色预测的数据结果 $X_{2014—2015}$ 进行标准化处理后，使用训练好的支持向量回归模型进行预测，并将预测结果还原为原始数值。

```
#预测数据标准化
x = ( ( GM_data[ GM_columns ] − mean[ GM_columns ] )/std[ GM_columns ] ). values

GM_data_copy = GM_data. copy( )

#预测，并将预测结果还原为原始数值
GM_data_copy[ 'y_pred' ] = svr. predict( x * std[ 'y' ] ) + mean[ 'y' ]

GM_data_copy
```

输 出

| | x1 | x3 | x4 | x5 | x6 | x7 | x8 | x13 | y | y_pred |
|---|---|---|---|---|---|---|---|---|---|---|
| 1994 | 3831732.00 | 448.19 | 7571.00 | 6212.70 | 6370241.00 | 525.71 | 985.31 | 5321.00 | 64.87 | 33.460101 |
| 1995 | 3913824.00 | 549.97 | 9038.16 | 7601.73 | 6467115.00 | 618.25 | 1259.20 | 6529.00 | 99.75 | 81.388738 |
| 1996 | 3928907.00 | 686.44 | 9905.31 | 8092.82 | 6560508.00 | 638.94 | 1468.06 | 7008.00 | 88.11 | 94.024908 |
| 1997 | 4282130.00 | 802.59 | 10444.60 | 8767.98 | 6664862.00 | 656.58 | 1678.12 | 7694.00 | 106.07 | 104.442766 |
| 1998 | 4453911.00 | 904.57 | 11255.70 | 9422.33 | 6741400.00 | 758.83 | 1893.52 | 8027.00 | 137.32 | 148.899365 |
| 1999 | 4548852.00 | 1000.69 | 12018.52 | 9751.44 | 6850024.00 | 878.26 | 2139.18 | 8549.00 | 188.14 | 186.670861 |
| 2000 | 4962579.00 | 1121.13 | 13966.53 | 11349.47 | 7006896.00 | 923.67 | 2492.74 | 9566.00 | 219.91 | 218.331735 |
| 2001 | 5029338.00 | 1248.29 | 14694.00 | 11467.35 | 7125979.00 | 978.21 | 2841.65 | 10473.00 | 271.91 | 230.315330 |
| 2002 | 5070216.00 | 1370.68 | 13380.47 | 10671.78 | 7206229.00 | 1009.24 | 3203.96 | 11469.00 | 269.10 | 217.925304 |
| 2003 | 5210706.00 | 1494.27 | 15002.59 | 11570.58 | 7251888.00 | 1175.17 | 3758.62 | 12360.00 | 300.55 | 299.017587 |
| 2004 | 5407087.00 | 1677.77 | 16884.16 | 13120.83 | 7376720.00 | 1348.93 | 4450.55 | 14174.00 | 338.45 | 382.476169 |
| 2005 | 5744550.00 | 1905.84 | 18287.24 | 14468.24 | 7505322.00 | 1519.16 | 5154.23 | 16394.00 | 408.86 | 461.055053 |
| 2006 | 5994973.00 | 2199.14 | 19850.66 | 15444.93 | 7607220.00 | 1696.38 | 6081.86 | 17881.00 | 476.72 | 552.294916 |
| 2007 | 6236312.00 | 2624.24 | 22469.22 | 18951.32 | 7734787.00 | 1863.34 | 7140.32 | 20058.00 | 838.99 | 689.296631 |
| 2008 | 6529045.00 | 3187.39 | 25316.72 | 20835.95 | 7841695.00 | 2105.54 | 8287.38 | 22114.00 | 843.14 | 841.720978 |
| 2009 | 6791495.00 | 3615.77 | 27609.59 | 22820.89 | 7946154.00 | 2659.85 | 9138.21 | 24190.00 | 1107.67 | 1085.323726 |
| 2010 | 7110695.00 | 4476.38 | 30658.49 | 25011.61 | 8061370.00 | 3263.57 | 10748.28 | 29549.00 | 1399.16 | 1375.427307 |
| 2011 | 7431755.00 | 5243.03 | 34438.08 | 28209.74 | 8145797.00 | 3412.21 | 12423.44 | 34214.00 | 1535.14 | 1533.882252 |
| 2012 | 7512997.00 | 5977.27 | 38053.52 | 30490.44 | 8222969.00 | 3758.39 | 13551.21 | 37934.00 | 1579.68 | 1739.018289 |
| 2013 | 7599295.00 | 6882.85 | 42049.14 | 33156.83 | 8323096.00 | 4454.55 | 15420.14 | 41972.00 | 2088.14 | 2086.756291 |
| 2014 | 8142148.24 | 7042.31 | 43611.84 | 35046.63 | 8505522.58 | 4600.40 | 18686.28 | 44506.47 | NaN | 2183.655743 |
| 2015 | 8460489.28 | 8166.92 | 47792.22 | 38384.22 | 8627139.31 | 5214.78 | 21474.47 | 49945.88 | NaN | 2533.792178 |

绘制地方财政收入真实值与预测值的对比图。

```
import warnings
warnings.filterwarnings("ignore")

plt.rcParams['font.sans-serif'] = ['SimHei']
plt.rcParams['axes.unicode_minus'] = False

fig = plt.figure(figsize=(8,6))
plt.title('财政收入真实值与预测值对比',fontsize=14)
plt.xlabel('年份(年)',fontsize=12)
```

```
plt. ylabel（'财政收入（亿元）', fontsize = 12）
plt. plot（GM_ data_ copy. index, GM_ data_ copy [ 'y' ], linestyle = ' – ',
        marker = 'o', color = 'indianred'）
plt. plot（GM_ data_ copy. index, GM_ data_ copy [ 'y_ pred' ], linestyle = ' – – ',
        marker = ' * ', color = 'steelblue'）
plt. legend（[ '真实财政收入', '预测财政收入' ]）
plt. show（）
```

**输 出**

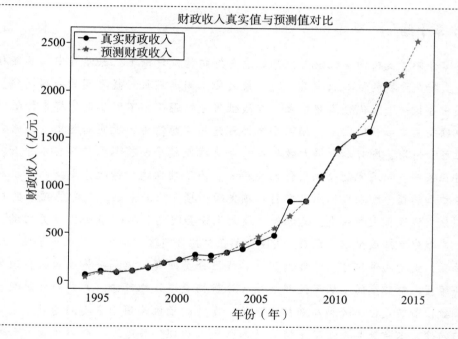

## 本章注释

1. 凸二次规划问题指约束最优化问题，目标函数是一个需要最大化或最小化多个变量的二次凸函数，约束函数为满足 $f(x) = ax + b$ 的仿射函数，其中 $a$ 和 $x$ 均为 $d$ 维向量。

2. 此处省略凸二次规划问题的求解过程。

3. 例如曲线或任意形状的曲面。

4. 原始空间 $\mathbb{X}$ 是 $\mathbb{R}^n$ 中的一个子集或离散集合。

5. 可结合线性可分支持向量机的求解过程理解该等式。在线性可分支持向量机的求解过程中，目标函数和分离超平面方程都涉及输入向量之间的内积 $x \cdot y$，因此可以用核函数 $k(x,y)$ 来代替。这等价于经过映射函数 $\varphi(\xi)$ 将原来的输入空间变换到一个新的特征空间，将输入空间中的内积 $x \cdot y$ 变换为特征空间中的内积 $\varphi(x)^{\mathrm{T}}\varphi(y)$，然后在新的特征空间里利用求解线性分类问题的方法求解非线性分类问题的支持向量机。

6. 也称为点积。

7. 核技巧常被误解为一种从低维到高维的映射方法，但实际上核技巧只是用来计算映射到高维空间之后的内积的一种简便方法，从 Trick 一词中就可以看出，这只是一种运算技巧而已。

8. 考虑到核函数在数学上的优异品质，其非线性扩展并不会带来过高计算复杂度。除了支持向量机，核方法还适用于任何将计算表示为数据点内积的机器学习方法。

## 📀 本章小结

本章介绍了支持向量机模型，并基于支持向量机讨论了机器学习中核函数相关知识点。支持向量机的核心原理是，通过最大化不同类别数据集之间的分离间隔，在特征空间中寻找一个最优分离超平面。在线性可分情形下，不同类别的样本能够被支持向量机模型完全准确地区分。相较于线性可分的理想情境，现实问题中更为常见是近似线性可分情形，即样本数据大致可由一条直线或超平面将不同类别样本分开，但同时也存在某些不满足完全分隔条件的离群点。为了处理这种情况，支持向量机对这些离群点施加惩罚，即在目标函数中引入损失项。损失项的系数，也即惩罚系数 $C$ 设定了模型分类错误损失的权重，是调和"最大化分类间隔"和"最小化分类错误"的超参数。实践中选择最优超参数 $C$，实现模型在欠拟合与过拟合之间的适当平衡。通过引入核函数，支持向量机可以扩展到解决非线性分类问题。核函数将原始特征映射到一个更高维度的特征空间，从而使非线性可分数据变得线性可分。常见的核函数包括线性核函数、多项式核函数和高斯核函数等。支持向量机除用于分类问题外，也可以用于回归问题。本章简要介绍了支持向量回归模型原理，并通过一个财政收入预测案例说明其实际应用。

## 📀 课后习题

1. 线性可分情形下，支持向量机中的"支持向量"指的是什么？它在机器学习建模中发挥了什么作用？

2. 什么是硬间隔 SVM 和软间隔 SVM？软间隔支持向量机如何处理近似线性可分数据？

参考答案
请扫码查看

3. 假设存在一个点能被正确分类且远离决策边界。将该点加入训练集，为什么 SVM 的决策边界不受其影响，而逻辑回归的决策边界将受其影响？

4. 假设使用高斯核函数训练了一个支持向量机模型，并且在训练集数据上进行了拟合。现怀疑该模型没有充分拟合训练集数据，下一步应如何调整超参数 $C$ 和 $\sigma$？

5. 使用企业信用评估数据集进行二元分类问题的 SVM 估计。其中数据表中的第一个变量为标签变量，表示企业的信用状态（0 为不违约；1 为违约）。其他变量为企业信用评估的一系列度量指标，均为数值型特征变量。建模目标是基于这些度量指标判断企业是否违约。

（1）载入数据，查看前五行观测值及训练数据的基本描述性统计信息；

（2）将数据划分为 80% 的训练集和 20% 的测试集；

（3）将数据集中的所有特征变量进行标准化处理；

（4）使用逻辑回归模型估计（参数 random_state = 123），计算测试集的预测准确率；

（5）使用线性核函数支持向量机模型估计（参数 random_state = 123），计算测试集的预测准确率。

（详细数据请参照：credit. csv）

# 第6章
# 决策树与集成学习

## 6.1　决策树模型

### 6.1.1　人类决策过程

**决策树**（Decision Tree）是一类十分直观而有效的模型，它的建模思路是尽量模拟人做决策的过程。决策树模型的核心是决策规则，在讨论模型细节之前，先通过一个例子展示现实生活中人们是如何利用规则做决定的。现有某位大学生在考虑如何安排明天的活动，其决策过程大致如下：先打开课程表查看明天是否有课，如果有课则去上课，如果没课，再打开日程表查看明天是否有会议安排；如果有会议安排则去开会，如果没有会议安排，就查看天气预报了解明天是否下雨；如果明天下雨则待在宿舍打游戏，如果明天不下雨，则去操场打球。

整个决策过程表示为决策树的形式如图 6 – 1 所示。决策树图形中的每个方框表示树的一个**节点**（Node），其中，最顶部的节点被称为根节点，最底部的节点被称为叶节点，树中间的那些节点则被称为内部节点。节点之间存在父子关系，与父节点直接相连的下一层节点被称为子节点，叶节点不存在子节点。在决策树模型中，叶节点表示决策结果，即图 6 – 1 标注阴影的方框；其他节点表示与某种特征属性有关的决策规则；节点与节点之间的连线表示决策路径。

根据预测标签的数据类型，可将决策树分为**分类树**（Classification Tree）和**回归树**（Regression Tree）。前者用于预测离散型标签，如性别、国籍和学历等；后者用于预测连续型标签，如气温、成绩和价格等。分类树和回归树的建模过程均是模拟人类思维的树形分支决策流程。下面以分类树为例，通过模拟数据集案例理解决策树基本原理。

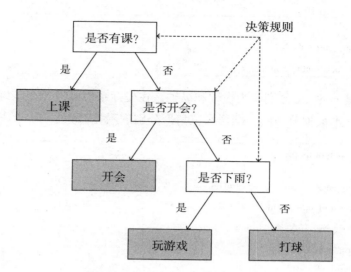

图 6－1　某大学生一日行程安排

## 6.1.2　生成模拟数据

待分类数据集有两个特征变量 $x_0$ 和 $x_1$，标签变量 $y$ 的取值为 0 或 1。随机生成 20 条样本数据作为训练集，其中有 8 个样本的类型为 1，12 个样本的类型为 0。

```python
import numpy as np
import pandas as pd

np.random.seed(22)
#第1组数据:X0 为 12 行 2 列,Y0 均为 0
X0 = np.c_[np.random.uniform(-1, 1, size=12).reshape(-1, 1),
           np.random.uniform(-1, 1, size=12).reshape(-1, 1)]
Y0 = np.array([0] * 12).reshape(-1, 1)  #生成 12 行 1 列的数据(值为 0)
#第2组数据:X1 为 4 行 2 列,Y1 均为 1
X1 = np.c_[np.random.uniform(0.4, 1, size=4).reshape(-1, 1),
           np.random.uniform(0, 1, size=4).reshape(-1, 1)]
Y1 = np.array([1] * 4).reshape(-1, 1)
#第3组数据:X2 为 4 行 2 列,Y2 均为 1
X2 = np.c_[np.random.uniform(-0.9, -0.6, size=4).reshape(-1, 1),
           np.random.uniform(-0.5, 0.5, size=4).reshape(-1, 1)]
Y2 = np.array([1] * 4).reshape(-1, 1)
#将 1、2、3 组数据按行连接
X = np.concatenate((X0, X1, X2), axis=0) Y = np.concatenate((Y0, Y1, Y2), axis=0)
```

```
#将 Y、X 按列连接
data = np.concatenate((Y, X), axis = 1)
data = pd.DataFrame(data, columns = ['y', 'x0', 'x1'])
```

将特征变量 $x_0$ 和 $x_1$ 分别作为横轴和纵轴,在坐标系中可视化待训练数据集。运行如下代码得到样本数据分布图,圆形和三角形分别表示类型为 1 和 0 的样本。

```
import matplotlib.pyplot as plt

plt.rcParams['font.sans-serif'] = ['SimHei']
plt.rcParams['axes.unicode_minus'] = False
fig = plt.figure(figsize = (4, 4), dpi = 80)
ax = fig.add_subplot(111)
label1 = data[data['y'] > 0]
plt.scatter(label1[['x0']], label1[['x1']], marker = 'o', color = 'steelblue')
label0 = data[data['y'] == 0]
plt.scatter(label0[['x0']], label0[['x1']], marker = '^', color = 'indianred')
ax.set_xlim([-1.2, 1.2])
ax.set_ylim([-1.2, 1.2])
ax.set_xlabel(r' $ x_0 $ ', fontsize = 12)
ax.set_ylabel(r' $ x_1 $ ', fontsize = 12)
plt.show()
```

**输 出**

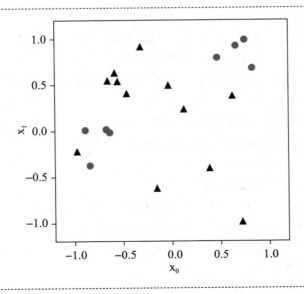

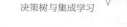

基于此数据集，决策树模型将以特征变量 $x_0$ 和 $x_1$ 作为划分依据，给出一套判断样本类别的决策准则。接下来展示这一训练过程。

### 6.1.3 训练决策树模型

决策树从根节点开始，自上而下生成预测模型。所有的样本从根节点输入，根据特征变量的取值是否符合判定条件，划分样本到不同的子节点中，直至到达叶节点，从而实现样本分类。其中的关键之处在于构建最优的决策规则，相关的衡量指标为节点 **"不纯度"**（Impurity）。不纯度越小意味着节点里属于同一类别的样本占比越高，即数据分类效果越好。因此，**决策树每次进行划分的目标是尽可能降低子节点的不纯度**。

目前数学上主要从**信息熵**（Information Entropy）和**基尼系数**（Gini Index）两个角度构建度量节点不纯度的指标，不同指标对应了不同的决策树算法。依据不同算法训练出的决策树模型虽然在形状上各不相同，但在绝大部分情况下，泛化能力几乎没有差别。

sklearn 工具包的 tree 模块提供了回归树和分类树的决策树算法。分类树算法通过 DecisionTreeClassifier 类实现，其包含了诸多超参数。其中，参数 criterion 指定节点划分所采用的不纯度指标，默认采用基尼系数；参数 max_depth 限制了决策树的最大深度，当树的深度到达设定值时，即使仍存在不纯度较高的节点，决策树也会停止划分。接下来通过设置参数 max_depth 的不同取值，展示决策树模型是如何一步一步建立决策规则的。

运行下面代码，在模拟训练集上依次训练最大深度为 1、2 和 3 的决策树模型，并将训练好的模型存储在列表中。

```
from sklearn. tree import DecisionTreeClassifier

model_set = [ ]
for i in range(1, 4):
    model = DecisionTreeClassifier(max_depth = i)
    model. fit( data[ [ 'x0', 'x1' ] ]. values, data[ 'y' ] )
    model_set. append( model)

print('按照给定深度生成的决策树为:', model_set)
```

输出

----
按照给定深度生成的决策树为: [ DecisionTreeClassifier( max_depth = 1), DecisionTreeClassifier( max_depth = 2), DecisionTreeClassifier( max_depth = 3) ]
----

175

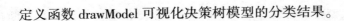

定义函数 drawModel 可视化决策树模型的分类结果。

```
def drawModel(model_set, index):
    #创建一个图形框
    fig = plt.figure(figsize=(4, 4), dpi=80)
    plt.rcParams['font.sans-serif'] = ['SimHei']
    plt.rcParams['axes.unicode_minus'] = False
    #创建一个坐标系
    ax = fig.add_subplot(111)
    ax.set_xlim([-1.2, 1.2])
    ax.set_ylim([-1.2, 1.2])
    ax.set_xlabel(r'$x_0$', fontsize=12)
    ax.set_ylabel(r'$x_1$', fontsize=12)
    #训练数据可视化
    label1 = data[data['y']>0]
    ax.scatter(label1[['x0']], label1[['x1']], marker='o', color='steelblue')
    label0 = data[data['y']==0]
    ax.scatter(label0[['x0']], label0[['x1']], marker='^', color='indianred')
    #绘制训练后的预测分割线与填充区域
    x = np.linspace(-1.2, 1.2, 400)
    X1, X2 = np.meshgrid(x, x)
    for i in range(index):
        Y = model_set[i].predict(np.c_[X1.ravel(), X2.ravel()])
        Y = Y.reshape(X1.shape)
        #绘制分割线,levels=[0, 1]表示绘制 Y=0 和 1 的线
        ax.contour(X1, X2, Y, levels=[0, 1], colors=['black'], linestyles=['--'])
    #绘制填充区域,levels=[-1, 0]表示填充类型 Y=0 的区域
    ax.contourf(X1, X2, Y, levels=[-1, 0], colors=['gray'], alpha=0.4)
    plt.show()
```

绘制最大深度为 1 的决策树模型结果。

```
drawModel(model_set, index=1)
```

输出

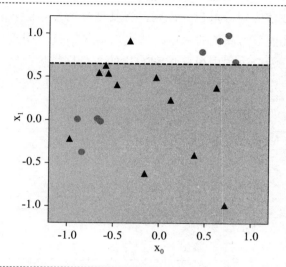

从图中可以看出，决策树模型首先采用特征变量 $x_1$ 作为划分依据，并以 $x_1$ 在 0.6 附近的某个取值为划分点建立了划分规则，根据此规则将平面分为灰色和白色两块区域。不过这两个区域都具有一定的不纯度，有待进一步划分。下面绘制最大深度为 2 的决策树模型结果，其在最大深度为 1 的决策树模型的基础上增加了一步决策。

```
drawModel( model_set, index = 2 )
```

输出

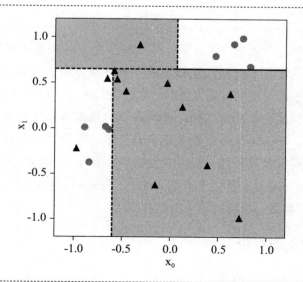

在最大深度为 1 的基础上，最大深度为 2 的决策树模型采用特征变量 $x_0$ 作为划分依据，分别对上下两个区域做进一步划分。对于上部分此前全为白色的区域，通过以 $x_0$ 在 0 附近的某个取值为划分点建立规则，将其划分为左边的灰色区域和右边的白色区域。对于下部分此前全为灰色的区域，通过以 $x_0$ 在 $-0.6$ 附近的某个取值为划分点建立规则，将其划分为左边的白色区域和右边的灰色区域。此时四个区域中，只有左下角白色区域存在一定的不纯度，还可以继续划分。下面绘制最大深度为 3 的决策树模型结果。

```
drawModel( model_set, index = 3)
```

**输 出**

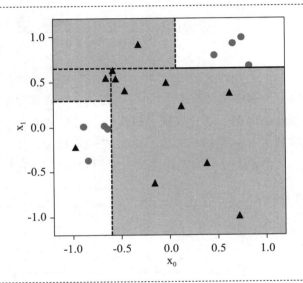

可以看出，针对左下角的白色区域，最大深度为 3 的决策树模型采用特征变量 $x_1$ 作为划分依据，在前面两个模型的基础上进一步将其分为上下两部分。此时，左下角的白色区域仍有一定的不纯度，还可以继续增加树的深度，直至获得预期效果。

正如上文不同深度决策树模型的结果所示，**决策树建模过程就是生成决策规则的过程**。在此过程中，决策树试图以最小化子节点不纯度为目标在样本数据上运算，从而确定划分依据的特征及其取值。除了设置最大深度 max_depth 作为决策树的终止条件，DecisionTreeClassifier 类还提供了节点不纯度阈值 min_impurity_split、节点最少样本数 min_samples_split 等参数，彼此之间可以配合使用。

### 6.1.4　决策树可视化

相对于其他机器学习模型，决策树模型的一大优势是可清晰展示模型分类的规则，

sklearn 工具包的 tree 模块提供了 plot_tree 函数用于实现决策树的可视化。以上文训练的最大深度为 3 的决策树模型为例，运行下面代码绘制决策树模型结构流程图，将模型分类决策规则转换为直观的树形结构。

```
from sklearn import tree

plt. figure(figsize = (8,6))
tree. plot_tree(decision_tree = model_set[2], rounded = 'true')
plt. show()
```

输 出

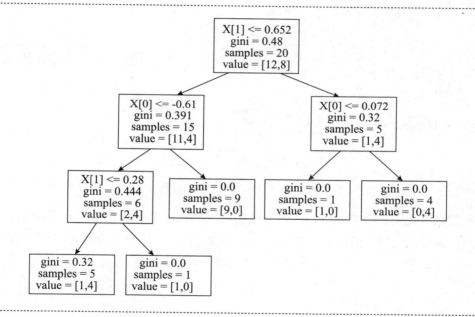

上面树形流程图中的每个方框对应树的一个节点，其内容展示了该节点的相关信息。以根节点为例："X[1]<=0.652"是划分子节点的决策规则；"gini = 0.48"意味为度量不纯度的指标基尼系数此时取值 0.48；"samples = 20"表示处于该节点的样本总数为 20[1]；"values =[12,8]"代表节点类别分布信息，即处于该节点处的样本有两种类别，数量分别为 12 和 8。

决策树可视化不仅有利于深入理解模型，也是介绍模型运作机制的有效工具。至此，已完成决策树模型训练任务，下一步应用此模型对新样本进行预测。

### 6.1.5　模型预测

对新样本进行预测时，决策树模型**根据决策树各节点的决策规则，将样本划分到**

某个叶节点上，由叶节点给出最终的预测值。对于分类问题，决策树叶节点预测的是样本属于不同类别的概率，相应数值通过计算各个类别的样本占比得到。以待分类样本 $A$（$x_0 = -1.0, x_1 = -1.0$）为例，运用上文最大深度为 3 的决策树模型进行预测的整个过程如图 6-2 所示。

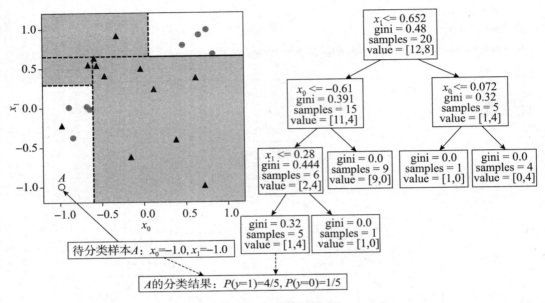

**图 6-2  决策树模型预测过程**

根据决策规则，样本 $A$ 被划分到决策树左下角的叶节点上，判断过程通过虚线箭头表示。此处的叶节点意味着，预测样本 $A$ 类别标签为 1 的概率为 4/5，预测其类别标签为 0 的概率为 1/5。对样本 $A$ 的预测结果亦可通过下面代码实现。

```
A = [[-1, -1]]
model = model_set[2] #获取决策树深度为3的模型prob = model.predict_proba(A)
print('A属于类别0(三角形)
的概率为:', float(prob[:,0]),
    '\nA属于类别1(圆形)的概率为:', float(prob[:,1]))
```

**输 出**

A属于类别0(三角形)的概率为:0.2

A属于类别1(圆形)的概率为:0.8

# 6.2 集成学习

**集成学习**（Ensemble Learning）通过构建并组合多个基础模型（又称学习器）完成机器学习任务。俗话说"三个臭皮匠，顶个诸葛亮"，结合多个学习器，常常可获得比单一学习器显著优越的泛化性能。依据个体学习器的生成方式差异，集成学习方法可分为多类，其中常用的是 Bagging 和 Boosting。下面将对这两种集成学习方法的原理进行介绍，并指出两者的主要差异。

## 6.2.1 Bagging 方法

**Bagging 方法**又称**装袋方法**，是机器学习领域重要的集成学习方法。Bagging 方法的思想在现实中常常用到，例如专家打分法的决策过程，由多位领域专家对项目进行独立评分，然后综合各位专家意见获得最终结果。如果把一位专家对应一个学习器，每个学习器**独立**产生一个预测，再对预测结果进行综合，那么达成用多个学习器实现比单个学习器更好的预测效果，这正是 Bagging 方法所采用的思路。如果想得到泛化性能强的集成模型，应尽量保证各个学习器之间相互独立。虽然绝对独立在现实任务中很难做到，但可设法使学习器尽可能具有较大差异，实现**个体多样性保证群体决策智慧**的效果。从方差 – 偏差分解视角看，Bagging 方法主要通过降低方差提升预测效果，因而在易过拟合的高方差、低偏差的模型上效果显著。

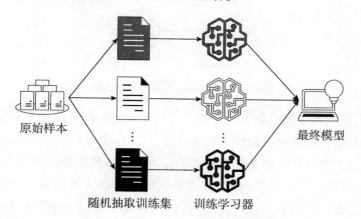

原始样本　　随机抽取训练集　训练学习器　　最终模型

**图 6 – 3　Bagging 方法的算法思想**

Bagging 方法的算法思想如下。首先，抽取训练集。从原始样本集中使用 Bootstraping（有放回抽样）方法随机抽取 $n$ 个训练样本，共进行 $k$ 轮抽取，得到 $k$ 个相互独立的训练集。其次，在不同训练集上训练相应的学习器。每次基于 $n$ 个训练样本进行模型训练，得到 $k$ 个模型，所用学习算法可根据具体场景选择。最后，以相同权重综合所有模型的预测结果作为最终预测结果。对于分类问题，由 $k$ 个模型预测结果投票表决产生分类结果；而回归问题则由 $k$ 个模型预测结果的均值作为回归结果。

### 6.2.2　Boosting 方法

**Boosting 方法**又称**提升方法**，是将多个弱学习器提升为强学习器的算法。有一句广泛流传的英文谚语是：**Your best teacher is your last mistake**（上次的错误是你最好的老师），集成学习中 Boosting 方法的原理正与此相关，即"不断从错误中学习"。通俗来说，Boosting 方法的策略是每次只学习一点点，然后一步步地接近标签值。与 Bagging 方法采用抽样数据训练学习器不同，Boosting 方法每次都投入全部训练数据训练学习器。在 Boosting 中各个学习器之间存在依赖关系，每一个学习器都基于之前训练的学习器而生成。在训练过程中，分类错误的样本是特别关注的对象，通过不断从错误中"吸取教训"，逐步降低模型预测误差。从方差 – 偏差分解视角看，Boosting 方法主要通过**降低偏差**来提升预测效果，因而在易欠拟合的低方差、高偏差的模型上效果显著。

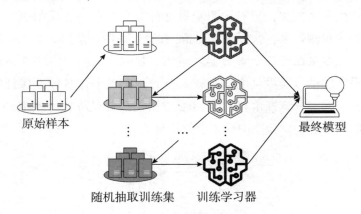

原始样本　　　随机抽取训练集　训练学习器　　最终模型

**图 6 – 4　Boosting 方法的算法思想**

　　Boosting 方法的算法思想如下。首先，从初始训练集训练出一个弱学习器；其次，根据上一轮预测结果调整训练集样本概率分布，如 AdaBoost 算法提高前一轮中被错误分类的样本权重，而降低那些被正确分类的样本权重，使得那些没有得到正确分类的样本在后一轮训练中更受关注；最后，基于调整后的训练集训练一个新的弱学习器。重复上面三个步骤，直到学习器的性能达到某一指标，就停止迭代。将这些学习器通过某种规则组合起来，进而得到最后的强学习器。比如 AdaBoost 算法通过加权多数表决的方式，加大分类错误率低的弱学习器权重，而减小分类错误率高的弱学习器权重，使各个学习器的作用与其"能力"相匹配。

### 6.2.3　Bagging 方法和 Boosting 方法的差异

从模型构建的角度，Bagging 方法和 Boosting 方法的主要区别有以下几点。第一，在训练集上，Bagging 方法每轮训练使用的训练集通过有放回抽样生成，各不相同且相互独立；而 Boosting 方法每一轮训练集都是原始训练集整体。第二，在样本权重上，Bagging 方法抽样中每个样本权重相同；而 Boosting 方法则根据每一轮训练不断调整权重，分类错误的样本拥有更大的权重。第三，在学习器权重方面，Bagging 方法里所有学习器的权重相同，使用投票或平均的方式决定最终结果；但在 Boosting 方法中，每个学习器都有不同的权重，分类误差小的学习器会有更大的权重。第四，在并行计算方面，Bagging 方法各个学习器可以并行生成，因为数据集相互独立，每个学习器之间也独立，没有序列关系；Boosting 方法中各个学习器只能按顺序生成，因为下一个模型的产生依赖于之前模型的计算结果。

从模型拟合，即偏差与方差分解的视角来看，可认为 **Bagging 方法通常由一群倾向于过拟合的强学习器构成，而 Boosting 方法通常由一群倾向于欠拟合的弱学习器构成**。在 Bagging 方法中，各个学习器相对**独立生成**，通过横向组合学习器进行"**并行**"集成学习，其核心思想是**通过模型集成降低方差**。Bagging 方法中各个强学习器偏差相对较小，"横向平均"之后得到的结果偏差依然较小；但强学习器容易发生过拟合，产生较大方差，Bagging 方法试图通过横向组合模型"对冲"降低方差。在 Boosting 方法中，学习器之间存在**依赖**关系，通过纵向组合学习器进行"**串行**"集成学习，其核心思想是**通过模型集成降低偏差**。Boosting 方法中各个弱学习器方差相对较小，"纵向叠加"之后得到结果方差依然较小；但弱学习器容易发生欠拟合，产生较大偏差，Boosting 方法试图通过纵向组合模型"逐步"降低偏差。以上区别总结如表 6 – 1 所示。

表 6 – 1　**Bagging 方法和 Boosting 方法的差异**

| 方法 | 原理 | 集成方式 | 训练集 | 样本权重 | 学习器权重 |
| --- | --- | --- | --- | --- | --- |
| Bagging | 降低方差 | 并行 | 各不相同且相互独立 | 相同 | 相同 |
| Boosting | 降低偏差 | 串行 | 均为原始训练集 | 不同 | 不同 |

当个体学习器都为决策树时，通过 Bagging 方法对决策树进行横向集成的算法被称为随机森林；采用 Boosting 方法对决策树进行纵向集成的算法被称为梯度提升树。二者在实践中均得到广泛运用。下面依次对这两种模型的原理进行介绍，并基于新生成的模拟数据集展示其代码实现。在 sklearn 工具包中，集成学习的实现方法封装于 ensemble 模块。

### 6.2.4 生成模拟数据

随机生成一个拥有 3000 个样本的数据集，每个样本包括 $x_1,x_2,x_3,x_4$ 四个特征变量和一个标签变量 $y = 0/1$。运行如下代码生成模拟数据集，并展示前五行。其中，make _classification 函数可按照指定样本数目和特征变量数目，随机生成带有类别标签的待分类数据集。

```
import numpy as npimport pandas as pd
from sklearn. datasets import make_classification

np. random. seed(4040)
features = ['x1', 'x2', 'x3', 'x4']
label = 'y'
X, y = make_classification(n_samples =3000, n_features =4)
data = pd. DataFrame(X, columns = features)
data[label] = y
data. head()
```

输 出

|  | x1 | x2 | x3 | x4 | y |
|---|---|---|---|---|---|
| **0** | 1.483224 | − 1.393266 | 0.900259 | − 0.499952 | 0 |
| **1** | − 1.228385 | − 0.359101 | − 0.135528 | − 1.432375 | 0 |
| **2** | − 1.445798 | 0.527601 | − 0.542671 | − 0.526207 | 1 |
| **3** | − 0.068994 | 1.521369 | − 0.629179 | 1.800824 | 1 |
| **4** | − 0.426746 | 1.465253 | − 0.688193 | 1.442812 | 1 |

下面使用分层采样划分训练集和测试集。通过分层采样使得划分出来的数据集里类别标签的比例分布与总数据集一致，即测试集和训练集样本标签取值为 0/1 的比例，与原数据集样本标签取值为 0/1 的比例相同。通过设置参数 stratify 等于标签变量即可实现这一功能。

```
from sklearn. model_selection import train_test_split

train_data, test_data = train_test_split(data, test_size =0.3,
                            random_state =20, stratify = data[label])
```

下面基于此模拟数据以及划分后的训练集和测试集展示集成学习。

# 6.3 树的横向集成：随机森林

## 6.3.1 模型原理

**随机森林**（Random Forests）由多棵决策树组成，它们各自独立做出预测，最终模型的预测结果等于各决策树结果的某种加权平均。随机森林的核心思想是用众多独立决策树的**集体决策**降低单独一棵决策树的犯错风险。假设一棵决策树正确预测的概率为 90%，如果按照少数服从多数原则决定最终结果，那么由三棵决策树组成的随机森林预测的正确率会提升至 97.2%（至少有两棵决策树预测正确的概率），预测性能得到提高。

随机森林算法的基本思路是：在有 $m$ 个特征的数据集中，随机选择 $k$ 个特征组成 $n$ 棵决策树，再根据每棵树的预测结果投票（分类任务）或取均值（回归任务）作为最终预测结果。随机森林的优越性能存在前提是每棵决策树的预测具有独立性。为了保证各树之间的独立性，可采取以下办法。一是保证**训练数据的随机性**。对于每棵决策树的训练数据，都随机在原始数据集上进行有放回的自助采样（Bootstrap Sample）。这样保证了每棵树从数据中学习的侧重点不一样，从数据层面保证了每棵树之间的独立性。二是保证**模型生成的随机性**。在生成决策树分支时也加入随机性，即每次只随机取其中的一部分特征来构建决策条件。选取特征个数通常不能过少，否则会导致单棵树的预测准确率过低；同时特征个数也不能太多，否则树之间的独立性会减弱；通常以总特征数的平方根作为每次选取的特征个数。

由此可见，在随机森林算法中，"随机"是其核心。随机性是为了保证各个学习器之间相互独立，从而提升组合后的预测水平。下面基于上文生成的模拟数据集，采用 Python 代码实现随机森林模型。

## 6.3.2 随机森林建模

用于分类的随机森林模型通过 sklearn 工具包的 ensemble 模块的 RandomForestClassifier 类实现。下面创建并训练一个由 10 颗决策树组成的随机森林模型，参数 n_estimators 取值表示随机森林中决策树的数量，其余参数取默认值。

```
from sklearn. ensemble import RandomForestClassifier

rf_model = RandomForestClassifier( n_estimators = 10 , random_state = 0)
rf_model. fit( train_data[ features] , train_data[ label] )
```

**输 出**

---

RandomForestClassifier( n_estimators = 10 , random_state = 0 )

---

### 6.3.3 比较模型效果

作为比较基准，下面采用同样数据集训练一个单棵决策树模型。

```
from sklearn. tree import DecisionTreeClassifier

dt_model = DecisionTreeClassifier( random_state = 0 )
dt_model. fit( train_data[ features ] , train_data[ label ] )
```

**输 出**

---

DecisionTreeClassifier( random_state = 0 )

---

在测试集上评估随机森林和决策树模型效果，分别绘制 ROC 曲线，并计算曲线下面积 AUC，比较模型效果差异。

```
from sklearn. metrics import roc_curve
from sklearn. metrics import auc
import matplotlib. pyplot as plt

plt. rcParams[ 'font. sans – serif' ] = [ 'SimHei' ]
fig = plt. figure( figsize = ( 5 , 5 ) , dpi = 80 )
ax = fig. add_subplot( 1 , 1 , 1 )
ax. set_xlim( [ 0 , 1 ] )
ax. set_ylim( [ 0 , 1 ] )
#随机森林评估得分
rf_prob = rf_model. predict_proba( test_data[ features ] )[ : , 1 ]
fpr, tpr, _ = roc_curve( test_data[ label ] , rf_prob) #计算 ROC 曲线
_auc = auc( fpr, tpr) #求出曲线下面积 AUC 数值
ax. plot( fpr, tpr, 'steelblue', label = '% s; % s = % 0. 2f' % ( '随机森林模型', 'AUC', _auc ) )
#决策树评估得分
dt_prob = dt_model. predict_proba( test_data[ features ] )[ : , 1 ]
fpr, tpr, _ = roc_curve( test_data[ label ] , dt_prob) _auc = auc( fpr, tpr)
ax. plot( fpr, tpr, 'indianred', linestyle = ' – –',
        label = '% s; % s = % 0. 2f' % ( '决策树模型', 'AUC', _auc ) )
```

```
legend  =  plt. legend( loc = 4 , shadow = True)
plt. show( )
```

输 出

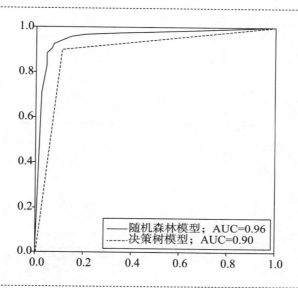

结果显示, 随机森林的预测效果优于单棵决策树模型。

## 6.3.4  交叉验证法

与上文采用留出法划分训练集和测试集不同, 交叉验证法先将数据集划分为 $n$ 个规模相同且互斥的子集, 每次以其中的一个子集作为测试集, 其余全部作为训练集, 进行 $n$ 次训练和测试, 最终使用 $n$ 个评估指标的均值衡量模型的泛化能力。下面采用 10 折交叉验证法分别训练决策树和随机森林模型, 这意味着数据集会被划分为 10 份并进行 10 次训练。该功能可以通过 model_selection 模块的 cross_val_score 函数实现。为方便对比, 以交叉验证法中的训练轮次为横轴, 分别绘制两个算法每次训练得到的模型在测试集上的 AUC 指标得分。

```
from sklearn. model_selection import cross_val_score

#交叉验证
rfc  =  RandomForestClassifier( n_estimators = 10 , random_state = 0 )
rfc_s  =  cross_val_score( rfc, data[ features ], data[ label ], cv = 10 , scoring = 'roc_auc')
clf  =  DecisionTreeClassifier( random_state = 0 )
clf_s  =  cross_val_score( clf, data[ features ], data[ label ], cv = 10 , scoring = 'roc_auc')
```

```
#绘制结果曲线
plt. plot( range( 1, 11), rfc_s, 'steelblue', label ='随机森林模型')
plt. plot( range( 1, 11), clf_s, 'indianred', linestyle =' – –', label ='决策树模型')
plt. xlabel('交叉验证中的训练轮次')
plt. ylabel('模型得分')
plt. legend( )
plt. show( )
```

输 出

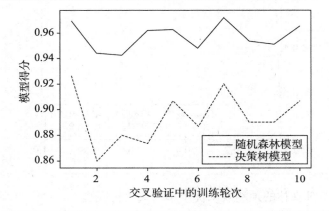

从上图可知, 在交叉验证的 10 个训练轮次中, 随机森林模型效果均优于单棵决策树模型。

上文在建立决策树和随机森林模型时, 设定参数 random_state =0, 实质上取消了两个模型的随机性。下面放松这一约束条件, 引入模型训练的随机性, 进行 20 次 10 折交叉验证, 并记录每次 AUC 指标得分的均值, 进一步对比随机森林和决策树模型的效果。

```
rfc_l = [ ]
clf_l = [ ]

for i in range( 20):
    rfc = RandomForestClassifier( n_estimators =10)
    rfc_s = cross_val_score( rfc, data[ features], data[ label], cv =10,
                        scoring ='roc_auc'). mean( )
    rfc_l. append( rfc_s)
    clf = DecisionTreeClassifier( )
    clf_s = cross_val_score( clf, data[ features], data[ label], cv =10,
                        scoring ='roc_auc'). mean( )
```

```
    clf_l. append( clf_s)

#绘制结果曲线
plt. plot( range( 1 , 21) , rfc_l, 'steelblue', label ='随机森林模型')

plt. plot( range( 1 , 21) , clf_l, 'indianred', linestyle =' – –', label ='决策树模型')

plt. xlabel('交叉验证训练组数')

plt. ylabel('模型得分')

plt. legend( )

plt. show( )
```

输 出

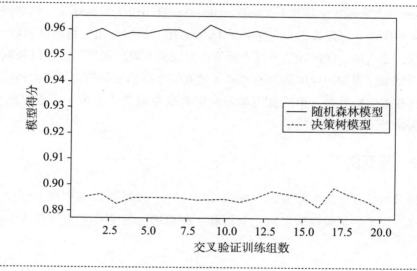

上图结果显示，在更具普适性交叉验证条件下，随机森林模型仍绝对优于单棵决策树模型。

# 6.4  树的纵向集成：梯度提升树

## 6.4.1  模型原理

**梯度提升树**（Gradient Boosting Decision Tree，GBDT）的思路是不断地从错误中学习，并以此修正预测结果。假设共有 $n$ 个训练样本，第 $i$ 个样本的特征值和标签值记为 $\{X_i, y_i\}$，其中 $X$、$y$ 都是数值型变量。利用这些样本训练出决策树预测模型 $F_0$，对于

第 $i$ 个样本的预测残差为

$$r_i = y_i - F_0(X_i)$$

残差 $r_i$ 相当于模型 $F_0$ 犯的错误。为了提升模型效果，可使用数据 $\{X_i, r_i\}$ 训练出另一个决策树模型 $h_1$。注意，这里 $h_1$ 学习的目标（标签）变成了残差 $r_i$，充分体现了 Boosting 方法 "从错误中学习" 的思想。然后将两个决策树模型组合得到新的预测模型 $F_1$，即

$$F_1(X_i) = F_0(X_i) + h_1(X_i, r_i)$$

数学上可以证明，新模型 $F_1$ 的性能要优于 $F_0$。重复这一过程，则有 $F_k = F_{k-1} + h_k$，最终可以得到性能更好的模型。在 **GBDT 模型中，每一棵树的学习目标是之前所有树的预测结果之和的残差**。梯度提升树中每个新模型的建立，是为了使之前模型残差往梯度（Gradient）方向减少，这也是 Gradient Boosting 在 GBDT 中的意义。例如使用 GBDT 建模预测 A 的年龄，假定 A 的真实年龄是 18 岁。第一棵树给出的预测结果是 12 岁，即残差为 6 岁，那么第二棵树在学习时将标签变量设为 6 岁。如果第二棵树预测结果为 6 岁，则学习结束，累加两棵树的结果就是 A 的真实年龄；如果第二棵树的预测结果是 5 岁，则仍存在 1 岁的残差，第三棵树学习时标签变量就变成 1 岁……重复此过程学习下去，直到接近真实值。

### 6.4.2 直观例子

梯度提升树的原理较为抽象，下面借助一个例子理解其训练过程。假设训练集包含四个样本，三个特征维度为年龄、学历和工作经验，标签变量为年收入，数据如表 6 - 2 所示。

表 6 - 2 训练数据集

| 姓名 | 年龄（岁） | 学历 | 工作经验（年） | 年收入（万元） |
| --- | --- | --- | --- | --- |
| A | 24 | 本科 | 2 | 10 |
| B | 30 | 大专 | 9 | 14 |
| C | 35 | 硕士 | 4 | 20 |
| D | 46 | 高中 | 28 | 24 |

因为标签为数值型变量，这里采用回归树进行训练，预测结果为节点均值。如果用决策树进行建模，那么可能得到图 6 - 5 所示结果。第一步，依据年龄特征将样本集划分为高收入 (20, 24) 和低收入 (10, 14) 两大群体；第二步，依据学历特征将两大群体继续细分为 (10)、(14)、(20) 和 (24) 四个收入群体。其中，括号内列出的是节点全部样本的标签值。

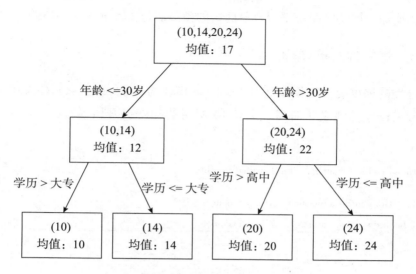

图 6-5　回归树模型训练结果（单位：万元）

接下来改用梯度提升树建立预测模型。由于样本数据少，这里限定树的棵数为 2 且每棵树的叶节点最多有 2 个，训练结果可能如图 6-6 所示。

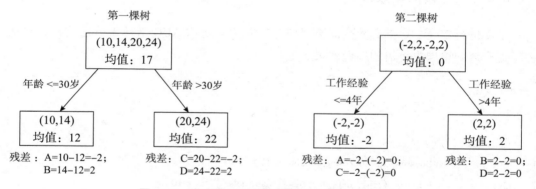

图 6-6　梯度提升树模型训练结果（单位：万元）

第一棵树中，学习结果同样是依据年龄特征将样本集划分为高收入（20,24）和低收入（10,14）两大群体。此时，先计算各样本在此回归树模型下的预测误差，即残差（-2,2,-2,2）。在第二棵树中，将各样本的标签值替换为残差（-2,2,-2,2），重新进行学习。学习结果是依据工作经验将样本划分为（-2,-2）和（2,2）两个群体。再次计算残差，发现所有样本预测误差均为 0，模型训练完成。使用梯度提升树模型进行预测时，最终预测值是所有子树预测结果的累加。例如，对年轻且工作经验较少的样本 A 进行预测的过程如下。在第一棵树中 A 会被划分至左下角的叶节点，预测值为 12，残差为 -2 万元；接着在第二棵树中，A 会被划分至左下角的叶节点，预测值为 -2 万元；最终该梯度提升树模型预测 A 的年收入为二者之和，即（12-2=）10 万元。

综上，GBDT 需要将多棵树的预测结果累加得到最终结果，且每轮迭代都在现有树的基础上，增加一棵新的树用于拟合前面树的预测值与真实值之间的残差。

### 6.4.3 梯度提升树建模

用于分类的梯度提升树模型通过 ensemble 模块的 GradientBoostingClassifier 类实现。下面针对分类任务，创建并训练一个有 10 棵树的梯度提升树模型，其余参数均取默认值。

```
from sklearn. ensemble import GradientBoostingClassifier

gbrt_model = GradientBoostingClassifier( n_estimators = 10 )
gbrt_model. fit( train_data[ features ] , train_data[ label ] )
```

**输 出**

```
GradientBoostingClassifier( n_estimators = 10 )
```

### 6.4.4 比较模型效果

下面进行 20 次 10 折交叉验证模型训练，并记录每次 AUC 指标得分的均值，对比梯度提升树和单棵决策树的模型效果。

```
gbrt_l = [ ]
clf_l = [ ]

for i in range( 20 ) :
    gbrt = GradientBoostingClassifier( n_estimators = 10 )
    gbrt_s = cross_val_score( gbrt, data[ features ] , data[ label ] , cv = 10,
                             scoring = 'roc_auc'). mean( )
    gbrt_l. append( gbrt_s )
    clf = DecisionTreeClassifier( )
    clf_s = cross_val_score( clf, data[ features ] , data[ label ] , cv = 10,
                            scoring = 'roc_auc'). mean( )
    clf_l. append( clf_s )

#绘制结果曲线
plt. plot( range( 1, 21 ) , gbrt_l, 'steelblue',label = '梯度提升树模型')
plt. plot( range( 1, 21 ) , clf_l, 'indianred', linestyle = ' – – ', label = '决策树模型')
plt. xlabel( '交叉验证训练组数')
plt. ylabel( '模型得分')
```

```
plt. legend( )
plt. show( )
```

输 出

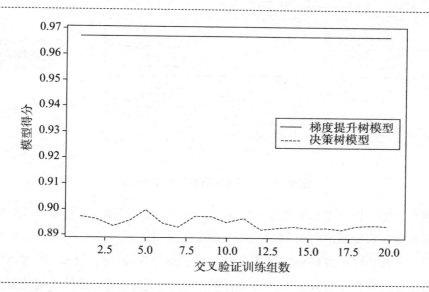

显然，梯度提升树的预测效果优于单棵决策树模型。

# 6.5　决策树和逻辑回归集成

随机森林和梯度提升树均是由多个决策树组成，这种个体学习器均为同一类型算法的集成学习被称为**同质集成**；与之相对，组合不同类型算法的集成学习被称为**异质集成**。下面介绍一种基于决策树的异质集成方法——决策树与逻辑回归集成模型，这种方式被广泛应用于广告推荐和风险识别等领域。

## 6.5.1　模型集成原理

决策树模型具有可解释性强和算法复杂度低等优点，但其缺点也很明显：分类结果仅通过简单求类别占比（或求均值）得到，这导致其在一些情况下预测效果并不理想。为提升预测效果，实践中常常**将决策树作为整体模型的一部分和其他模型集成使用**。模型集成并没有通用的解决方案，可根据问题场景发挥创造力设计合适的模型架构。图 6－7 展示了一种模型集成方式：将决策树模型与逻辑回归模型集成使用。

该模型集成流程如下：首先，利用决策树模型根据某些特征（主要是数值型特征）

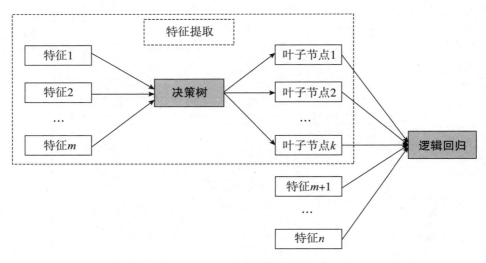

图 6 – 7　决策树与逻辑回归集成原理

对样本进行分类，划分样本到多个叶节点上。其次，将不同叶节点作为样本所属类别，编码得到样本在新特征下的取值。比如，假定决策树生成了 4 个叶节点，依次命名为 1、2、3、4。若某样本被划分至第 3 个叶节点，则用向量（0,0,1,0）作为该样本新特征的取值。此时可将决策树视为一种**特征提取**模型，其实现了**将数值型特征抽象为类别型特征**这一功能。最后，将新特征和其余原始特征作为输入，训练出一个逻辑回归模型。此模型架构取长补短地利用了决策树和逻辑回归的优势，适用于很多应用场景。

　　下面通过一个例子进一步理解上述模型的集成思想。现有数据集包含的特征变量有考试成绩、品德评分、兴趣爱好和健康状况等。现在需要构建一个分类预测模型，目标是通过学生的某些特征预测其能否被评为优秀毕业生。一种直接的建模思路是基于现有的特征进行算法训练得到预测模型（如逻辑回归），再根据特征变量预测该学生是否为优秀毕业生。另一种间接的建模思路是将决策树模型和逻辑回归模型集成使用，其原理如图 6 – 8 所示。第一步将考试成绩和品德评分两个原始特征通过决策树模型加工处理，假设得到 4 个叶节点，根据其特征形成的过程分别命名为品学兼优、学优品差、品优学差和品学皆差。基于此决策树模型，每位学生都将被划分至其中一个叶节点上。第二步，将学生所属叶节点位置作为离散型特征，与剩余特征变量一起用于训练逻辑回归模型。

　　如果将这里的决策树模型视为一位熟悉班级情况的班主任，那么特征提取的过程可理解为他为每一位同学给出推荐意见（定性变量）的决策过程。采用决策树和逻辑回归集成建模意味着，先听取班主任依据学生考试成绩和品德评分两项指标给出的推荐意见，再结合兴趣爱好和健康状况等特征进行预测。相比于直接将全部原始特征作为逻辑回归模型的输入，这种联结方法可能得到更好的预测效果，因为其**融入了班主**

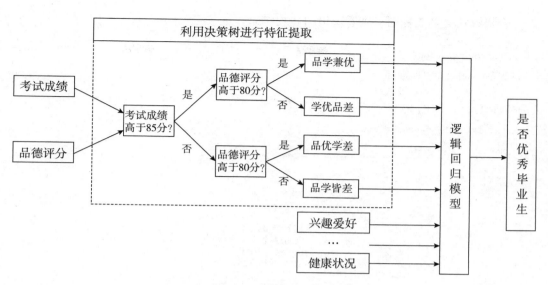

图 6 − 8　决策树与逻辑回归集成案例

任的个人经验，即决策树模型所提供的独特"知识"。

下面展示如何用 Python 实现图 6 − 8 所示模型。

### 6.5.2　决策树和逻辑回归联结建模

为防止出现过拟合，将训练数据集通过分层采样划分为均等的两个部分，分别用于训练决策树和逻辑回归模型。

```
train_DT, train_LR = train_test_split(train_data, test_size = 0.5,
                                      random_state = 10, stratify = train_data[label])
```

决策树与逻辑回归联结建模的流程如下。首先使用最大深度为 2 的决策树模型对 $x_1$、$x_2$ 两个特征进行预处理生成离散型新特征；其次将新特征和剩余特征 $x_3$、$x_4$ 共同作为逻辑回归模型的输入；最后对训练得到的模型泛化性能进行评估。

下面代码使用决策树对特征 $x_1$、$x_2$ 作变换。

```
from sklearn.tree import DecisionTreeClassifier

_dt = DecisionTreeClassifier(max_depth = 2)
_dt.fit(train_DT[features[:2]], train_DT[label])
```

输　出

```
DecisionTreeClassifier(max_depth = 2)
```

绘制树状决策流程图，查看决策树建模结果。

```
from sklearn import tree
import matplotlib. pyplot as plt

plt. figure(figsize = (8, 6))
tree. plot_tree(_dt, rounded = 'true')
plt. show()
```

输 出

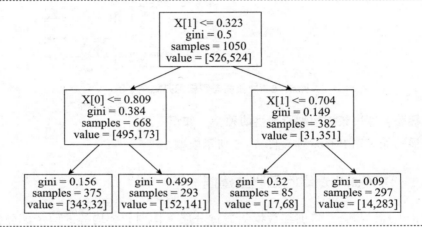

从图中可以得知决策树建立的决策规则和各节点信息。模型通过对 $x_1$ 和 $x_2$ 两个连续型特征进行分类处理，最终生成了四个叶节点。假设四个叶节点代表不同含义，接下来将决策树分类结果作为离散型特征，并得到用于训练逻辑回归模型的新特征矩阵。首先，对训练好的决策树模型使用 apply 方法，并显示训练数据集中各数据点所归属于决策树叶节点的编号。

```
import numpy as np

leaf_node = _dt. apply(train_DT[features[:2]]). reshape(-1, 1)

np. set_printoptions(threshold = np. inf) #取消输出长度限制
print('通过决策树分类,训练集中各个数据点所属叶节点位置为:\n', leaf_node[:]. T)
```

输 出

通过决策树分类,训练集中各个数据点所属叶节点位置为:
[[2 5 6 3 6 3 3 2 2 2 6 2 6 5 2 6 6 6 3 6 2 3 3 3 3 6 2 2 2 2 6 6 6 6 2 3
  3 6 2 2 5 2 2 2 2 6 3 6 2 2 3 2 2 5 2 2 3 3 6 3 6 6 6 6 2 2 2 2 3 2 3 2 2

```
3 2 2 3 3 2 2 3 6 3 2 5 2 6 6 3 6 3 3 3 6 6 3 3 2 5 6 5 2 5 6 5 3 5 3 3
2 5 2 6 6 3 5 2 6 6 6 3 3 2 2 3 3 3 3 2 6 6 2 2 2 6 6 5 2 3 2 2 2 6 2 3
2 5 2 6 2 6 6 3 3 2 2 6 3 2 2 6 2 3 6 3 3 3 3 2 6 2 2 3 6 2 2 3 2 2 2 6
3 3 2 6 2 5 2 3 2 6 2 2 6 6 2 2 2 3 3 2 3 2 2 2 6 2 6 6 3 6 6 3 3 3 6 5
6 5 3 6 2 2 2 6 6 6 6 3 3 6 6 6 6 3 3 3 2 2 3 6 6 2 2 2 5 3 6 6 3 3 5 2
3 3 6 2 6 5 6 2 3 2 6 6 3 6 3 3 5 6 2 6 6 6 6 3 2 2 2 2 6 3 6 2 3 6 6 2
6 6 3 2 6 3 6 2 2 3 6 2 3 5 3 3 3 2 6 2 2 6 3 2 3 2 6 2 2 3 3 2 6 5 3 3 2
2 6 2 5 2 6 5 6 6 3 3 3 2 2 6 3 6 2 6 2 6 2 2 6 2 2 6 6 6 5 6 6 6 2 5 2
6 3 2 5 2 3 2 6 6 5 3 3 2 3 6 3 3 6 3 6 2 6 3 2 3 6 3 6 2 3 3 3 2 3
2 3 2 6 2 2 6 2 2 3 6 2 3 6 6 5 2 2 3 2 3 2 2 3 6 5 2 3 5 6 2 2 3 3 2 3
2 6 6 6 2 3 6 3 3 6 2 6 6 3 2 6 3 6 5 3 3 3 2 2 2 3 2 3 3 6 2 3 3 2 6 2
2 5 5 2 6 6 3 3 2 3 5 5 3 3 3 3 6 3 2 2 2 3 2 5 2 2 3 3 3 3 6 6 6 3 2
3 3 6 2 2 6 6 6 5 6 3 6 3 6 2 3 3 6 2 2 2 6 2 6 2 3 2 6 2 6 3 2 2 6 2 6
2 3 2 6 3 3 3 6 3 3 6 6 2 2 3 3 2 5 2 3 3 2 2 2 3 3 5 2 6 2 3 5 5 2 6 6 3
3 2 3 3 3 2 2 3 5 3 2 2 2 6 3 6 2 6 2 2 2 2 3 2 5 6 3 2 3 6 3 2 3 3 6 6 5
2 2 2 5 6 6 2 2 5 2 2 6 2 6 2 5 6 6 3 3 6 3 5 3 2 3 2 3 2 6 3 3 2 6 5
2 2 3 3 5 3 6 3 2 2 2 3 6 6 2 6 6 2 6 6 6 3 3 2 6 2 2 6 6 6 3 2 3 6 3
3 3 3 6 6 6 6 5 6 6 5 2 6 5 5 3 5 6 5 2 5 3 3 2 5 6 2 3 6 6 6 3 2 5 3 6
2 5 6 2 3 2 3 3 6 2 3 6 3 2 2 2 6 2 6 5 3 2 6 6 2 6 2 6 6 2 5 5 3 2 3 3
2 5 6 2 3 6 2 5 3 6 6 6 3 6 3 2 6 6 6 2 3 2 2 2 2 2 3 2 2 5 3 2 2 2 6 6
2 3 3 2 2 2 2 3 3 3 2 6 6 3 2 6 2 6 2 2 6 3 6 3 2 6 3 2 3 2 6 3 2 3 2 2 3
3 2 2 6 2 6 6 2 2 2 6 6 2 2 2 3 2 3 6 5 3 2 2 2 2 3 6 3 6 3 2 3 2 2 2 2
2 2 3 2 6 6 6 6 5 2 3 2 6 2 6 2 2 6 3 3 3 5 6 3 3 3 6 6 2 2 6 2 6 6 2 6
6 2 6 2 2 6 2 2 2 6 2 6 2 3 3 2 2 3 3 6 6 3 3 2 6 6 2 3 2 6 2 3 5 6 6 2 6
3 2 2 2 2 6 5 3 6 5 2 3 2 2 6 3 3 5 3 3 3 6 2 5 6 6 2 3 2 2 2 2 2 3 3 2
6 6 3 6 2 6 2 6 2 2 2 6 2 2 6 2 6 2 6 3 5 6 6 6 2 3 2 3 5 3 2 2 2 3 6 5 3 6 2
3 2 3 5 6 2 3 3 5 3 2 5 5 3 6 2 2 2 2 3 2 2 2 2 2 3 2 6 5 6 2 2 2 3 2 3 6
2 2 6 6 6 5 ]]
```

输出结果中只存在 2、3、5、6 四个编号，这是因为训练好的决策树模型中仅有四个叶节点。为便于进一步模型训练，使用 OneHotEncoder 类将叶节点编号转换为多个虚拟变量。最后，将这些虚拟变量和剩余特征变量 $x_3$、$x_4$ 组成新的特征集合。

```python
from sklearn. preprocessing import OneHotEncoder

#转换为虚拟变量
coder = OneHotEncoder( )
coder. fit( leaf_node)
#得到新特征矩阵
new_feature = np. c_[coder. transform(_dt. apply(train_LR[features[ :2]]). reshape( -1, 1)). toarray( ),
                    train_LR[features[2:]]]
print( new_feature[ :6])
```

```
[[ 0.         1.         0.         0.         1. 3877082     - 0. 49273748]
 [ 0.         1.         0.         0.         1. 02456606    - 1. 1873755 ]
 [ 1.         0.         0.         0.        - 0. 08822617   - 0. 67759081]

 [ 0.         0.         0.         1.        - 0. 28936538     1. 33335275]
 [ 1.         0.         0.         0.         0. 0210438       0. 22181826]
 [ 1.         0.         0.         0.         0. 01320567    - 1. 14392969]]
```

上面运行结果显示新数据集共有六个特征变量：其中有四个是 0/1 变量，正好是叶节点的总数。为**避免多重共线性**问题，下面将新特征中第一个变量舍弃，[2] 使用剩余五个特征变量训练逻辑回归模型。

```
from sklearn. linear_model import LogisticRegression

_logit = LogisticRegression( )
_logit. fit( new_feature[ : , 1: ] , train_LR[ label] )
```

```
LogisticRegression( )
```

计算并输出评估结果。

```
#对测试集数据作同样的特征提取处理:使用决策树对原始数据做转换
test _feature = np. c_[
    coder. transform( _dt. apply( test_data[ features[ :2] ] ). reshape( - 1, 1) ). toarray( ) ,
                    test_data[ features[ 2: ] ] ]
#使用逻辑回归预测结果
dt_logit_prob = _logit. predict_proba( test_feature[ : , 1: ] )[ : , 1]
#储存结果
res = { }
res[ '决策树与逻辑回归集成'] = roc_curve( test_data[ label] , dt_logit_prob)
#计算曲线下面积 AUC 数值
fpr, tpr, _ = res[ '决策树与逻辑回归集成']
_auc = auc( fpr, tpr)
print( '% s = % 0. 2f' % ( '决策树与逻辑回归集成:AUC', _auc) )
```

输 出

----

决策树与逻辑回归集成：AUC = 0.97

----

### 6.5.3  比较模型效果

为验证模型效果，将分别搭建逻辑回归模型、决策树模型，并对模型效果加以比较。
基于训练集训练最大深度为 2 的决策树模型，并绘制树状决策流程图。

```
dt_model = DecisionTreeClassifier(max_depth = 2)
dt_model.fit(train_data[features], train_data[label])
plt.figure(figsize = (10, 8))
tree.plot_tree(dt_model, rounded = 'true')
plt.show()
```

输 出

----

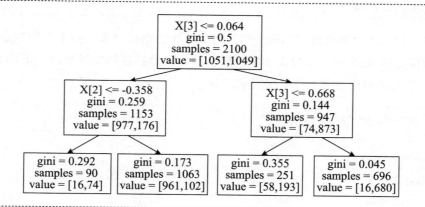

----

以曲线下面积 AUC 为评估指标，查看决策树模型在测试集上的预测效果。

```
from sklearn.metrics import roc_curve
from sklearn.metrics import auc

plt.rcParams['font.sans-serif'] = ['SimHei']
dt_prob = dt_model.predict_proba(test_data[features])[:, 1]
res['决策树'] = roc_curve(test_data[label], dt_prob)
fpr, tpr, _ = res['决策树']
_auc = auc(fpr, tpr)
print('%s = %0.2f' % ('决策树模型：AUC', _auc))
```

**输 出**

决策树模型：AUC = 0.93

更换机器学习算法，使用逻辑回归模型在训练集上进行训练，并在测试集上计算
AUC 指标以评价模型效果。

```
logit_model = LogisticRegression( )
logit_model. fit( train_data[ features] , train_data[ label] )
logit_prob = logit_model. predict_proba( test_data[ features] ) [ :, 1]
res['逻辑回归'] = roc_curve( test_data[ label] , logit_prob)
fpr, tpr, _ = res['逻辑回归']
_auc = auc( fpr, tpr)
print('%s = %0.2f' % ('逻辑回归模型：AUC', _auc) )
```

**输 出**

逻辑回归模型：AUC = 0.96

通过比较上述决策树模型和逻辑回归模型的评估指标可知，对于本例数据集而言，
逻辑回归模型的 AUC 指标取值大于决策树模型，因而其预测效果更优。下面分别绘制
三种建模方式的 ROC 曲线，并比较模型效果。

```
fig = plt. figure( figsize = (5, 5), dpi = 80)
ax = fig. add_subplot( 1, 1, 1)
ax. set_xlim( [0, 1] )
ax. set_ylim( [0, 1] )
styles = [ 'indianred', 'grey', 'steelblue']
linestyles = [ '- -', '-.', '-']
model = ['决策树', '逻辑回归', '决策树与逻辑回归集成']
for i, s, l in zip( model, styles, linestyles) :
    fpr, tpr, _ = res[ i]
    _auc = auc( fpr, tpr)
    ax. plot( fpr, tpr, s, linestyle = l, label = '%s%s; %s = %0.2f' % ( i, '模型', 'AUC', _auc) )
legend = plt. legend( loc = 4, shadow = True)
plt. show( )
```

输出

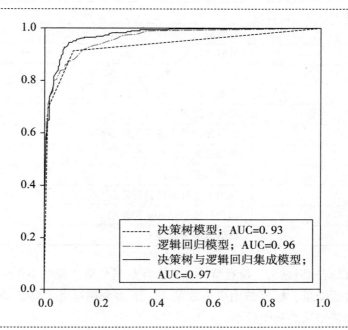

在本例中，决策树与逻辑回归集成模型得到了最好的预测效果。

以上介绍了基于决策树的集成学习，下面以某银行真实数据为例，分别使用决策树、随机森林和梯度提升树三种模型构建银行借贷风险预测模型。

## 6.6　银行借贷风险预测案例

银行风控系统的核心是依据借款人各项信息甄别其还款概率，因此如何有效利用客户历史信息建立准确的借贷风险预测模型是风控部门的基础性工作。本案例利用某银行真实客户数据集尝试建立借贷风险预测模型，展示数据分析工作中数据平衡化、调参优化和模型选择等重要步骤。

数据文件 customer. xlsx 中存放了 5735 位客户的各项信息。[3] 第一列表示用户 ID，是银行系统中为用户标定的唯一 ID 号。中间九列是客户的特征信息，包括性别、教育程度、婚姻状态、户口类型、笔均支出、笔均工资、信用卡额度、消费笔数和浏览行为。最后一列表示用户借款状态：0 表示借款状态正常，1 表示已发生借款逾期。出于隐私保护考虑，所有信息列都进行了脱敏处理，各信息列说明如表 6 – 3 所示。

表 6 – 3　数据变量及说明

| 变量名 | 说明 |
|---|---|
| 用户 ID | 整数值 |
| 性别 | 取值范围为 {0, 1, 2} |
| 教育程度 | 取值范围为 {0, 1, 2, 3, 4} |
| 婚姻状态 | 取值范围为 {0, 1, 2, 3} |
| 户口类型 | 取值范围为 {0, 1, 2, 3, 4} |
| 笔均支出 | 银行账户平均每笔支出金额 |
| 笔均工资 | 平均每笔工资收入金额 |
| 信用卡额度 | 信用卡授信额度 |
| 消费笔数 | 信用卡每月平均消费笔数 |
| 浏览行为 | 用户打开银行 App 的次数 |
| 样本标签 | 取值范围为 0 或 1 |

用户 ID 列仅有标识意义，没有特征意义，在数据分析过程可不予考虑。因而本例中共存在九个特征变量，标签是用户借款状态。下面利用这九个特征和一个标签的数据集，构建一个借贷风险预测模型。

### 6.6.1　数据准备

读取数据文件 customer. xlsx，剔除没有分析价值的用户 ID 列。

```
import pandas as pd
import numpy as np
import matplotlib. pyplot as plt

customers = pd. read_excel('customer. xlsx')
customers = customers. drop(['用户 id'], axis =1)
customers
```

输 出

| | 性别 | 教育程度 | 婚姻状态 | 户口类型 | 笔均支出 | 笔均工资 | 信用卡额度 | 消费笔数 | 浏览行为 | 样本标签 |
|---|---|---|---|---|---|---|---|---|---|---|
| 0 | 1 | 4 | 3 | 2 | 11. 192152 | 0. 000000 | 19. 971271 | 10. 750000 | 1710 | 0 |
| 1 | 1 | 4 | 3 | 1 | 12. 457337 | 0. 000000 | 19. 973385 | 1. 444444 | 420 | 0 |
| 2 | 2 | 2 | 1 | 1 | 11. 430923 | 0. 000000 | 18. 307126 | 1. 791667 | 702 | 0 |
| 3 | 1 | 4 | 1 | 4 | 10. 781947 | 14. 473609 | 19. 740221 | 0. 000000 | 783 | 0 |

（续表）

| | 性别 | 教育程度 | 婚姻状态 | 户口类型 | 笔均支出 | 笔均工资 | 信用卡额度 | 消费笔数 | 浏览行为 | 样本标签 |
|---|---|---|---|---|---|---|---|---|---|---|
| 4 | 1 | 4 | 3 | 1 | 11.034576 | 0.000000 | 17.309158 | 2.251572 | 671 | 0 |
| ... | ... | ... | ... | ... | ... | ... | ... | ... | ... | ... |
| 5730 | 0 | 4 | 3 | 2 | 10.731462 | 14.570604 | 10.888560 | 0.142857 | 904 | 0 |
| 5731 | 1 | 2 | 1 | 3 | 10.599708 | 0.000000 | 20.253273 | 1.200000 | 24 | 1 |
| 5732 | 1 | 4 | 1 | 3 | 11.415696 | 0.000000 | 10.160731 | 0.076923 | 360 | 0 |
| 5733 | 1 | 4 | 1 | 1 | 10.451863 | 0.000000 | 19.496280 | 2.220000 | 500 | 0 |
| 5734 | 1 | 3 | 1 | 3 | 11.300596 | 0.000000 | 21.105651 | 0.782609 | 426 | 0 |

5735 rows × 10 columns

分别提取特征数据集和标签数据集，其中前九列为特征变量，最后一列为标签变量。

```
x = customers.drop(['样本标签'], axis = 1)
y = customers['样本标签']
```

为便于后期进行模型评价，将数据集划分为训练集和测试集，测试集用于检验模型的泛化能力。

```
from sklearn.model_selection import train_test_split

x_train, x_test, y_train, y_test = train_test_split(x, y, test_size = 0.3,
                                            random_state = 42, stratify = y)
```

## 6.6.2 数据平衡化

### 6.6.2.1 样本不平衡问题

在分类问题中，类别型变量值的分布可能存在严重的偏倚现象，即类别间样本比例严重不平衡。例如客户流失问题中，非忠实的客户往往占很少一部分；营销活动的响应问题中，有时真正参与活动的客户也只是少部分。下面用代码对本例训练集样本标签的取值进行计数，查看是否存在样本不平衡问题。

```
y_train.value_counts()
```

输出

0     3429

1  585
Name：样本标签，dtype：int64

------

  从输出结果可以发现，违约客户在样本集中仅占少数，训练集样本的标签分布比例严重不均衡[4]。在一个严重不平衡的样本数据集中，占据多数的样本数据带有信息量比少数样本信息量大，这可能对模型训练过程造成干扰。例如，总样本数目为 100 的数据集中只有 1 个阴性样本，其余 99 个均为阳性样本。那么模型只要学习出一个简单机制：判定所有样本均为阳性，就能在训练数据集内轻松达到 99% 的查准率，而查全率能达到 100%。然而，当预测的目的是找出那个阴性样本的时候，这个预测机制显然是毫无用处的。

  在上例中，**模型最终学到的不是如何根据特征分辨阳性和阴性，而是"阳性远比阴性多"这一先验信息**。所以，样本不均衡使得机器学习过程完全背离了其分辨类型的初衷。由于模型学习到了样本比例这种先验性信息，导致预测时对多数类别有侧重，分类边界会偏向少数类别区域，如图 6-9 所示。

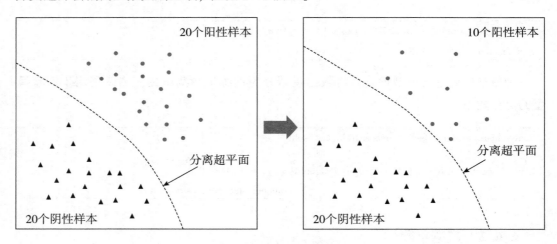

图 6-9 样本不平衡问题

  解决样本不平衡的思路是减少模型学习样本比例的先验信息，让不同类别样本在训练过程中的重要性相等，从而获得能学习到类型辨别本质特征的模型。最好的办法是收集更多现实数据，但在数据获取受限的情况下，一种被广泛采用的方法是重采样，目的是人为构造出接近 1:1 的平衡数据。为实现这一点，一方面可以将数量大的类别样本删除一部分，即所谓**欠采样**（Undersampling）；另一方面可以为数量少的类型增加样本，即所谓**过采样**（Oversampling）。但进行重采样时要注意可能出现的问题。对于欠采样，删除数据样本会导致丢失某些有价值的信息；而过采样中，如果简单地对少数类别样本进行大量复制生成新样本，可能会使模型产生过拟合。以上从数据角度出发处理样本不平衡问题，在数据样本不变情况下，还可通过调整不同类别权重，或者考虑不同错误分类情况代价的差异性对**算法**进行优化，如**代价敏感学习**（Cost-sensitive Learning）等。

### 6.6.2.2　SMOTE 过采样

为了解决数据的非平衡问题，Nitesh V. Chawla 提出了 SMOTE（Synthetic Minority Over-sampling Technique，合成少数类过采样）算法，该技术是实现过采样的代表性算法，受到学术界和工业界的一致认可。SMOTE 算法的基本思想是对少数类别的样本进行分析和模拟，通过**插值**在少数类别样本附近合成更多新样本，并将人工模拟的新样本添加到数据集中，进而使原始数据中的类别不再失衡。imblearn 工具包用于解决不平衡的数据集，提供了多种欠采样和过采样方法，如随机过采样、SMOTE、邻近欠采样方法等。下面对训练集样本进行 SMOTE 平衡化处理。

```
from imblearn. over_sampling import SMOTE

over_samples = SMOTE( random_state = 111 )
over_samples_x_train, over_samples_y_train = over_samples. fit_resample( x_train, y_train)
over_samples_x_test, over_samples_y_test = over_samples. fit_resample( x_test, y_test)
```

查看采用 SMOTE 算法过采样后的训练集特征数据。

```
over_samples_x_train
```

**输　出**

|  | 性别 | 教育程度 | 婚姻状态 | 户口类型 | 笔均支出 | 笔均工资 | 信用卡额度 | 消费笔数 | 浏览行为 |
|---|---|---|---|---|---|---|---|---|---|
| 0 | 1 | 4 | 3 | 4 | 10.942694 | 0.000000 | 17.219035 | 0.227273 | 228 |
| 1 | 1 | 4 | 1 | 4 | 11.407332 | 0.000000 | 13.114062 | 2.255319 | 354 |
| 2 | 1 | 2 | 3 | 1 | 7.814830 | 0.000000 | 13.914801 | 1.750000 | 396 |
| 3 | 1 | 4 | 2 | 1 | 11.468451 | 0.000000 | 17.949390 | 1.152542 | 568 |
| 4 | 1 | 4 | 3 | 2 | 11.334906 | 0.000000 | 21.266156 | 0.875000 | 450 |
| … | … | … | … | … | … | … | … | … | … |
| 6853 | 1 | 3 | 1 | 4 | 11.034043 | 0.000000 | 7.815398 | 0.231699 | 79 |
| 6854 | 1 | 3 | 1 | 4 | 10.701762 | 0.000000 | 19.508659 | 0.172382 | 635 |
| 6855 | 1 | 2 | 2 | 2 | 10.914044 | 0.000000 | 20.054453 | 2.781700 | 786 |
| 6856 | 1 | 3 | 1 | 2 | 11.417974 | 0.000000 | 20.481454 | 3.646194 | 108 |
| 6857 | 1 | 2 | 1 | 2 | 13.006626 | 0.900511 | 18.937405 | 0.342292 | 444 |

6858 rows × 9 columns

可以看出训练集样本增加了。运行下面代码查看此时样本标签的数量分布。

```
over_samples_y_train. value_counts( )
```

**输 出**

0    3429

1    3429

Name：样本标签, dtype：int64

从运行结果可以看出，SMOTE 通过对少数类别进行过采样处理生成新的样本。在新的训练数据集中，标签类别分布达到了 1:1。

下面分别使用决策树、随机森林和梯度提升树三种方法构建银行借贷风险预测模型。

### 6.6.3　采用决策树建模

#### 6.6.3.1　构建默认参数模型

采用决策树模型在平衡化处理后的样本上进行训练，为建立讨论基准，参数全部取默认值。运行下面代码训练决策树模型并查看模型得分。

```
from sklearn import metrics
from sklearn. tree import DecisionTreeClassifier as DTC

rfc = DTC( ). fit( over_samples_x_train, over_samples_y_train)
print ('训练集 AUC 得分:', metrics. roc_auc_score( over_samples_y_train,
                                           rfc. predict_proba( over_samples_x_train)[ :, 1]))
print ('测试集 AUC 得分:', metrics. roc_auc_score( over_samples_y_test,
                                           rfc. predict_proba( over_samples_x_test)[ :, 1]))
```

**输 出**

训练集 AUC 得分：1. 0

测试集 AUC 得分：0. 5901360544217688

模型在训练集上的得分等于 1，而在测试集上得分仅为 0.59，显然存在过拟合倾向。机器学习模型的性能与超参数直接相关，对各项超参数进行优化调整是机器学习的一项关键任务，其主要目标是基于模型评估结果寻找最优超参数配置，以使模型在特定任务上的性能达到最优。下面尝试通过调整决策树模型的超参数设置提升模型预测效果。

### 6.6.3.2 树深度参数

max_depth 是决策树模型重要的超参数之一。max_depth 控制决策树的最大深度，如果为 None，那么表示决策树在构建最优模型的时候不会限制子树的深度，即决策树保持生长直到所有叶节点不纯度为 0，或者直到所有叶节点都包含少于 min_samples_split 个样本为止。

下面用代码探索决策树最佳深度，即计算不同决策树深度下模型在训练集和验证集上的得分，并绘制在一张图中进行比较分析。此处使用 cross_validate 实现交叉验证，并设置评价指标为 $F_1$-score。注意，下面代码交叉验证输入的是训练集数据，意思是从训练集中自动划分出数据集作为验证集进行交叉验证。为简化讨论，这里其他超参数暂凭经验指定。

```python
from sklearn.model_selection import cross_validate

score_train = []
score_test = []
for i in range(2,10):
    dtc = DTC(criterion='gini', random_state=11, splitter='best', max_depth=i,
              min_samples_leaf=10, min_samples_split=25)
    score = cross_validate(dtc, over_samples_x_train, over_samples_y_train, cv=5,
                           scoring='f1', return_train_score=True)
    score_train.append(score['train_score'].mean())
    score_test.append(score['test_score'].mean())
plt.rcParams['font.sans-serif'] = ['SimHei']
plt.title('决策树深度与模型效果')
plt.plot(range(2, 10), score_train, color='indianred', linestyle='--', label='训练集')
plt.plot(range(2, 10), score_test, color='steelblue', label='验证集')
plt.xlabel('决策树深度')
plt.ylabel('模型得分(f1_score)')
plt.legend(loc='upper left')
plt.show()
```

输 出

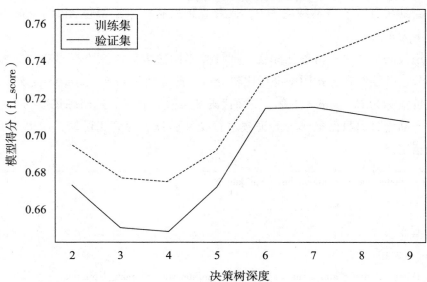

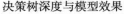

由上图可知，在 max_depth = 6 时验证集模型效果达到了最佳状态。当 max_depth 大于 6 时，虽然模型在训练集上分数依然上升，但在验证集上表现却有所下降，这是模型过拟合现象，因此最终选用 max_depth = 6。保持其他参数设置，下面构建 max_depth = 6 的决策树模型，并计算其在测试集上的泛化性能得分。

```
dtc = DTC(criterion = 'gini', random_state = 11, splitter = 'best', max_depth = 6,
        min_samples_leaf = 10,
        min_samples_split = 25).fit(over_samples_x_train, over_samples_y_train)
print('训练集 AUC 得分:', metrics.roc_auc_score(over_samples_y_train,
                              dtc.predict_proba(over_samples_x_train)[:, 1]))
print('测试集 AUC 得分:', metrics.roc_auc_score(over_samples_y_test,
                              dtc.predict_proba(over_samples_x_test)[:, 1]))
```

输 出

训练集 AUC 得分: 0.7722175828439449

测试集 AUC 得分: 0.69574205192281

### 6.6.3.3 特征重要性

决策树模型提供了特征重要性指标，运行下面代码可以得到各个特征对决策树模型的重要性。在实际应用中，还可据此结合领域经验进行特征选择。

```
features_imp = pd. Series( dtc. feature_importances_,
                          index = x. columns). sort_values( ascending = False)
features_imp
```

**输 出**

| | |
|---|---|
| 性别 | 0. 354570 |
| 笔均支出 | 0. 205458 |
| 户口类型 | 0. 186581 |
| 教育程度 | 0. 075274 |
| 笔均工资 | 0. 071259 |
| 婚姻状态 | 0. 059142 |
| 浏览行为 | 0. 019114 |
| 信用卡额度 | 0. 017242 |
| 消费笔数 | 0. 011359 |

dtype：float64

### 6. 6. 3. 4  决策树可视化

决策树的优势在于具有较好的可解释性，容易将决策路径可视化。在 Jupyter Notebook 代码编辑器中，双击可放大图片查看决策树的结构细节。

```
from sklearn import tree

plt. figure( figsize = ( 64 , 48 ) )
tree. plot_tree( dtc)
plt. show( )
```

输　出

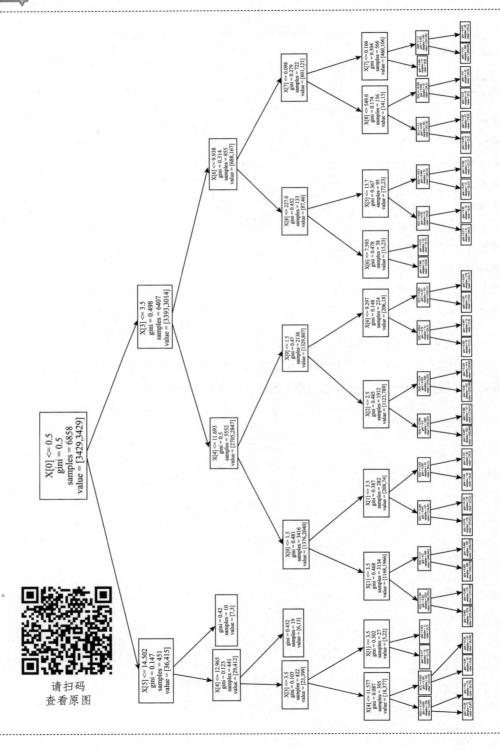

请扫码
查看原图

### 6.6.4　采用随机森林建模

#### 6.6.4.1　构建默认参数模型

为建立讨论基准，参数全部取默认值建立随机森林模型。直接使用均衡化处理后的样本训练模型，并查看模型得分。

```
from sklearn. ensemble import RandomForestClassifier as RFC

rfc = RFC( ). fit( over_samples_x_train,over_samples_y_train)
print ('训练集 AUC 得分:', metrics. roc_auc_score( over_samples_y_train,
                                        rfc. predict_proba( over_samples_x_train) [ : , 1 ] ))
print ('测试集 AUC 得分:', metrics. roc_auc_score( over_samples_y_test,
                                        rfc. predict_proba( over_samples_x_test) [ : , 1 ] ))
```

输 出

----
训练集 AUC 得分: 1. 0

测试集 AUC 得分: 0. 7339071683095008
----

虽然模型在测试集上得分还不错，但同时训练集得分过高，仍存在过拟合倾向。下面尝试通过调整随机森林模型参数提高模型预测效果。

#### 6.6.4.2　模型参数

在调参之前，需要对模型参数进行了解。与决策树模型相比，随机森林的超参数众多，可将其分为**框架参数**和**具体参数**两类。

随机森林的框架参数主要为 n_estimators，即随机森林中包含的决策树个数。随机森林的具体参数则与决策树模型的参数一致，除了前面已经介绍过的决策树最大深度参数 max_depth 和节点的划分标准参数 criterion，主要包括以下几种。

·min_samples_leaf 表示叶节点含有的最少样本；若节点样本数小于 min_samples_leaf，则对该节点进行剪枝，只留下父节点。

·min_samples_split 表示拆分节点所需的最小样本数，即一个节点必须包含至少 min_samples_split 个训练样本才允许被分枝，否则分枝就不会发生。

·max_leaf_nodes 表示最大叶节点数，通过限制最大叶节点数可防止过拟合，默认值为 None，即不做限制。

·max_features 表示每棵决策树所包含的最多特征数量。这个指标限制分枝时考虑的特征个数，超过限制个数的特征都会被舍弃。max_features 越小，随机森林中的树就越不相同。

下面对随机森林模型进行参数调优。总体思路是，首先对外层框架参数进行调优，然后再对内层的决策树模型参数进行调优。

### 6.6.4.3 框架参数调优

构造一个随机森林模型，首要考量的是通过模型参数 n_estimators 设定森林中树的数目。**验证曲线**（Validation Curve）描绘了超参数取值的变化对模型性能的影响。下面代码设定随机森林中的决策树数量从 1 开始增加至 200，记录其交叉验证评估得到的模型得分并绘制验证曲线，观察 n_estimators 的变化如何引起模型得分变化。

```python
from sklearn. model_selection import cross_val_score

score_list = [ ]
for i in range(0, 200, 10):
    rfc = RFC(n_estimators = i + 1, n_jobs = -1, random_state = 90)
    score = cross_val_score(rfc, over_samples_x_train, over_samples_y_train,
                        cv = 5, scoring = 'f1'). mean()
    score_list. append(score)

print('最高得分:', max(score_list))
print('最优 n_estimators:', (score_list. index(max(score_list)) * 10) + 1) #与 n_estimators = i + 1 对应

plt. plot(range(1, 200, 10), score_list)
plt. show()
```

**输 出**

最高得分: 0.8162181881993791

最优 n_estimators: 151

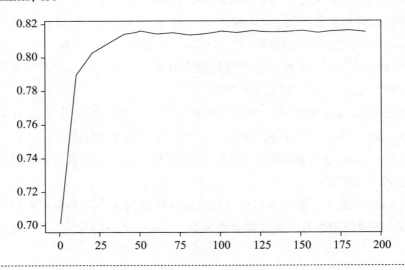

从上图可知，n_estimators 在 200 以内，模型得分已经基本平稳。为确保判断无误，下面再将 n_estimators 取值范围设置为 200 到 400，绘制验证曲线。

```
score_list = [ ]
for i in range(200, 401, 10):
    rfc = RFC(n_estimators = i, n_jobs = -1, random_state = 90)
    score = cross_val_score(rfc, over_samples_x_train, over_samples_y_train,
                            cv = 5, scoring = 'f1').mean()
    score_list.append(score)
print('最高得分:', max(score_list))
print('最优 n_estimators:', (200 + score_list.index(max(score_list)) * 10) + 1)

plt.plot(range(200, 401, 10), score_list)
plt.show()
```

输 出

最高得分: 0.8169672469278894

最优 n_estimators: 341

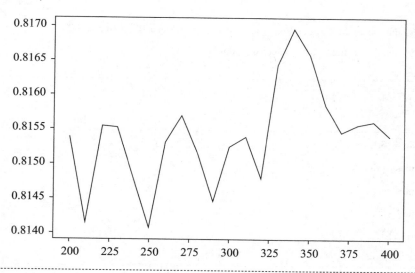

从输出结果可以看出，模型最高得分并无显著变化，这说明 n_estimators 的搜索范围设置到 200 已经足够。理论上，决策树数量 n_estimators 取值越大，模型效果越好，但是计算时间也相应增长，且增加 n_estimators 带来的模型效果提升是边际递减的。因此需要在模型效果与计算时长之间权衡，以确定最为合理的 n_estimators 取值。考虑到当 n_estimators 大致超过 50 时，模型得分开始变得平稳，所以将框架参数 n_estimators 设置为 50。

#### 6.6.4.4 决策树参数随机搜索

参数组合调优有随机搜索交叉验证和网格搜索交叉验证两种方法，分别通过 sklearn 工具包 model_selection 模块中的 RandomizedSearchCV 类和 GridSearchCV 类实现。网格搜索 GridSearchCV 通过搜索预先设定的参数空间来寻找最优参数，虽然它能够保证在一定范围内找到最优解，但是当参数空间增大时，其所需的计算时间和资源也会呈指数级增长。随机搜索 RandomizedSearchCV 以随机采样方式代替了网格搜索，搜索速度较快，但却有可能错过全局最优参数组合。通常首先使用 RandomizedSearchCV 在较大范围内搜寻最优解，然后用 GridSearchCV 在一定浮动范围内微调。

前面已确定框架参数 n_estimators 的最优取值，下面继续进行决策树参数网格搜索调优。为降低搜寻时间，这里先采用随机搜索方法。

```
from sklearn. ensemble import RandomForestClassifier as RFC
from sklearn. model_selection import RandomizedSearchCV

param_rand = {'n_estimators': [50], 'max_features': np. arange(5, 10, 2),
              'max_depth': np. arange(5, 20, 2), 'min_samples_leaf': np. arange(1, 10, 3),
              'min_samples_split': np. arange(2, 10, 3), 'criterion': ['gini', 'entropy']}
rfc = RFC()
RS = RandomizedSearchCV(rfc, param_rand, cv=5, scoring='f1', n_iter=20)
RS. fit(over_samples_x_train, over_samples_y_train)
RS. best_params_
```

输出

```
{'n_estimators': 50,
 'min_samples_split': 5,
 'min_samples_leaf': 1,
 'max_features': 5,
 'max_depth': 19,
 'criterion': 'entropy'}
```

使用随机搜索到的最优参数模型进行预测和评分。

```
rfc = RS. best_estimator_
print('训练集 AUC 得分:', metrics. roc_auc_score(over_samples_y_train,
                                rfc. predict_proba(over_samples_x_train)[:, 1]))
print('测试集 AUC 得分:', metrics. roc_auc_score(over_samples_y_test,
                                rfc. predict_proba(over_samples_x_test)[:, 1]))
```

输 出

----

训练集 AUC 得分：0.9989382585075184

测试集 AUC 得分：0.7294981257809245

----

可以看出，模型在训练集上得分接近 1，随机参数调优结果存在明显过拟合现象。下面通过限制决策树的高度 max_depth 参数避免过拟合，即所谓"剪枝（Pruning）"[5]；当然，还可以通过限制决策树叶节点的数量 max_leaf_nodes 参数来避免过拟合，需根据具体情况选择合适的超参数。

作为演示，这里直接将 max_depth 参数设定为 7，同时缩小其他参数的空间和步长，进行更细致的随机搜索。

```python
param_rand = {'n_estimators': [50], 'max_features': np.arange(5, 10, 1), 'max_depth': [7],
              'min_samples_leaf': np.arange(3, 7, 1), 'min_samples_split': np.arange(4, 8, 1),
              'criterion': ['gini', 'entropy']}
rfc = RFC()
RS = RandomizedSearchCV(rfc, param_rand, cv=5, scoring='f1', n_iter=20)
RS.fit(over_samples_x_train, over_samples_y_train)
RS.best_params_
```

输 出

----

{'n_estimators': 50,
 'min_samples_split': 4,
 'min_samples_leaf': 3,
 'max_features': 6,
 'max_depth': 7,
 'criterion': 'gini'}

----

使用剪枝后的模型进行预测并评分。

```python
rfc = RS.best_estimator_
print('训练集 AUC 得分:', metrics.roc_auc_score(over_samples_y_train,
                                rfc.predict_proba(over_samples_x_train)[:, 1]))
print('测试集 AUC 得分:', metrics.roc_auc_score(over_samples_y_test,
                                rfc.predict_proba(over_samples_x_test)[:, 1]))
```

输 出

---

训练集 AUC 得分：0.8388742648541538

测试集 AUC 得分：0.7378495071497986

---

可见，通过适当"剪枝"降低了模型在训练集上的得分，初步缓解了过拟合问题。而且，模型在测试集上的得分略有上升。

### 6.6.4.5　决策树参数网格搜索

接着使用网格搜索交叉验证法在更小的范围内搜索参数，进行更精确的参数调优。为了节省程序运行时间，下面代码对一些参数指定了唯一取值，实际中应该指定在一个范围内进行搜索。

```
from sklearn. model_selection import GridSearchCV

param_grid = {'n_estimators': [50], 'max_features': [9], 'max_depth': [7],
              'min_samples_leaf': [4, 5, 6], 'min_samples_split': [3, 4, 5],
              'criterion': ['gini', 'entropy']}
rfc = RFC()
GS = GridSearchCV(rfc, param_grid, cv = 5, scoring = 'f1')
GS. fit(over_samples_x_train, over_samples_y_train)
GS. best_params_
```

输 出

---

{'criterion': 'gini',

 'max_depth': 7,

 'max_features': 9,

 'min_samples_leaf': 4,

 'min_samples_split': 4,

 'n_estimators': 50}

---

使用网格搜索到的最优参数模型进行预测和评分。

```
rfc = GS. best_estimator_
print ('训练集 AUC 得分:', metrics. roc_auc_score(over_samples_y_train,
                                rfc. predict_proba(over_samples_x_train)[:, 1]))
print ('测试集 AUC 得分:', metrics. roc_auc_score(over_samples_y_test,
                                rfc. predict_proba(over_samples_x_test)[:, 1]))
```

输出

----

训练集 AUC 得分: 0.8371885248571596

测试集 AUC 得分: 0.7329036512564209

----

通过进一步的网格搜索调参,模型在测试集上的得分基本保持不变。

### 6.6.5　采用梯度提升树建模

梯度提升树是监督学习中十分强大且常用的模型之一。与随机森林不同,梯度提升树不使用随机化,而是用到了"**强预剪枝**",以降低每棵树的复杂度从而避免过拟合。该决策树深度一般不超过 5,模型占用内存少,训练速度较快。与随机森林相比,它对参数设置更为敏感,如果参数设置合理则模型精度更高。其**主要缺点是需要仔细调参**,而且训练时间可能会比较长。

#### 6.6.5.1　模型参数

和随机森林类似,梯度提升树的超参数也可分为**框架参数**和**具体参数**两类。其中具体参数与随机森林一致,这里不再赘述。框架参数主要有以下三个。

·n_estimators 代表决策树的个数,即梯度提升树中弱学习器的最大迭代次数。

·learning_rate 代表弱学习器的模型更新速度,即学习率也称步长,取值范围为 $(0,1]$,默认取值为 0.1。学习率是正则化的一部分,更小的学习率可降低过拟合,显著提高模型的泛化能力。具体而言,梯度提升树的学习率是指每个弱学习器(决策树)在每次迭代中对最终模型的贡献程度。如果学习率较小,每个弱学习器的贡献较小,那么模型的训练速度会变慢,但可能会得到更好的结果;如果学习率较大,每个弱学习器的贡献较大,那么模型的训练速度会加快,但可能会导致过拟合。因此,学习率需要根据具体的数据集和模型进行调整,以达到最佳的训练效果。

·subsample 代表子采样系数,取值范围为 $(0,1]$,默认取值为 1。随机森林模型也有这一参数,但是其使用的是放回抽样,而梯度提升树使用的是不放回抽样。如果取值为 1,则全部样本都被使用。如果取值小于 1,则只选择一部分样本用于梯度提升树的决策树拟合。实际上,子采样系数是正则化的一部分,取值小于 1 时可以减少方差,即防止过拟合,但是会增加样本的拟合偏差。

注意,梯度提升树的两个重要参数 **n_estimators** 和 **learning_rate** 之间高度相关,因为对于同样的训练集拟合效果,**较小的步长意味着需要更多数量的弱学习器**,所以通常用步长和迭代最大次数一起来决定模型的拟合效果。随机森林的 n_estimators 值总是越大越好;但梯度提升树不同,增大 n_estimators 会导致模型更加复杂,进而可能导致过拟合。常用做法是根据时间和算力约束选择合适的 n_estimators,然后对不同的

learning_rate 取值进行遍历。

### 6.6.5.2 构建默认参数模型

全部采取默认参数建立模型，并采用指标 AUC 计算模型得分。

```
from sklearn. ensemble import GradientBoostingClassifier
from sklearn import metrics
from sklearn. model_selection import GridSearchCV

gbc0  =  GradientBoostingClassifier( )
gbc0. fit( over_samples_x_train, over_samples_y_train)
y_pred  =  gbc0. predict( over_samples_x_train)
y_predprob  =  gbc0. predict_proba( over_samples_x_train) [ : , 1]
print ('训练集 AUC 得分:', metrics. roc_auc_score( over_samples_y_train, y_predprob) )
print ('测试集 AUC 得分:', metrics. roc_auc_score( over_samples_y_test,
                                        gbc0. predict_proba( over_samples_x_test) [ : , 1] ) )
```

**输 出**

----------------------------------------------------------------------

训练集 AUC 得分: 0. 8613916637984167

测试集 AUC 得分: 0. 7687729649683004

----------------------------------------------------------------------

下面尝试通过调整各项参数提高模型效果。

### 6.6.5.3 参数调优

首先从步长参数 learning_rate 和迭代次数参数 n_estimators 入手。一般来说，开始选择一个较小 learning_rate 来网格搜索最优 n_estimators。将步长初始值设置为 0.1，对 n_estimators 进行网格搜索如下。

```
param_grid  =  {'n_estimators': range(50, 101, 5), 'learning_rate': [ 0. 1], 'subsample': [ 0. 7],
            'min_samples_split': [ 60], 'min_samples_leaf': [ 20],
            'max_depth': [ 5], 'max_features': [ 9] }
gbc  =  GradientBoostingClassifier( random_state = 10)
GS  =  GridSearchCV( gbc, param_grid  =  param_grid, scoring = 'f1', cv = 5)
GS. fit( over_samples_x_train, over_samples_y_train)

print('最优参数集合:', GS. best_params_)
print('最高训练得分:', GS. best_score_)
```

**输 出**

----------------------------------------------------------------------

最优参数集合: {'learning_rate': 0. 1, 'max_depth': 5, 'max_features': 9, 'min_samples_leaf': 20, 'min_ samples_split': 60, 'n_estimators': 100, 'subsample': 0.7}

最高训练得分: 0.7689840758197241

---

一般而言，n_estimators 总是设置得越大越好。但从程序执行时间考虑，需要适当限制其取值。这里取决策树数量上限 n_estimators = 100，下面开始对决策树进行调参。

决策树最大深度 max_depth 取值不能太大，否则容易产生过拟合。同时，节点再划分最小样本数参数 min_samples_split 取值不能太小，否则也容易产生过拟合。由于 max_depth 和 min_samples_split 这两个参数十分相关，因此共同进行网格搜索。

```
param_grid = {'n_estimators': [100], 'learning_rate': [0.1], 'subsample': [0.7],
              'min_samples_split': range(10, 30, 5), 'min_samples_leaf': [20],
              'max_depth': range(2, 4, 1), 'max_features': [9]}
gbc = GradientBoostingClassifier(random_state = 10)
GS = GridSearchCV(gbc, param_grid = param_grid, scoring = 'f1', cv = 5)
GS.fit(over_samples_x_train, over_samples_y_train)

print('最优参数集合:', GS.best_params_)
print('最高训练得分:', GS.best_score_)
```

**输 出**

---

最优参数集合: {'learning_rate': 0.1, 'max_depth': 3, 'max_features': 9, 'min_samples_leaf': 20, 'min_samples_split': 10, 'n_estimators': 100, 'subsample': 0.7}

最高训练得分: 0.7417237583247023

---

网格搜索后得到参数 max_depth 最优取值为 3，以及参数 min_samples_split 最优取值为 10。下面再对叶节点最少样本数参数 min_samples_leaf 进行网格搜索调参。参数 min_samples_leaf 取值不能太小，否则容易产生过拟合。

```
param_grid = {'n_estimators': [100], 'learning_rate': [0.1], 'subsample': [0.7],
              'min_samples_split': [10], 'min_samples_leaf': range(20, 40, 5),
              'max_depth': [3], 'max_features': [9]}
gbc = GradientBoostingClassifier(random_state = 10)
GS = GridSearchCV(gbc, param_grid = param_grid, scoring = 'f1', cv = 5)
GS.fit(over_samples_x_train, over_samples_y_train)

print('最优参数集合:', GS.best_params_)
print('最高训练得分:', GS.best_score_)
```

输 出

----

最优参数集合：{'learning_rate': 0.1, 'max_depth': 3, 'max_features': 9, 'min_samples_leaf': 30, 'min_samples_split': 10, 'n_estimators': 100, 'subsample': 0.7}

最高训练得分：0.7448188965119209

----

搜索得到参数 min_samples_leaf 最优取值为 30。下面采用上述调参结果进行预测评分。

```
gbc0 = GS. best_estimator_
gbc0. fit( over_samples_x_train, over_samples_y_train)
y_pred = gbc0. predict( over_samples_x_train)
y_predprob = gbc0. predict_proba( over_samples_x_train)[ :, 1]

print ('训练集 AUC 得分：', metrics. roc_auc_score( over_samples_y_train, y_predprob))
print ('测试集 AUC 得分：', metrics. roc_auc_score( over_samples_y_test,
                                        gbc0. predict_proba( over_samples_x_test)[ :, 1]))
```

输 出

----

训练集 AUC 得分：0.8603246493187088

测试集 AUC 得分：0.7681820074968764

----

对比最开始完全不调参的拟合效果，模型在训练集和测试集的得分都稍有下降，总体保持稳定。下面再对最大特征数参数 max_features 进行网格搜索，搜索范围不能超过数据集的最大特征数。

```
param_grid = {'n_estimators': [100], 'learning_rate': [0.1], 'subsample': [0.7],
             'min_samples_split': [10], 'min_samples_leaf': [30],
             'max_depth': [3], 'max_features': range(5, 10, 1)}
gbc = GradientBoostingClassifier( random_state = 10)
GS = GridSearchCV( gbc, param_grid = param_grid, scoring = 'f1', cv = 5)
GS. fit( over_samples_x_train, over_samples_y_train)

print('最优参数集合：', GS. best_params_)
print('最高训练得分：', GS. best_score_)
```

输 出

----

最优参数集合：{'learning_rate': 0.1, 'max_depth': 3, 'max_features': 9, 'min_samples_leaf': 30, 'min_samples_split': 10, 'n_estimators': 100, 'subsample': 0.7}

最高训练得分: 0.7448188965119209

搜索得到参数 max_features 的最优取值为9。下面对子采样比例参数 subsample 进行网格搜索。

```
param_grid = {'n_estimators': [100], 'learning_rate': [0.1], 'subsample': [0.3, 0.5, 0.7, 0.9],
              'min_samples_split': [10], 'min_samples_leaf': [30],
              'max_depth': [3], 'max_features': [9]}
gbc = GradientBoostingClassifier(random_state = 10)
GS = GridSearchCV(gbc, param_grid = param_grid, scoring = 'f1', cv = 5)
GS.fit(over_samples_x_train, over_samples_y_train)

print('最优参数集合:', GS.best_params_)
print('最高训练得分:', GS.best_score_)
```

输 出

最优参数集合: {'learning_rate': 0.1, 'max_depth': 3, 'max_features': 9, 'min_samples_leaf': 30, 'min_samples_split': 10, 'n_estimators': 100, 'subsample': 0.3}
最高训练得分: 0.7473293925640834

搜索得到参数 subsample 最优取值为0.3。运行下面代码,查看最优模型得分。

```
gbc0 = GS.best_estimator_
gbc0.fit(over_samples_x_train, over_samples_y_train)
y_pred = gbc0.predict(over_samples_x_train)
y_predprob = gbc0.predict_proba(over_samples_x_train)[:, 1]

print('训练集 AUC 得分:', metrics.roc_auc_score(over_samples_y_train, y_predprob))
print('测试集 AUC 得分:', metrics.roc_auc_score(over_samples_y_test,
                          gbc0.predict_proba(over_samples_x_test)[:, 1]))
```

输 出

训练集 AUC 得分: 0.8556649020019576
测试集 AUC 得分: 0.7634263501318894

对比上次调参的预测效果,进一步调参使得模型训练集和测试集的得分稍有波动。这种微小变动可以容忍,模型基本保持稳定。

6.6.5.4 对 learning_rate 参数的进一步分析

上述步骤已经基本完成调参工作。[6] 上文提到,作为一种模型正则化手段,降低学习率参数 learning_rate 有可能提升模型的预测能力。因此尝试减半 learning_rate，同时加倍最大迭代次数 n_estimators，训练并评估模型。

```
gbc0 = GradientBoostingClassifier(learning_rate = 0.05, n_estimators = 200, max_depth = 3,
                               min_samples_leaf = 30,
                 min_samples_split = 10, max_features = 9, subsample = 0.3, random_state = 10)
gbc0. fit(over_samples_x_train, over_samples_y_train)
y_pred  = gbc0. predict(over_samples_x_train)
y_predprob  = gbc0. predict_proba(over_samples_x_train)[:, 1]

print ('训练集 AUC 得分:', metrics. roc_auc_score(over_samples_y_train, y_predprob))
print ('测试集 AUC 得分:', metrics. roc_auc_score(over_samples_y_test,
                                        gbc0. predict_proba(over_samples_x_test)[:, 1]))
```

**输 出**

训练集 AUC 得分: 0.8607434690863894

测试集 AUC 得分: 0.7669392382803462

可以看到模型在训练集和测试集上的得分都稍有上升。下面继续将步长缩小 10 倍，最大迭代次数增加 10 倍，查看模型的预测效果。

```
gbc0 = GradientBoostingClassifier(learning_rate = 0.005, n_estimators = 2000, max_depth = 3,
                               min_samples_leaf = 30,
                 min_samples_split = 10, max_features = 9, subsample = 0.3, random_state = 10)
gbc0. fit(over_samples_x_train, over_samples_y_train)
y_pred  = gbc0. predict(over_samples_x_train)
y_predprob  = gbc0. predict_proba(over_samples_x_train)[:, 1]

print ('训练集 AUC 得分:', metrics. roc_auc_score(over_samples_y_train, y_predprob))
print ('测试集 AUC 得分:', metrics. roc_auc_score(over_samples_y_test,
                                        gbc0. predict_proba(over_samples_x_test)[:, 1]))
```

**输 出**

训练集 AUC 得分: 0.8613597282064249

测试集 AUC 得分: 0.7658679254014531

与上一次相比，训练集上的得分和测试集上的得分基本保持稳定。再继续将步长缩小 10 倍，最大迭代次数增加 10 倍，查看模型的预测效果。

```
gbc0 = GradientBoostingClassifier(learning_rate = 0.0005, n_estimators = 20000, max_depth = 3,
                                  min_samples_leaf = 30,
              min_samples_split = 10, max_features = 9, subsample = 0.3, random_state = 10)
gbc0.fit(over_samples_x_train, over_samples_y_train)
y_pred = gbc0.predict(over_samples_x_train)
y_predprob = gbc0.predict_proba(over_samples_x_train)[:, 1]

print('训练集 AUC 得分:', metrics.roc_auc_score(over_samples_y_train, y_predprob))
print('测试集 AUC 得分:', metrics.roc_auc_score(over_samples_y_test,
                                  gbc0.predict_proba(over_samples_x_test)[:, 1]))
```

**输 出**

训练集 AUC 得分：0.8609964023768926

测试集 AUC 得分：0.7655097413114906

这次程序运行的时间明显变长，训练集上的得分和测试集上的得分却略有下降。

### 6.6.6 调参经验总结

从上述模型调参过程中可以看出，模型参数设定并无严格的"科学法则"可遵循，而是一个通过不断试错积累经验，并依赖经验逐步逼近最优参数集的过程。**调参过程本质上是在模型欠拟合和过拟合状态之间权衡的过程**。通过对各项参数的调整，逐步掌握哪些参数变化（及其方向）会导致模型欠拟合，以及哪些参数变化（及其方向）会导致模型过拟合，然后调整各项参数，使得模型最终效果在欠拟合与过拟合之间取均衡。因此，更优的模型超参数不是"随机尝试"出来的，而是"人为控制"出来的。这个所谓控制，就是通过经验限定某些参数大小，从而有意调整模型欠拟合和过拟合的程度，直到达到满意效果。此外，在调参的过程中要始终牢记：算法只是逼近数据所能达到的上限，因而收集高质量的训练数据并做好特征工程是极其重要的。

### 本章注释

1. 因为是第一个节点，所以这里就是全部的样本数量。

2. 计量经济学中，把取值为 0 或者 1 的变量称为虚拟变量。如有 $m$ 个虚拟变量，当回归模型有截距项时，只能引入 $m-1$ 个虚拟变量，否则就会陷入"虚拟变量陷阱"。

3. 实际银行数据库中并不存在此数据表，此表数据可能来自银行系统中"客户基本信息表""账户流水信息表""信用卡消费记录表""App 使用记录表""逾期信息表"等。限于篇幅，这里省略了之前大量数据清洗、多表连接、分类聚合和填补缺失值等数据预处理工作。

4. 由于事先采用分层抽样对数据集进行划分，可知测试集标签分布与训练集一致，均保留了原数据集的标签比例。

5. 剪枝是决策树算法应对过拟合问题的主要手段，包括预剪枝（Prepruning）和后剪枝（Postpruning）。预剪枝是指在决策树生成过程中，对每个节点在划分前先进行估计，若当前节点的划分不能带来决策树泛化性能的提升，则停止划分并将当前结点标记为叶节点；后剪枝则是先从训练集生成一棵完整的决策树，然后自底向上地对非叶节点进行考察，若将该节点对应的子树替换为叶节点能带来决策树泛化能力的提升，则将该子树替换为叶节点。

6. 限于篇幅，这里没有对所有参数进行网格搜索调优。

## ◎ 本章小结

本章介绍了决策树模型，并以决策树模型为例讲解了集成学习的相关知识。决策树模型基于二叉树模拟人类决策过程，是一种简洁而有效的学习算法，在实践中得到广泛运用。常见模型集成方法有 Bagging 方法和 Boosting 方法。前者在原始样本集中随机抽取多个相互独立的训练集，分别用于训练多个强学习器，采用投票或者平均的方式综合所有模型预测结果，实质上降低了方差；后者以原始样本集和预测误差按顺序训练多个弱学习器，依照梯度提升法原理逐步降低偏差。基于决策树的同质集成中，采用 Bagging 方法横向集成得到随机森林模型，采用 Boosting 方法纵向集成得到梯度提升树模型。此外还可将决策树与其他算法进行异质集成，达到取长补短的效果，例如将决策树与逻辑回归联结建模。本章最后的银行借贷风险预测案例分别采用决策树、随机森林和梯度提升树建立预测模型并对比其效果，展示了数据分析工作中数据平衡化、调参优化和模型选择等重要步骤。

## ◎ 课后习题

1. 决策树模型是如何生成的？

2. 什么是集成学习方法，主要类型有哪些？

3. 从误差分解角度，简述 Bagging 方法和 Boosting 方法的主要差异。

参考答案
请扫码查看

4. 决策树层数体现了模型复杂度，请结合模型拟合问题谈谈如何设置决策树最大深度参数（max_depth）。

5. 在分类问题中，训练数据集中不同类别样本比例之间存在严重不平衡会导致什么后果，其原因是什么，如何解决这个问题？

6. 决策树模型可分为分类树和回归树，本章主要展示了分类树的应用。基于下面的步骤训练一个回归树模型。

（1）加载糖尿病数据集，指出特征变量和标签变量。

（2）将数据集划为 80% 的训练集和 20% 的测试集。

（3）创建决策树回归模型并在训练集上训练模型。

（4）在测试集上进行预测。

（5）计算并输出训练集和测试集的 $R^2$ 得分。

7. 针对本章最后的银行借贷风险预测案例，尝试采用其他集成模型对该案例进行机器学习，展示代码和训练得分。例如，训练一个决策树与逻辑回归集成模型。

# 第7章
## 贝叶斯分类与生成式学习

## 7.1 贝叶斯分类原理

### 7.1.1 从判别式模型到生成式模型

某医院收治了六个门诊病人，就诊数据记录于表 7 – 1。对就诊数据进行分析可以建立辅助医生决策的智能诊断模型，在临床辅助诊断等方面发挥积极的作用。假设 7 号问诊的病人是一位打喷嚏的工人，请问他最可能患感冒、过敏或脑震荡三者中的哪一种病？

表 7 –1　某门诊就诊数据

| 序号 | 症状 | 职业 | 疾病 |
| --- | --- | --- | --- |
| 1 号 | 打喷嚏 | 护士 | 感冒 |
| 2 号 | 打喷嚏 | 农民 | 过敏 |
| 3 号 | 头痛 | 工人 | 脑震荡 |
| 4 号 | 头痛 | 工人 | 感冒 |
| 5 号 | 打喷嚏 | 教师 | 感冒 |
| 6 号 | 头痛 | 教师 | 脑震荡 |

本例中标签变量为疾病，特征变量为症状和职业，属于典型的分类任务。如果采用前面章节所介绍的分类模型，可将这些样本点绘制在二维特征空间中，通过某种分类算法求得最优分离超平面，进而构建预测模型。以逻辑回归模型为例，它直接从特征变量 $X$ 出发，得到标签变量 $y = i$ 的概率

$$P(y = i \mid X) = \frac{1}{1 + e^{-X\beta}}$$

这种建模思路直接考察特征变量与标签变量的关系，即直接学习决策函数 $y = f(X)$ 或者**条件概率** $P(y \mid X)$ 的模型，被称为**判别式模型**（Discriminative Model）。之前

讨论的各种模型都属于判别式模型，例如线性回归、逻辑回归、支持向量机和决策树等。

与判别式模型的直接建模思路相比，**生成式模型**（Generative Model）采取一种"迂回式"的间接建模思路。常见的生成式模型有朴素贝叶斯、隐马尔科夫和贝叶斯网络等。与判别式模型相同，生成式模型最终目的也是预测 $P(y \mid X)$，但是在此之前生成式模型会**试图弄清楚数据产生的原理和机制**。例如，假定面对的机器学习任务是识别一段语音所属的外语类别，如日语、英语还是法语等，生成式建模方法首先需要弄清楚各种外语的语调和语法等特定表达规则，然后听到任何一段语音，就可据此推算属于某种外语的概率。如果采用判别式建模方法，则不需要学习每一种语言的具体细节，只需关注各种语言在表达边界上的差别，并基于此建立分离超平面对语音进行分类。

生成式模型在解决当前问题时，把解决更本源的问题作为中间问题，试图学习各类数据中蕴含的规则信息。因此，为使学得的结果与真实世界尽可能接近，训练生成式模型需要大量数据，非常耗费计算资源。而判别式模型仅学习不同类别之间的最优边界，计算量比生成式模型小，在小数据集上表现效果较好，但是要注意过拟合问题。

虽然在某些情况下生成式模型效果不如判别式模型，且前者在数学处理上更复杂，但不论是学术界还是产业界都很看好其未来发展，因为生成式建模的理念非常先进——它不仅能得到特征预测结果，还能"**理解**"数据是如何产生的，并以此为基础"创造"数据。正如 Richard P. Feynman 所说："**What I cannot create，I do not understand**"（凡是我不能创造的，我就不能真正理解）。

在监督式学习情境中，特征变量 $X$ 往往表示易被观测到的事物的表象；标签变量 $y$ 表示不容易被观测到的事物的内在，也是模型需要预测的变量。总而言之，判别式模型通过在"事物表象"与"事物内在"之间建立映射关系对未来做出预测，而生成式模型则通过构建"数据生成规律"对未来做出推断。两种建模思路的区别可总结如图 7 - 1 所示。

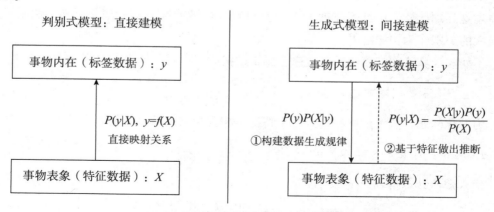

**图 7 - 1  判别式模型和生成式模型建模思路区别**

在数学方法上，生成式模型并不直接寻找特征变量 $X$ 与标签变量 $y$ 之间的关系，而是关注特征变量与标签变量的**联合概率分布** $P(X, y)$ 的决定机制，即

$$P(X, y) = P(y)P(X \mid y)$$

其中，$P(y)$ 表示标签变量 $y$ 的概率分布，$P(X \mid y)$ 表示在特定 $y$ 条件下特征变量 $X$ 的概率分布。应用到智能诊断模型案例中，采用生成式模型需要对两种概率分布建模：其一，病人患上各种病的概率 $P(y)$；其二，患上某种病后表现出某种症状的概率 $P(X \mid y)$。从历史经验中得到**数据生成规律** $P(y)$ 和 $P(X \mid y)$ 之后，再将它们转换为用于预测的条件概率 $P(y \mid X)$，这一过程中贝叶斯定理起到了重要的桥梁作用。

### 7.1.2 贝叶斯定理

贝叶斯定理的数学表达为

$$P(y \mid X) = \frac{P(X \mid y)P(y)}{P(X)}$$

其中 $P(y)$ 被称为**先验概率**（Prior Probability），$P(y \mid X)$ 被称为**后验概率**（Posterior Probability）。先验概率一般是用概率形式表示已知的常识性信息，比如某学校男同学占学生总数比例为 55%。后验概率一般是通过事物的表象对产生原因的一种猜测，比如，如果从远处观察到一位学生留了长头发 $(X)$，这个人有多大概率是一位男同学 $(y)$。

贝叶斯定理的含义在于，用间接方式推断在出现特征 $X$ 的条件下，类别 $y$ 出现的概率。

$$P(y \mid X) = \frac{P(X, y)}{P(X)} \quad \Leftrightarrow$$

已观测到特征 $X$，推测类别 $y$ 出现的概率 $=$

$$\frac{历史数据中，类别 y 和特征 X 同时出现的概率}{历史数据中，特征 X 出现的（总）概率}$$

下面基于贝叶斯定理建立一个简单的机器学习模型解决上例中的疾病诊断问题。其原理是分别计算一位打喷嚏的工人患上感冒、过敏或脑震荡的概率，然后将后验概率最大的类别作为预测结果。[1]

不妨先计算这位打喷嚏的工人患上感冒的概率，由贝叶斯定理可得

$$P(感冒 \mid 打喷嚏 \times 工人) = \frac{P(打喷嚏 \times 工人 \mid 感冒) \times P(感冒)}{P(打喷嚏 \times 工人)}$$

为简化问题，假定症状和职业两个特征是**相互独立**的，上面的等式可进一步变成：

$$P(感冒 \mid 打喷嚏 \times 工人) = \frac{P(打喷嚏 \mid 感冒) \times P(工人 \mid 感冒) \times P(感冒)}{P(打喷嚏) \times P(工人)}$$

代入数值计算得到

$$P(感冒 \mid 打喷嚏 \times 工人) = \frac{0.67 \times 0.33 \times 0.5}{0.5 \times 0.33} = 0.67$$

由此可认为打喷嚏的工人有 67% 的概率患上了感冒。同理可计算这个病人患上过敏或脑震荡的概率。最后通过比较这几个概率，就能推断出他最可能患什么病。在疾病诊断模型案例中，联合概率 $P(X,y)$ 的分布函数计算过程较为简单。实际中，往往需要一个数学模型（如概率密度函数）合理刻画 $P(X\mid y)P(y)$ 的分布情况，这个模型的参数即为生成式建模需从训练数据中学习或估计的统计量。

### 7.1.3　极大似然估计

**极大似然估计**（Maximum Likelihood Estimation）是统计学领域的一种经典参数估计方法。事实上，人们在生活中经常不自知地使用这种方法对事件发生的概率做出判断。例如，一个不透明罐子里放有大量黑白两种颜色的球，球的总数未知，颜色比例也未知。现在想知道罐中白球和黑球的比例，但不允许把罐中球全部拿出来数，只能每次任意从罐中抓取一个球，记录球的颜色后再放回罐中，并不断重复这个过程。假如 100 次抓取中有 70 次是白球，请问罐中白球所占的比例最有可能是多少？大多数人很容易给出答案：70%，这一直觉背后的理论支撑正是极大似然估计方法。对于某个随机样本满足某种概率分布，但其中统计参数未知的情况，极大似然估计方法可通过若干次试验的结果来估计参数值。

下面结合一个现实案例说明极大似然估计原理。假设某高校有数万名学生，现在想知道全校学生身高的分布情况。最直接的办法是逐个测量学生身高，然后统计总体身高分布指标。然而这种方法因工作量过大而不可行，于是决定对总体进行抽样，再依据小样本推断出总体分布情况。最终随机选取了 $n$ 名学生并测得其身高，如何依此估算全校学生身高分布？按照极大似然估计方法，参数估计共分为以下三个步骤。[2]

**首先，设定其分布函数模型**。例如假定学生身高服从正态分布 $N(\mu,\sigma^2)$，其中的模型参数 $\theta(\mu,\sigma)$ 未知。

**其次，计算抽取到这 $n$ 名学生的概率**。在给定此分布函数条件下，因为每个人的选取都是独立的，所以抽到这 $n$ 名学生的概率可表示为单个概率的乘积，即

$$L(\theta) = L(x_1,x_2,\cdots,x_n;\theta) = \prod_{i=1}^{n} p(x_i \mid \theta)$$

上式即为**似然函数**（Likelihood Function）。从字面上看，**似然**（Likelihood）与**概率**（Probability）似乎都指事件发生的可能性，但理论含义完全不同。例如，对于函数 $P(X\mid\theta)$：如果 $\theta$ 已知而 $X$ 是变量，则 $P(X\mid\theta)$ 被称为概率函数；它描述对于不同样本点 $X$，其出现概率 $P$。如果 $X$ 已知而 $\theta$ 是变量，则 $P(X\mid\theta)$ 被称为似然函数；它描述对于不同模型参数 $\theta$，出现特定样本点 $X$ 的概率 $P$。给定正态分布的概率密度函数，似然函数可具体化为

$$L(\theta) = \prod_{i=1}^{n} p(x_i \mid \theta) = \prod_{i=1}^{n} \frac{1}{\sqrt{2\pi}\sigma} \exp\left(-\frac{(x_i-\mu)^2}{2\sigma^2}\right)$$

**最后，最大化似然函数求得最优参数**。按照极大似然估计理论，在学校这么多学生中，恰好抽到这 $n$ 个人而不是其他人，正是因为他们出现的概率最大。因此，最大化似然函数则可得到参数估计值，即

$$\widehat{\theta} = \text{argmax } L(\theta)$$

为了简化计算，通常对似然函数取对数，得到

$$H(\theta) = \ln L(\theta) = \ln \prod_{i=1}^{n} p(x_i \mid \theta) = \sum_{i=1}^{n} \ln p(x_i \mid \theta)$$

然后直接求解 $H(\theta)$ 的一阶条件即可得 $\widehat{\theta}$，即

$$\widehat{\theta} = \text{argmax } H(\theta)$$

极大似然估计法可看作从随机抽样结果对模型总体条件的反推，即如果某个参数能使得这些样本出现的概率极大，就直接把该参数作为模型估计的真实值。**在机器学习情景下，即利用已知的训练数据，反推最可能导致这些样本结果出现的模型参数值**。

### 7.1.4  参数估计与预测公式

前文介绍了生成式模型的间接建模思路，以及贝叶斯定理和极大似然估计法，将它们组合起来，可得到贝叶斯分类模型的一般建模和预测原理。

生成式模型的建模对象是联合概率分布 $P(X, y)$，它在数学运算中常被用来估计模型的参数。具体地，假设模型参数为 $\theta$，定义似然函数为

$$L(\theta) = P(X, y \mid \theta) = P(X \mid y, \theta) P(y \mid \theta)$$

似然函数的关键点不在于它的具体取值，而在于当参数变化时函数值的变化趋势，因为极大似然估计法关注的是使得似然函数达到最大值的参数值。此时参数估计公式为

$$\widehat{\theta} = \text{argmax}_{\theta} L(\theta)$$

基于训练数据集得到模型参数估计值后，就可根据贝叶斯定理计算后验概率 $P(y \mid X, \widehat{\theta})$，进而选择使后验概率最大的类别作为最终预测结果，预测公式为

$$\widehat{y} = \text{argmax}_{y} P(y \mid X, \widehat{\theta}) = \frac{P(X \mid y, \widehat{\theta}) P(y, \widehat{\theta})}{P(X, \widehat{\theta})}$$

实际中，模型预测的最终任务是比较不同类别条件下预测变量 $\widehat{y}$ 的大小，因此其实仅需比较分子 $P(X \mid y) P(y)$ 的大小，并不需要计算分母 $P(X)$。由此可得更为常用的简化版预测公式：

$$\widehat{y} = \text{argmax}_{y} P(X \mid y, \widehat{\theta}) P(y, \widehat{\theta})$$

以上即为贝叶斯分类的一般流程。其中，$P(X \mid y)$ 是所有特征上的联合概率，难以从有限的训练样本中直接估计得到。为简便处理 $P(X \mid y)$ 可进一步做出假设，不同假设产生了不同模型。其中，朴素贝叶斯模型直接假定各特征之间相互独立，极大地降

低了算法的复杂性，因而在实践中得到了广泛应用。下面以文本分类场景为例介绍朴素贝叶斯模型的应用。

# 7.2　基于朴素贝叶斯的文本分类

文本分类是指用计算机对文本内容按照一定的分类体系或标准进行自动类别标记，比如将电子邮件分为垃圾邮件和正常邮件、依据内容将文章分为不同主题等。文本分类是自然语言处理（Natural Language Processing）的重要领域之一，与前几章模型面对的**结构化信息**不同，自然语言处理面对的是口语、书面语等自然语言，属于**非结构化信息**。伴随着信息的爆炸式增长，包括文本信息在内的海量非结构化信息的运用变得具有现实意义，在情绪分析、舆情监控、智能客服等方面发挥着重要作用。

**朴素贝叶斯**（Naive Bayes）是一种常用于解决文本分类问题的模型，之所以称之为"朴素"，是因为假设各个**特征条件独立**，进而极大地简化了 $P(X \mid y)$ 的计算。若样本数据集类别标签变量为 $y$，且包含 $n$ 个特征变量，即 $X = (x_1, x_2, \ldots, x_n)$，则在朴素贝叶斯的假定下可以得到等式

$$P(x_1, x_2, \ldots, x_n \mid y) = \prod_{i=1}^{n} P(x_i \mid y)$$

特征条件独立性假设使得贝叶斯方法在数学上变得易于处理，但有时会牺牲一定的分类准确性。考虑到这一假设在现实生活中有时难以成立，还有一类模型对假设进行了一定程度的放松，被称为半朴素贝叶斯（Semi-naive Bayes）。

朴素贝叶斯包含三种模型：伯努利模型、多项式模型以及高斯模型，下面重点介绍伯努利模型和多项式模型。

## 7.2.1　特征提取：从文字到数字

机器学习过程通常需要对变量数据进行数学运算，因而需要先将文本这类非结构化信息转化为数值型变量，这一过程被称为**特征提取**。下面描述一种简化的特征提取思路。首先，将所有文本中可能出现的文字组成一个**字典**，并在字典内部进行排序。比如，"状"字排在第 1 位，用变量 $d_1$ 表示；"是"字排在第 2 位，用变量 $d_2$ 表示；依此类推。然后，按照如下规则生成向量 $X$ 用于表示某一条文本：如果字典中排在第 $j$ 位的文字出现在文本中，则令 $x_j = 1$，否则令 $x_j = 0$。以"状态好"这句话为例，其特征变量表示为 $x_1 = 1$，$x_{2001} = 1$，$x_{4092} = 1$，其他 $x_j$ 等于 0。

$$\begin{bmatrix} 状 \\ 是 \\ \vdots \\ 很 \\ 态 \\ \vdots \\ 好 \end{bmatrix} \rightarrow D = \begin{bmatrix} d_1 \\ d_2 \\ \vdots \\ d_{2000} \\ d_{2001} \\ \vdots \\ d_{4092} \end{bmatrix}, \quad \begin{bmatrix} 状 \\ 态 \\ 好 \end{bmatrix} \rightarrow X = \begin{bmatrix} 1 \\ 0 \\ \vdots \\ 0 \\ 1 \\ \vdots \\ 1 \end{bmatrix}$$

假设字典里一共有 $N$ 个可能的文字，经过上述处理，任何文本都能表示为一个 $N$ 维向量，这样就完成了文字的特征提取。这同时意味着**向量长度等于字典规模**。不过，这种特征提取方法只描述文本中文字**是否出现**，而忽略了文字出现的频率或文字之间的顺序等其他信息。

### 7.2.2　伯努利模型

通过上述特征提取方法转换出的向量有两个特点。第一，向量 $X$ 中的元素**稀疏且不相关**，大部分元素 $x_j$ 都等于 0，而且不同文字出现的概率之间没有依赖关系；第二，向量 $X$ 中的任何一个元素 $x_j$ 都只有 0 或者 1 **两个可能的取值**。这正好符合**伯努利分布**的假设：各个特征之间相互独立，且特征取值为 0 或 1。

假定训练数据里一共有 $m$ 条文本，经过特征提取后的文本向量表示为

$$X_i = (x_{i,1}, x_{i,2}, \dots, x_{i,j}, \dots, x_{i,N}), i \in [1, m], j \in [1, N]$$

$x_{i,j}$ 表示第 $i$ 条文本中字典里排序为 $j$ 的文字是否出现。假定所有文本可分为 $T$ 种类型，类型标签 $y_i = l(l \in [1, T])$ 为离散型随机变量，类型 $l$ 的出现概率记为 $P(y_i = l) = \theta_l$。给定文本标签为 $y_i$ 条件下，字典中第 $j$ 个字 $x_j$ 出现与否的概率分别为

$$P(x_j = 1 \mid y_i) = p_{j,y_i}, \quad P(x_j = 0 \mid y_i) = 1 - p_{j,y_i}$$

将上面两个式子合并起来，在第 $i$ 个文本中，向量元素 $x_{i,j}$ 等于 0 或 1 的条件概率为

$$P(x_{i,j} \mid y_i) = p_{j,y_i} x_{i,j} + (1 - p_{j,y_i})(1 - x_{i,j})$$

在朴素贝叶斯条件下，对于特定文本 $i$，每个字出现的概率相互独立，则文本 $i$ 的似然函数 $L_i$ 为

$$L_i = P(X_i, y_i) = P(X_i \mid y_i)P(y_i) = \prod_{j=1}^{N} P(x_{i,j} \mid y_i)P(y_i)$$

同时，文本之间也是相互独立的，可定义朴素贝叶斯模型的似然函数 $L$ 为

$$L = \prod_{i=1}^{m} L_i$$

最后，最大化似然函数 $L$ 可估计出两个重要参数值：

$$\widehat{\theta}_l, \widehat{p}_{j,l} = \mathrm{argmax}_{\theta,p}\, L$$

可见，只需从训练数据中学习到两个参数的估计值：**每种文本类别出现的概率分布** $\widehat{\theta}_l$ **和每个字（或词）出现的条件概率分布** $\widehat{p}_{j,l}$，计算后得到其参数估计值为

$$\widehat{\theta}_l = \frac{\sum_{i=1}^{m} 1_{\{y_i = l\}}}{m}, \qquad \widehat{p}_{j,l} = \frac{\sum_{i=1}^{m} 1_{\{x_{i,j}=1, y_i = l\}}}{\sum_{i=1}^{m} 1_{\{y_i = l\}}}$$

其中，**类别概率分布** $\widehat{\theta}_l$ 是指各类别在训练数据中的占比；**特征条件概率** $\widehat{p}_{j,l}$ 是指某个字在某类别文本中出现的比例，即某类别中出现这个字的文本数除以该类别的总文本数。下面根据贝叶斯定理，就可得到令概率 $\widehat{y}_i$ 最大的文本类型 $l$，并将它作为对文本 $i$ 类型的最终预测结果：

$$\widehat{y}_i = \mathrm{argmax}_l \prod_{j=1}^{N} P(x_{i,j} \mid y_i = l) P(y_i = l)$$

接下来以图 7-2 左侧三条文本作为训练集训练一个伯努利朴素贝叶斯分类模型。按照上文给出的参数估计公式，计算各项参数估计值如图 7-2 右侧所示。

| 文本 | 标签 |
|---|---|
| "状态好" | 正面 |
| "状态正佳" | 正面 |
| "状态不好" | 负面 |

伯努利朴素贝叶斯分类 →

**类别概率分布**

$P$（正面）$=2/3$    $P$（负面）$=1/3$

**特征条件概率分布**

$P$（状|正面）$=2/2$    $P$（状|负面）$=1/1$
$P$（态|正面）$=2/2$    $P$（态|负面）$=1/1$
$P$（好|正面）$=1/2$    $P$（好|负面）$=1/1$
$P$（正|正面）$=1/2$    $P$（正|负面）$=0/1$
$P$（佳|正面）$=1/2$    $P$（佳|负面）$=0/1$
$P$（不|正面）$=0/2$    $P$（不|负面）$=1/1$

**图 7-2  伯努利朴素贝叶斯分类模型训练过程**

使用该模型对三条训练集数据进行预测：计算其类别预测概率，然后选择概率最大的类别作为最终预测结果。下面算式中，$l=0$ 表示"正面"类型，$l=1$ 表示"负面"类型。

对于文本 1 "状态好"有

$$\widehat{y}_{i=1,l=0} = \prod_{j=1}^{3} P(x_{i,j} \mid y_i = 0) P(y_i = 0) = \frac{2}{2} \times \frac{2}{2} \times \frac{1}{2} \times \frac{2}{3} = \frac{1}{3}$$

$$\widehat{y}_{i=1,l=1} = \prod_{j=1}^{3} P(x_{i,j} \mid y_i = 1) P(y_i = 1) = \frac{1}{1} \times \frac{1}{1} \times \frac{1}{1} \times \frac{1}{3} = \frac{1}{3}$$

由于二者概率相等（$\frac{1}{3} = \frac{1}{3}$），因而无法判断文本 1 的类型。

对于文本 2 "状态正佳"有

$$\widehat{y_{i=2,l=0}} = \prod_{j=1}^{4} P(x_{i,j} \mid y_i = 0) P(y_i = 0) = \frac{2}{2} \times \frac{2}{2} \times \frac{1}{2} \times \frac{1}{2} \times \frac{2}{3} = \frac{1}{6}$$

$$\widehat{y_{i=2,l=1}} = \prod_{j=1}^{4} P(x_{i,j} \mid y_i = 1) P(y_i = 1) = \frac{1}{1} \times \frac{1}{1} \times \frac{0}{1} \times \frac{0}{1} \times \frac{1}{3} = 0$$

由于"正面"类型的概率更大（$\frac{1}{6} > 0$），因而模型判断文本 2 为"正面"类型。

同理，对于文本 3 "状态不好"有

$$\widehat{y_{i=3,l=0}} = \prod_{j=1}^{3} P(x_{i,j} \mid y_i = 0) P(y_i = 0) = \frac{2}{2} \times \frac{2}{2} \times \frac{0}{2} \times \frac{1}{2} \times \frac{2}{3} = 0$$

$$\widehat{y_{i=3,l=1}} = \prod_{j=1}^{3} P(x_{i,j} \mid y_i = 1) P(y_i = 1) = \frac{1}{1} \times \frac{1}{1} \times \frac{1}{1} \times \frac{1}{1} \times \frac{1}{3} = \frac{1}{3}$$

由于"负面"类型的概率更大（$0 < \frac{1}{3}$），因而模型判断文本 3 为"负面"类型。

上述模型在实际应用中可能会遇到一个难题。假设字典里第 $t$ 位是生僻字，它在**训练文本里从来没有出现过**。根据上文给出的 $\widehat{p}_{j,l}$ 估计公式，得到对于所有的 $l \in [1, \mathrm{T}]$，都有 $\widehat{p}_{t,l} = 0$。如果需要预测的文本 $i$ 中出现了这个字，那么 $P(x_{i,t} \mid y_i) \equiv 0$，这样类型预测概率算式中右边的乘积永远等于 0，使得预测结果存在偏差。在每个字（或词）出现的条件概率分布公式的分子和分母中同时引入**平滑项**可以规避这个问题，将每个字的条件概率估计式改为

$$\widehat{p}_{j,l} = \frac{\sum_{i=1}^{m} 1_{\{x_{i,j}=1, y_i=l\}} + \alpha}{\sum_{i=1}^{m} 1_{\{y_i=l\}} + N\alpha}$$

其中，$\alpha$ 称为平滑系数，取值范围为 $0 < \alpha \le 1$，$\alpha = 1$ 对应拉普拉斯平滑（Laplace Smoothing），$\alpha < 1$ 则对应利德斯通平滑（Lidstone Smoothing）；$N$ 代表类别数量。

### 7.2.3 多项式模型

伯努利模型在判断文本主题时只利用了文字**是否出现**这一信息，然而，某个字的**出现频率**显然也能体现文本的主题信息。**多项式模型**则改进了这一点。多项式模型基于多项式分布（Multinomial Distribution）建立，是伯努利模型的扩展，适用于刻画描述文本中某些字出现的频率信息。

若使用多项式模型进行文本分类，要对文本采用**新的特征提取方式**。与上文方法类似，需要借助字典将文本转换为向量 $X$，但是转换规则有所不同：向量 $X$ 的第 $j$ 个元素 $x_j$ 表示此文本中第 $j$ 个位置上出现的文字在字典中的序号。向量 $X$ 的长度不再与字典字数相同，而是**与文本字数相同**。文本转换示例如下：

$$\begin{bmatrix} 状 \\ 是 \\ \vdots \\ 很 \\ 态 \\ \vdots \\ 好 \end{bmatrix} \rightarrow D = \begin{bmatrix} d_1 \\ d_2 \\ \vdots \\ d_{2000} \\ d_{2001} \\ \vdots \\ d_{4092} \end{bmatrix}, \begin{bmatrix} 状 \\ 态 \\ 很 \\ 好 \\ 很 \\ 好 \end{bmatrix} \rightarrow X = \begin{bmatrix} 1 \\ 2001 \\ 2000 \\ 4092 \\ 2000 \\ 4092 \end{bmatrix}$$

多项式模型中，字典中序号为 $k$ 的字在类型 $y_i$ 中出现的频率定义为

$$P(x_j = k \mid y_i) = p_{k,y_i}$$

显然，在多项式模型中，某文字出现的概率与其位置 $j$ 无关。例如，文本向量 $i$ 的第 3 个位置和第 5 个位置都出现了"很"字（$k = 2000$），则 $P(x_3 = 2000 \mid y_i) = P(x_5 = 2000 \mid y_i) = p_{2000,y_i}$。

同样假定所有文本可分为 $T$ 种类型，类型标签 $y_i = l(l \in [1, T])$ 为离散型随机变量，类型 $l$ 出现的概率记为 $P(y_i = l) = \theta_l$。训练数据集中文本总数为 $m$，$X_i = (x_{i,1}, x_{i,2}, \ldots, x_{i,n_i})(i \in [1, m])$ 表示第 $i$ 个文本向量，$n_i$ 为第 $i$ 条文本的总字数。与上节定义似然函数 $L$ 类似，同样可得相应模型参数的估计公式为

$$\widehat{\theta_l} = \frac{\sum_{i=1}^{m} 1_{\{y_i = l\}}}{m}, \quad \widehat{p_{k,l}} = \frac{\sum_{i,j} 1_{\{x_{i,j} = k, y_i = l\}}}{\sum_{k} \sum_{i,j} 1_{\{x_{i,j} = k, y_i = l\}}}$$

其中，**类别概率分布** $\widehat{\theta_l}$ 是指各类别在训练数据中的占比；**特征条件概率** $\widehat{p_{k,l}}$ 是指在类型 $l$ 中某个字 $k$ 出现的次数占这个类别文本总字数的比例。

接下来以图 7-3 左侧三条文本作为训练集训练一个多项式朴素贝叶斯分类模型。按照上文给出的参数估计公式，计算得到各项参数估计值如图 7-3 右侧所示。

| 文本 | 标签 |
|---|---|
| "状态很好很好" | 正面 |
| "状态正佳" | 正面 |
| "状态不好" | 负面 |

多项式朴素
贝叶斯分类 →

**类别概率分布**

$P$（正面）=2/3　　$P$（负面）=1/3

**特征条件概率分布**

| | |
|---|---|
| $P$（状\|正面）=2/10 | $P$（状\|负面）=1/4 |
| $P$（态\|正面）=2/10 | $P$（态\|负面）=1/4 |
| $P$（很\|正面）=2/10 | $P$（很\|负面）=0/4 |
| $P$（好\|正面）=2/10 | $P$（好\|负面）=1/4 |
| $P$（正\|正面）=1/10 | $P$（正\|负面）=0/4 |
| $P$（佳\|正面）=1/10 | $P$（佳\|负面）=0/4 |
| $P$（不\|正面）=0/10 | $P$（不\|负面）=1/4 |

**图 7-3　多项式朴素贝叶斯分类模型训练过程**

下面使用该模型对三条训练集数据进行预测，利用参数估计值分别计算训练集数据的类别预测概率，并选择概率最大的类别作为最终结果。同样地，下面计算式中 $l = 0$ 表示"正面"类型，$l = 1$ 表示"负面"类型。

对于文本 1 "状态很好"有

$$\widehat{y_{i=1,l=0}} = \prod_{j=1}^{4} P(x_{i,j} \mid y_i = 0)P(y_i = 0) = \frac{2}{10} \times \frac{2}{10} \times \frac{2}{10} \times \frac{2}{10} \times \frac{2}{3} = \frac{2}{1875}$$

$$\widehat{y_{i=1,l=1}} = \prod_{j=1}^{4} P(x_{i,j} \mid y_i = 1)P(y_i = 1) = \frac{1}{4} \times \frac{1}{4} \times \frac{0}{4} \times \frac{1}{4} \times \frac{1}{3} = 0$$

由于"正面"类型的概率更大（$\frac{2}{1875} > 0$），因而模型判断文本 1 为"正面"类型。

对于文本 2 "状态正佳"有

$$\widehat{y_{i=2,l=0}} = \prod_{j=1}^{4} P(x_{i,j} \mid y_i = 0)P(y_i = 0) = \frac{2}{10} \times \frac{2}{10} \times \frac{1}{10} \times \frac{1}{10} \times \frac{2}{3} = \frac{1}{3750}$$

$$\widehat{y_{i=2,l=1}} = \prod_{j=1}^{4} P(x_{i,j} \mid y_i = 1)P(y_i = 1) = \frac{1}{4} \times \frac{1}{4} \times \frac{0}{4} \times \frac{0}{4} \times \frac{1}{3} = 0$$

由于"正面"类型的概率更大（$\frac{1}{3750} > 0$），因而模型判断文本 2 为"正面"类型。

对于文本 3 "状态不好"有

$$\widehat{y_{i=3,l=0}} = \prod_{j=1}^{3} P(x_{i,j} \mid y_i = 0)P(y_i = 0) = \frac{2}{10} \times \frac{2}{10} \times \frac{0}{10} \times \frac{2}{10} \times \frac{2}{3} = 0$$

$$\widehat{y_{i=3,l=1}} = \prod_{j=1}^{3} P(x_{i,j} \mid y_i = 1)P(y_i = 1) = \frac{1}{4} \times \frac{1}{4} \times \frac{1}{4} \times \frac{1}{4} \times \frac{1}{3} = \frac{1}{768}$$

由于"负面"类型的概率更大（$0 < \frac{1}{768}$），因而模型判断文本 3 为"负面"类型。

同样地，为了规避生僻字带来的干扰，引入平滑项得到

$$\widehat{p_{k,l}} = \frac{\sum_{i,j} 1_{\{x_{i,j}=k, y_i=l\}} + \alpha}{\sum_k \sum_{i,j} 1_{\{x_{i,j}=k, y_i=l\}} + N\alpha}$$

其中，$N$ 是字典的大小；参数 $\alpha$ 为平滑系数，其含义与伯努利模型一致。

### 7.2.4 多项式模型拓展：TF-IDF

在实际应用中，还可以对文本采用下面的特征提取方法。若 $N$ 表示字典大小，对于给定文本 $i$，转换后得到 $N$ 维向量 $X$，向量元素 $x_{i,k}$ 表示字典中第 $k$ 个文字出现的次数。文本转换示例如下所示。

$$\begin{bmatrix} 状 \\ 是 \\ \vdots \\ 很 \\ 态 \\ \vdots \\ 好 \end{bmatrix} \rightarrow D = \begin{bmatrix} d_1 \\ d_2 \\ \vdots \\ d_{2000} \\ d_{2001} \\ \vdots \\ d_{4092} \end{bmatrix}, \quad \begin{bmatrix} 状 \\ 态 \\ 很 \\ 好 \\ 很 \\ 好 \end{bmatrix} \rightarrow X = \begin{bmatrix} 1 \\ 0 \\ \vdots \\ 2 \\ 1 \\ \vdots \\ 2 \end{bmatrix}$$

通过这种特征提取方法得到的向量结合了伯努利模型和多项式模型特征提取后的特点。一方面与伯努利模型类似，向量长度与字典长度一致，此时文本向量一般较为稀疏；另一方面与多项式模型类似，文本向量中也包含了文字出现的频率信息。不考虑平滑项，在这种特征提取方法下，若直接采用多项式模型可得到参数估计公式为

$$\widehat{\theta}_l = \frac{\sum_{i=1}^{m} 1_{\{y_i = l\}}}{m}, \qquad \widehat{p}_{k,l} = \frac{\sum_{i=1}^{m} x_{i,k} 1_{\{y_i = l\}}}{\sum_{k} \sum_{i=1}^{m} x_{i,k} 1_{\{y_i = l\}}}$$

$\widehat{p}_{k,l}$ 表示在类型为 $l$ 的文本中，字典第 $k$ 个文字出现的概率。根据以上参数估计公式，若第 $i$ 个文本的向量表示为 $X_i = (x_{i,1}, x_{i,2}, \ldots, x_{i,N})$，则可预测文本 $i$ 属于类别 $l$ 的条件概率为

$$P(X_i \mid y_i = l) = \widehat{\theta}_l \prod_{k=1}^{N} \widehat{p}_{k,l}^{x_{i,k}}$$

该表达式意味着，**文本 $i$ 的类别预测结果仅与文字出现的绝对次数 $x_{i,k}$ 相关**，这显然不太合理。实际上，文字内容对文本主题类别的影响可分为以下两个方面。一是**某个文字在某类文本中出现比例越高，说明它与此类文本主题越相关**。之所以使用文字出现比例，而非出现次数，是因为文字的出现次数受文本自身长度的影响。如果文本越长，那么文字出现次数也会相应增加。这里使用文字出现比例在某种程度上相当于对文本数据作归一化处理。二是**某个文字在大多数文本中都出现，说明它与特定主题相关性并不高**。比如"的""和""首先""然后"等常用字在各类文本中都经常出现。相反，如果某个字只在少数文本中出现，那么它很可能是表示文本主题的专有名词，比如"越位""盖帽""上垒"等。总结而言，一个文字出现的文本数占总文本数的比例越小，它与文本主题也就越相关。

**TF-IDF**（Term Frequency-Inverse Document Frequency 词频 – 逆文档频率）是文本处理中常用的文字加权技术，其原理与上面内容息息相关。**TF-IDF 实际上是 TF ×IDF**，其中 TF 表示一个词在一篇文档中出现的次数，刻画了词语对某篇文档的重要性；IDF 与一个词在整个文档中出现次数的倒数相关，刻画了词语对整个文档集的重要性。具

体数学公式为

$$\text{TF-IDF}_{i,k} = \text{TF}_{i,k} \times \text{IDF}_k, \quad \text{TF}_{i,k} = \frac{x_{i,k}}{\sum_k x_{i,k}}, \quad \text{IDF}_k = \ln\left(\frac{m}{\sum_i 1_{x_{i,k}>0}}\right)$$

TF-IDF 的主要思想是：如果某个词或短语在一篇文章中出现的频率高（TF 高），并且在其他文章中很少出现（IDF 高），则认为此词语具有很好的类别区分能力，可设定高权重；否则，则设为低权重。由此，可将文字的"**出现次数**"加权转换为"**重要性指标（TF-IDF）**"。

在实际应用中，在对文本采用结合伯努利模型和多项式模型的特征提取方法得到文本向量之后，常常**对文本向量进行 TF-IDF 变换后再使用多项式模型**，这样有利于提升模型的分类效果。[3]

### 7.2.5　文本分类代码实现

前文主要讨论了朴素贝叶斯模型应用于文本分类的理论基础，下面使用 Python 实现上文所讨论的几种模型，再用搭建好的模型对文本进行分类。使用的文本数据来源于复旦大学计算机信息与技术系国际数据库中心自然语言处理小组，数据存储结构如图 7 - 4 所示。

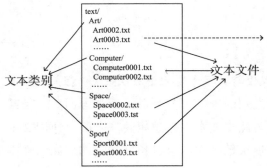

图 7 - 4　待分类文本数据存储结构

复旦大学自然语言处理小组提供的文本数据库中一共有 20 个类别，为节省程序计算时间，这里仅选取其中内容较多的四个主题作为训练文本数据集，分别是"艺术（Art）""电脑（Computer）""太空（Space）"和"体育（Sports）"。

#### 7.2.5.1　读取文本数据

定义 read_data 函数，用于根据给定类别读取数据文件，并将数据分为训练集和测试集。

```
from os import listdir, path
import numpy as np
import pandas as pd
```

```
def read_data(dataPath, category, testRatio):
    np.random.seed(2046)
    trainData = []
    testData = []
    labels = [i for i in listdir(dataPath) if i in category]
    #划分训练集和测试集
    for i in labels:
        for j in listdir('%s\\%s' % (dataPath, i)):
            content = read_content('%s\\%s\\%s' % (dataPath, i, j))
            #生成0-1的随机浮点数,并依据测试数据占比,将原数据集合划分成两个数据集
            if np.random.random() <= testRatio:
                testData.append({'label': i, 'content': content})
            else:
                trainData.append({'label': i, 'content': content})
        #转换为 DataFrame
        trainData = pd.DataFrame(trainData)
        testData = pd.DataFrame(testData)
        return trainData, testData

def read_content(dataPath):
    #读取文件里的内容,略去不能正确解码的行
    with open(dataPath, 'r', errors = 'ignore') as f:
            raw_content = f.read()
    content = ''
    for i in raw_content.split('\n'):
        content += i
    return content
```

针对四个主题,各给出一段待分类的测试文本,内容如下。

```
doc1 = '作为超现实主义艺术的先驱,米罗的画作中充斥着无理性的艺术,线条颜色自由流淌\
在画家的笔尖。' #art 主题
doc2 = '如果电脑采用独显平台的话,数据线应该接在显卡的视频输出的接口,而不是主板的\
视频信号输出接口。' #computer 主题
doc3 = '通过测量与控制航天仪器的运行状态分析航天仪器是否运行良好,同时还用于测量宇\
航员生理状况等重要数据。' #space 主题
doc4 = '肯纳德帮助快船追平比分,比赛进入到白热化阶段。最后三分钟,伦纳德连续得分,\
将分差扩大到9分,比赛失去悬念。' #sports 主题
```

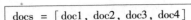

```
docs = [doc1，doc2，doc3，doc4]
```

### 7.2.5.2　采用伯努利模型

定义伯努利模型的实现函数 train_BernoulliNB，代码思路如下。采用上文介绍的特征提取方式对文本进行特征提取，由 sklearn 工具包提供的 CountVectorizer 类完成。该类把输入的字符串拆分成单独的字，默认分隔符为空格。包含的参数 token_pattern 可以传入一个正则表达式，由它决定将作为字被纳入字典中的字符串，代码中的"r'（?u）\b\w+\b'"表示任何长度等于 1 的字符串都将作为字；参数 binary 设定为 True，表示生成的实例 vectorizer 只统计文字出现与否。接着使用 sklearn 工具包的 naive_bayes 模块的 BernoulliNB 函数，创建伯努利朴素贝叶斯模型，并在转换后的文本数据上进行训练。

```python
from sklearn. feature_extraction. text import CountVectorizer
from sklearn. preprocessing import LabelEncoder
from sklearn. naive_bayes import BernoulliNB

def train_BernoulliNB（data）:
    #文本特征提取
    vectorizer = CountVectorizer（token_pattern = r'（?u）\b\w+\b', binary = True）
    X = vectorizer. fit_transform（data['content']）
    le = LabelEncoder（） #由于文本类别是字符串，需要将其转换为数值类型
    Y = le. fit_transform（data['label']）
    #训练伯努利模型
    model = BernoulliNB（）
    model. fit（X,Y）
    return vectorizer, le, model
```

### 7.2.5.3　采用多项式模型

多项式模型实现步骤与伯努利模型类似，使用 CountVectorizer 类实现文本到向量的转换，再使用 MultinomialNB 函数对转换后的数据进行建模。下面代码使用 Pipeline 将这两个步骤连接起来。由于多项式模型处理的文本向量在提取特征时需要统计文字在文本中出现的次数，对应在设置 CountVectorizer 类的参数 binary 取值为 False。

```python
from sklearn. pipeline import Pipeline
from sklearn. naive_bayes import MultinomialNB

def train_MultinomialNB（data）:
    pipe = Pipeline（[（'vectorizer', CountVectorizer（token_pattern = r'（?u）\b\w+\b'））,
                    （'model', MultinomialNB（）））]）
```

```
le = LabelEncoder()
Y = le.fit_transform(data['label'])
pipe.fit(data['content'], Y)
return le, pipe
```

### 7.2.5.4 TF-IDF 与多项式模型

在多项式模型之前，可以**使用 TF-IDF 对文本向量作处理**，以提升模型预测性能。该功能由 sklearn 工具包提供的 TfidfTransformer 类完成。继续使用 Pipeline，其好处是具体实现只需在其中加入用于实现 TF-IDF 的 TfidfTransformer 类。

```
from sklearn.feature_extraction.text import TfidfTransformer

def train_MultinomialNB_with_TFIDF(data):
    pipe = Pipeline([('vectorizer', CountVectorizer(token_pattern = r'(? u)\b\w + \b')),
            ('tfidf', TfidfTransformer(norm = None, sublinear_tf = True)),
                    ('model', MultinomialNB())])
    le = LabelEncoder()
    Y = le.fit_transform(data['label'])
    pipe.fit(data['content'], Y)
    return le, pipe
```

### 7.2.5.5 模型训练与输出

定义模型训练函数 trainModel，用于训练模型并输出预测结果。具体而言，分别采用伯努利、多项式、TF-IDF 与多项式三种不同模型对文本主题进行朴素贝叶斯分类，使用训练好的模型进行预测，并输出样例的预测结果以及在测试集上的性能报告，包括精确率、召回率等评估指标。

```
from sklearn.metrics import classification_report

def evaluate_models(trainData, testData, testDocs, docs):
    #伯努利模型
    vectorizer, le, model = train_BernoulliNB(trainData)
    pred = le.classes_[model.predict(vectorizer.transform(testDocs))]
    print('=========采用伯努利模型进行朴素贝叶斯分类 =========')
    print_results(docs, pred)
    print(classification_report(le.transform(testData['label']),
                                model.predict(vectorizer.transform(testData['content'])),
                                target_names = le.classes_))
```

```
#多项式模型
le, pipe = train_MultinomialNB(trainData)
pred = le.classes_[pipe.predict(testDocs)]
print('=========采用多项式模型进行朴素贝叶斯分类=========')
print_results(docs, pred)
print(classification_report(le.transform(testData['label']),
                        pipe.predict(testData['content']),
                        target_names = le.classes_)

#TFIDF + 多项式模型
le, pipe = train_MultinomialNB_with_TFIDF(trainData)
pred = le.classes_[pipe.predict(testDocs)]
print('=========采用 TF-IDF + 多项式模型进行朴素贝叶斯分类=========')
print_results(docs, pred)
print(classification_report(le.transform(testData['label']),
                        pipe.predict(testData['content']),
                        target_names = le.classes_))

def print_results(doc, pred):
    #输出样例的预测结果
    for d, p in zip(doc, pred):
        print('文本内容:【%s】的分类结果是:%s' % (d.replace(' ', ''), p))
```

### 7.2.5.6 直接执行分类

待分类文本存放在 text 文件夹中,利用前文定义的 read_data 函数从中读取文本数据,并将文本数据按照 4:1 的比例划分为训练集和测试集。再将简单用空格将每个字单独分隔成词后的训练集、测试集和测试文本输入 trainModel 函数,训练三种模型并输出结果。

```
#读取文本并划分数据集
dataPath = './text'
category = ['Art', 'Computer', 'Space', 'Sports']
trainData, testData = read_data(dataPath, category, 0.2)
#简单用空格进行分词
trainData['content'] = trainData.apply(lambda x: ' '.join(x['content']), axis = 1)
testData['content'] = testData.apply(lambda x: ' '.join(x['content']), axis = 1)
testDocs = [' '.join(i) for i in docs]
#训练三种模型并输出结果
evaluate_models(trainData, testData, testDocs, docs)
```

========采用伯努利模型进行朴素贝叶斯分类========

文本内容:【作为超现实主义艺术的先驱,米罗的画作中充斥着无理性的艺术,线条颜色自由流淌在画家的笔尖。】的分类结果是:Space

文本内容:【如果电脑采用独显平台的话,数据线应该接在显卡的视频输出的接口,而不是主板的视频信号输出接口。】的分类结果是:Space

文本内容:【通过测量与控制航天仪器的运行状态分析航天仪器是否运行良好,同时还用于测量宇航员生理状况等重要数据。】的分类结果是:Space

文本内容:【肯纳德帮助快船追平比分,比赛进入到白热化阶段。最后三分钟,伦纳德连续得分,将分差扩大到 9 分,比赛失去悬念。】的分类结果是:Space

|  | precision | recall | f1-score | support |
|---|---|---|---|---|
| Art | 0.75 | 0.78 | 0.77 | 154 |
| Computer | 0.90 | 0.90 | 0.90 | 272 |
| Space | 0.64 | 0.86 | 0.73 | 134 |
| Sports | 0.79 | 0.62 | 0.70 | 238 |
| accuracy |  |  | 0.79 | 798 |
| macro avg | 0.77 | 0.79 | 0.77 | 798 |
| weighted avg | 0.80 | 0.79 | 0.79 | 798 |

========采用多项式模型进行朴素贝叶斯分类========

文本内容:【作为超现实主义艺术的先驱,米罗的画作中充斥着无理性的艺术,线条颜色自由流淌在画家的笔尖。】的分类结果是:Art

文本内容:【如果电脑采用独显平台的话,数据线应该接在显卡的视频输出的接口,而不是主板的视频信号输出接口。】的分类结果是:Computer

文本内容:【通过测量与控制航天仪器的运行状态分析航天仪器是否运行良好,同时还用于测量宇航员生理状况等重要数据。】的分类结果是:Space

文本内容:【肯纳德帮助快船追平比分,比赛进入到白热化阶段。最后三分钟,伦纳德连续得分,将分差扩大到 9 分,比赛失去悬念。】的分类结果是:Sports

|  | precision | recall | f1-score | support |
|---|---|---|---|---|
| Art | 0.92 | 0.99 | 0.95 | 154 |
| Computer | 0.90 | 0.88 | 0.89 | 272 |
| Space | 0.80 | 0.77 | 0.78 | 134 |
| Sports | 0.88 | 0.88 | 0.88 | 238 |
| accuracy |  |  | 0.88 | 798 |
| macro avg | 0.87 | 0.88 | 0.88 | 798 |
| weighted avg | 0.88 | 0.88 | 0.88 | 798 |

========采用 TF-IDF + 多项式模型进行朴素贝叶斯分类========

文本内容:【作为超现实主义艺术的先驱,米罗的画作中充斥着无理性的艺术,线条颜色自由流淌在画家的笔尖。】的分类结果是:Art

文本内容:【如果电脑采用独显平台的话,数据线应该接在显卡的视频输出的接口,而不是主板的视频信号输出接口。】的分类结果是:Computer

文本内容:【通过测量与控制航天仪器的运行状态分析航天仪器是否运行良好,同时还用于测量宇航员生理状况等重要数据。】的分类结果是:Space

文本内容:【肯纳德帮助快船追平比分,比赛进入到白热化阶段。最后三分钟,伦纳德连续得分,将分差扩大到 9 分,比赛失去悬念。】的分类结果是:Sports

|  | precision | recall | f1 − score | support |
|---|---|---|---|---|
| Art | 0. 91 | 0. 88 | 0. 89 | 154 |
| Computer | 0. 94 | 0. 95 | 0. 95 | 272 |
| Space | 0. 94 | 0. 87 | 0. 90 | 134 |
| Sports | 0. 88 | 0. 93 | 0. 90 | 238 |
|  |  |  |  |  |
| accuracy |  |  | 0. 91 | 798 |
| macro avg | 0. 92 | 0. 90 | 0. 91 | 798 |
| weighted avg | 0. 92 | 0. 91 | 0. 91 | 798 |

从模型分析结果可知,在单字成词的情况下,使用伯努利模型的分类效果较为一般,对示例文本的分类结果是错误的;而使用多项式模型的分类效果相比于伯努利模型有了大幅提升,对示例文本的分类是正确的。此外,对文本向量进行 TF-IDF 变换后再使用多项式模型进一步提升了对文本分类效果。

### 7.2.5.7  分词后再分类

机器学习中的自然语言处理还有一个重要环节是**分词**:把一个或几个字组合在一起形成语义单元。第三方库 jieba 是一个中文分词工具包,用于将中文文本切分成词语。它提供了多种分词算法,包括精确模式、全模式、搜索引擎模式等,可以适应不同场景下的需求。下面借助 jieba 工具包对文本进行分词,再使用上述训练好的模型对文本进行分类。分词代码实现非常简单,直接调用方法 jieba. cut 即可。

```
import jieba

#读取文本并划分数据集
trainData, testData = read_data (dataPath, category, 0. 2)
#使用 jieba 分词
trainData['content'] = trainData. apply(lambda x:' '. join(jieba. cut(x['content'],
                                          cut_all = True)), axis = 1)
testData['content'] = testData. apply(lambda x:' '. join(jieba. cut(x['content'],
                                          cut_all = True)), axis = 1)
```

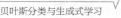

```
testDocs = [''.join(jieba.cut(i, cut_all = True)) for i in docs]
#训练三种模型并输出结果
evaluate_models(trainData, testData, testDocs, docs)
```

**输 出**

---

=========采用伯努利模型进行朴素贝叶斯分类 =========

文本内容:【作为超现实主义艺术的先驱,米罗的画作中充斥着无理性的艺术,线条颜色自由流淌在画家的笔尖。】的分类结果是:Space

文本内容:【如果电脑采用独显平台的话,数据线应该接在显卡的视频输出的接口,而不是主板的视频信号输出接口。】的分类结果是:Computer

文本内容:【通过测量与控制航天仪器的运行状态分析航天仪器是否运行良好,同时还用于测量宇航员生理状况等重要数据。】的分类结果是:Space

文本内容:【肯纳德帮助快船追平比分,比赛进入到白热化阶段。最后三分钟,伦纳德连续得分,将分差扩大到9分,比赛失去悬念。】的分类结果是:Space

|  | precision | recall | f1 – score | support |
|---|---|---|---|---|
| Art | 0.95 | 0.81 | 0.87 | 154 |
| Computer | 0.93 | 0.98 | 0.95 | 272 |
| Space | 0.87 | 0.87 | 0.87 | 134 |
| Sports | 0.87 | 0.91 | 0.89 | 238 |
|  |  |  |  |  |
| accuracy |  |  | 0.91 | 798 |
| macro avg | 0.91 | 0.89 | 0.90 | 798 |
| weighted avg | 0.91 | 0.91 | 0.91 | 798 |

=========采用多项式模型进行朴素贝叶斯分类 =========

文本内容:【作为超现实主义艺术的先驱,米罗的画作中充斥着无理性的艺术,线条颜色自由流淌在画家的笔尖。】的分类结果是:Art

文本内容:【如果电脑采用独显平台的话,数据线应该接在显卡的视频输出的接口,而不是主板的视频信号输出接口。】的分类结果是:Computer

文本内容:【通过测量与控制航天仪器的运行状态分析航天仪器是否运行良好,同时还用于测量宇航员生理状况等重要数据。】的分类结果是:Space

文本内容:【肯纳德帮助快船追平比分,比赛进入到白热化阶段。最后三分钟,伦纳德连续得分,将分差扩大到9分,比赛失去悬念。】的分类结果是:Sports

|  | precision | recall | f1-score | support |
|---|---|---|---|---|
| Art | 0.96 | 0.99 | 0.98 | 154 |
| Computer | 0.97 | 0.96 | 0.97 | 272 |
| Space | 0.97 | 0.93 | 0.95 | 134 |
| Sports | 0.97 | 0.98 | 0.97 | 238 |

| | precision | recall | f1 – score | support |
|---|---|---|---|---|
| accuracy | | | 0.97 | 798 |
| macro avg | 0.97 | 0.97 | 0.97 | 798 |
| weighted avg | 0.97 | 0.97 | 0.97 | 798 |

=========采用 TF-IDF + 多项式模型进行朴素贝叶斯分类 =========

文本内容:【作为超现实主义艺术的先驱,米罗的画作中充斥着无理性的艺术,线条颜色自由流淌在画家的笔尖。】的分类结果是:Art

文本内容:【如果电脑采用独显平台的话,数据线应该接在显卡的视频输出的接口,而不是主板的视频信号输出接口。】的分类结果是:Computer

文本内容:【通过测量与控制航天仪器的运行状态分析航天仪器是否运行良好,同时还用于测量宇航员生理状况等重要数据。】的分类结果是:Space

文本内容:【肯纳德帮助快船追平比分,比赛进入到白热化阶段。最后三分钟,伦纳德连续得分,将分差扩大到9分,比赛失去悬念。】的分类结果是:Sports

| | precision | recall | f1 – score | support |
|---|---|---|---|---|
| Art | 0.96 | 0.98 | 0.97 | 154 |
| Computer | 0.98 | 0.96 | 0.97 | 272 |
| Space | 0.98 | 0.92 | 0.95 | 134 |
| Sports | 0.94 | 0.98 | 0.96 | 238 |
| accuracy | | | 0.96 | 798 |
| macro avg | 0.96 | 0.96 | 0.96 | 798 |
| weighted avg | 0.96 | 0.96 | 0.96 | 798 |

分词之后各模型预测准确度均有了大幅提升。虽然朴素贝叶斯模型较为简单,但实际分类效果并不差。当然,还可以选择其他文本分类方法,比如同样是生成式模型的 LDA 模型。

# 7.3  基于 LDA 的文本主题分析

## 7.3.1  LDA 模型原理

LDA（Latent Dirichlet Allocation，隐含狄利克雷分布）是一种用于文本数据分析的模型，它包含三层贝叶斯结构。

·文档层：每个文档都由若干个主题构成。

·主题层：每个主题都由若干个词语构成。

·词语层：每个词语都由一个主题生成。

LDA 通过贝叶斯概率公式来推断每个文档中包含哪些主题，以及每个主题中包含哪些词语。对于给定文档集，LDA 可给出每篇文档归属于各类主题的概率分布，对于每个主题都可列出其特征词集合以及每个特征词的权重。因而是一种非常有效的划分主题方法，在文本挖掘领域有广泛应用。

LDA 是一种典型的**词袋模型**（Bag of Words Model），它认为文档可以表示为词语的集合，而忽略词与词之间的先后顺序关系。与之相对应的是**词向量模型**（Word Embedding Model），它考虑了词语的位置关系。LDA 属于无监督学习模型，训练时不需要手工标注，可认为是一种聚类算法。

既然 LDA 是一种主题模型，那么首先必须明确 LDA 是如何看待主题的。对于一篇新闻报道，如果里面经常出现"比分""射门""进球"等关键词，那么它的主题很可能是体育相关，而且更有可能是一篇关于足球比赛的报道。依照这一思路，可定义**主题是一组关键词的集合**；而另外一篇报道也出现了这些关键词，就可以直接判断它属于该主题。但是，这样定义主题也存在弊端。例如，一旦文章中出现了一个球星的名字就判定文章主题是"体育"，而对于球星的八卦新闻，更恰当的主题分类可能是"娱乐"。于是，更优的判定标准是：同一个词语可能出现在不同主题背景下，但是在不同主题下出现的概率不同。因此，**LDA 模型通过文本中的词语概率分布来判定其主题**。

为直观理解 LDA 模型，下面通过一个简单的例子来说明其基本原理。假设有词库字典【梅西，比赛，足球，奥巴马，希拉里，特朗普】。通过训练 LDA 模型，得到了两个主题及其关键词概率分布如下（其中数字代表某个词出现的概率）：

· "体育"主题【梅西：0.3，比赛：0.3，足球：0.3，奥巴马：0.03，希拉里：0.03，特朗普：0.04】

· "政治"主题【梅西：0.03，比赛：0.03，足球：0.04，奥巴马：0.3，希拉里：0.3，特朗普：0.3】

下面使用上述主题模型划分以下句子的主题。

1. 我喜欢观看 梅西 的 比赛。

2. 中国 足球 队战胜了韩国 足球 队。

3. 希拉里 在总统大选中败给 特朗普。

4. 特朗普 总统在白宫发表讲话。

5. 奥巴马 突然出现在美国队的足球 比赛现场。

通过主题分析可能得到如下结论：句子 1 和句子 2 基本可确定属于"体育"主题；句子 3 和句子 4 基本可确定属于"政治"主题；句子 5 属于"体育"主题的可能性更大（"体育"主题概率：0.03 + 0.3 + 0.3 = 63%；"政治"主题概率：0.3 + 0.04 + 0.03 = 37%）。

下面通过一个案例演示如何利用 LDA 模型对文本内容进行主题分析，主要分为以下几个步骤。首先对数据进行预处理。读取大量不同主题的文本内容，这些文本内容来源于网络文章。其次对文本进行清洗并进行分词处理和去停用词处理，得到规范化

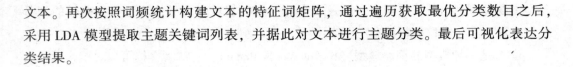

文本。再次按照词频统计构建文本的特征词矩阵，通过遍历获取最优分类数目之后，采用 LDA 模型提取主题关键词列表，并据此对文本进行主题分类。最后可视化表达分类结果。

### 7.3.2　数据预处理

#### 7.3.2.1　读取文本内容

从 LDA 目录读取不同主题的文本内容共 90 篇，其中前 30 篇（1. txt—30. txt）来自新浪网站的体育新闻，中间 30 篇（31. txt—60. txt）来自公众号的宏观经济解读，后 30 篇（61. txt—90. txt）来自小红书的美妆博主分享。

```
import numpy as np
import pandas as pd

ID_list = []
text_list = []
topic_list = []

print('\n  体育类别:', end = '')
for i in range(1, 31, 1):
    with open('./LDA/' + f'{i}. txt', 'r', encoding = 'utf - 8') as f:
        text = f. read()
    print(' ', f'{i}. txt', end = '')
    ID_list. append(i)
    text_list. append(text)
    topic_list. append('体育')

print('\n  经济类别:', end = '')
for i in range(31, 61, 1):
    with open('./LDA/' + f'{i}. txt', 'r', encoding = 'utf - 8') as f:
        text = f. read()
    print(' ', f'{i}. txt', end = '')
    ID_list. append(i)
    text_list. append(text)
    topic_list. append('经济')

print('\n  美妆类别:', end = '')
for i in range(61, 91, 1):
```

```
with open('. /LDA/' + f'{i}. txt', 'r', encoding = 'utf – 8') as f:
    text = f. read( )
print(' ', f'{i}. txt', end = '')
ID_list. append( i)
text_list. append( text)
topic_list. append('美妆')
```

**输 出**

体育类别： 1. txt  2. txt  3. txt  4. txt  5. txt  6. txt  7. txt  8. txt  9. txt  10. txt  11. txt  12. txt  13. txt  14. txt  15. txt  16. txt  17. txt  18. txt  19. txt  20. txt  21. txt  22. txt  23. txt  24. txt  25. txt  26. txt  27. txt  28. txt  29. txt  30. txt

经济类别： 31. txt  32. txt  33. txt  34. txt  35. txt  36. txt  37. txt  38. txt  39. txt  40. txt  41. txt  42. txt  43. txt  44. txt  45. txt  46. txt  47. txt  48. txt  49. txt  50. txt  51. txt  52. txt  53. txt  54. txt  55. txt  56. txt  57. txt  58. txt  59. txt  60. txt

美妆类别： 61. txt  62. txt  63. txt  64. txt  65. txt  66. txt  67. txt  68. txt  69. txt  70. txt  71. txt  72. txt  73. txt  74. txt  75. txt  76. txt  77. txt  78. txt  79. txt  80. txt  81. txt  82. txt  83. txt  84. txt  85. txt  86. txt  87. txt  88. txt  89. txt  90. txt

将这 90 篇内容和主题组合在数据表中，并查看生成的数据表内容。

```
data_df = pd. DataFrame( {'ID':ID_list, 'text':text_list, 'topic':topic_list} )
data_df
```

**输 出**

|   | ID | text | topic |
|---|---|---|---|
| 0 | 1 | 球类运动\n 足球\n 北京时间 8 月 16 日,2021 年中甲联赛第二阶段第 18 轮淄博蹴鞠和成都蓉城… | 体育 |
| 1 | 2 | 2 强赛开局便迎连场硬仗——中国足球再次进入"国足时间"\n2021 – 08 – 17 10:39… | 体育 |
| 2 | 3 | C 罗去哪儿？豪门锋线真要酝酿乾坤大挪移？\n2021 – 08 – 17 09:49 明珠号人民资讯… | 体育 |
| 3 | 4 | 4 年 1.96 亿美元！恩比德提前续约费城,跟西蒙斯还能继续联手吗\n 北京时间 8 月 17 日,根据名… | 体育 |
| 4 | 5 | 这里走出过 9 位奥运冠军、60 多位世界冠军 基层青少年体校的大浪淘沙\n 李发彬\n 黄东萍\n 这… | 体育 |
| … | … | … | … |

（续表）

| | ID | text | topic |
|---|---|---|---|
| 85 | 86 | 首先燕子姑娘想说化妆不是步骤的累积,也不是公式般的套路,任何别人的教程都不可能完全适用于自己… | 美妆 |
| 86 | 87 | 很多女生其实都不会挑选护肤品和化妆品 往往都是一头雾水地走进专柜或者屈臣氏 然后开始被导购员… | 美妆 |
| 87 | 88 | 男生也应该根据自己的皮肤状况去选择适合自己的护肤品,皮肤一般分为5个种类:干燥性、油性、敏感… | 美妆 |
| 88 | 89 | 早C晚A\n 搭配理念——日用VC篇\n早C晚A指的是:早上使用VC产品,晚上使用VA产品。\… | 美妆 |
| 89 | 90 | 相信很多朋友都有遇到这样一个情况,在面对专柜上面那琳琅满目的产品的时候,很多朋友都不知道选择… | 美妆 |

90 rows × 3 columns

### 7.3.2.2　去除无意义字符

考虑到文本内容中存在很多数字、标点和其他符号等对主题分析没有意义的字符,因此先利用正则表达式从文中匹配这些字符。re 模块提供了常用的正则表达式处理函数,运行如下代码,用空格替代文本中无意义的字符,并输出处理后的文本。

```
import re

#定义无意义字符的正则表达式
pattern = u'[\\s\\d,. < >/?:;\'\"[\\]｛｝()\\l ~！\t"@#$%^&*\\－_= +a-zA-Z,。\n\n
《》、?:;""''｛｝【】()…¥！——··－] +'
#用空格替换无意义字符
words_series = data_df['text']. apply(lambda x: re. sub(pattern, '', x))
words_series
```

**输 出**

0　球类运动 足球 北京时间 月 日 年中甲联赛第二阶段第 轮淄博蹴鞠和成都蓉城的比赛 在大连足…

1　强赛开局便迎连场硬仗 中国足球再次进入 国足时间 来源 戏说健康月 日 国足在阿联酋沙迦…

2　罗去哪儿 豪门锋线真要酝酿乾坤大挪移 明珠号人民资讯 今天 关于罗的转会动向成为了媒体的…

3　年亿美元 恩比德提前续约费城 跟西蒙斯还能继续联手吗 北京时间 月 日 根据名记 和 的…

4　这里走出过 位奥运冠军 多位世界冠军 基层青少年体校的大浪淘沙 李发彬 黄东萍 这个夏天 中…

……

85　首先燕子姑娘想说化妆不是步骤的累积 也不是公式般的套路 任何别人的教程都不可能完全适用于自己…

86 很多女生其实都不会挑选护肤品和化妆品 往往都是一头雾水地走进专柜或者屈臣氏 然后开始被导购员…

87 男生也应该根据自己的皮肤状况去选择适合自己的护肤品 皮肤一般分为 个种类 干燥性 油性 敏感…

88 早 晚 搭配理念 日用 篇 早 晚 指的是 早上使用 产品 晚上使用 产品 那这么搭配的思路…

89 相信很多朋友都有遇到这样一个情况 在面对专柜上面那琳琅满目的产品的时候 很多朋友都不知道选择…

Name：text, Length：90, dtype：object

### 7.3.2.3　文本内容分词

进一步对文本进行分词，jieba 工具包有两个常用的分词函数。一是 jieba. cut，它返回一个生成器（generator），可通过 for 循环取文本中的每一个词。二是 jieba. lcut，它直接生成一个列表，分隔开的词语作为元素储存在列表里。下面的代码利用 lcut 方法将每个文本内容切分为一个词语列表，并添加到数据表中。

```
import jieba

data_df['cut'] = words_series. apply( lambda x : jieba. lcut( x ) )
data_df['cut']
```

输　出

0　[球类运动， ，足球， ，北京，时间， ，月， ，日， ，年，中甲，…

1　[ ，强赛，开局，便，迎连场，硬仗， ，中国，足球，再次，进入， ，…

2　[ ，罗去，哪儿， ，豪门，锋线，真，要，酝酿，乾坤，大，挪移， ，…

3　[ ，年， ，亿美元， ，恩，比德，提前，续约，费城， ，跟，西蒙斯，…

4　[这里，走出，过， ，位，奥运冠军， ，多位，世界冠军， ，基层，青少，…

…

85　[首先，燕子，姑娘，想，说，化妆，不是，步骤，的，累积， ，也，不是，…

86　[很多，女生，其实，都，不会，挑选，护肤品，和，化妆品， ，往往，都，…

87　[男生，也，应该，根据，自己，的，皮肤，状况，去，选择，适合，自己，…

88　[早， ，晚， ，搭配，理念， ，日用， ，篇， ，早， ，晚，…

89　[相信，很多，朋友，都，有，遇到，这样，一个，情况， ， ，在，面对，专，…

Name：cut, Length：90, dtype：object

## 7.3.3　基于 Gensim 获取最优主题数目

Gensim 是一款开源的第三方 Python 工具包，用于从原始的非结构化文本中非监督式地学习可能存在的主题类别。Gensim 工具包和 sklearn 工具包都可以用来实现 LDA 主题分类，但 Gensim 工具包提供了更丰富的功能。下面先采用 Gensim 工具包搜寻最优主题数目，得到最优主题数目后，再采用 sklearn 工具包得到最终主题分析结果。

### 7.3.3.1　生成特征词典

特征词典是本次主题分析中要用到的所有特征词的完整集合。下面汇总所有文本内容，从中提取特征词生成特征词典。该功能通过 Gensim 工具包中对语料进行处理的字典提取库 Dictionary 实现。

```
from gensim. corpora. dictionary import Dictionary

dictionary = Dictionary(data_df['cut'])
print('特征词典:\n', dictionary)
```

**输出**

特征词典:

Dictionary <11618 unique tokens: [' ', '·', '一场', '一样', '一直']…>

### 7.3.3.2　生成词频向量

得到特征词典后，接着利用特征词典采用 doc2bow 方法对每个文本进行向量化。doc2bow 是 Gensim 工具包中封装的一个方法，用于实现词袋模型，该模型忽略文本语法和语序等要素，仅将文本看作是若干个词汇的集合。

```
corpus = [dictionary. doc2bow(token_list) for token_list in data_df['cut']]
print('词频向量总数为:' + str(len(corpus)))
```

**输出**

词频向量总数为:90

doc2bow 方法将一个词语列表形式的文档转换为一个由词语索引和词频组成的元组列表，每个元组的第一个元素是词语在词典中的索引，第二个元素是词语在文档中出现的频次。以 ID 为 3 的文本为例，运行下面代码，打印其词频向量的内容。

```
print('以第 3 个文本为例,其词频向量包含的词汇数量为:' + str(len(corpus[2])),
    '\n 词汇列表为(字典索引,出现频次):')
print(corpus[2])
```

**输出**

以 ID 为 3 的文本为例,其词频向量包含的词汇数量为:242

词汇列表为(字典索引,出现频次):

$[(0, 74), (4, 1), (15, 1), (19, 7), (32, 1), (39, 1), (48, 5), (49, 5), (69, 5), (106, 1),$
$(138, 1), (142, 1), (148, 1), (166, 8), (177, 1), (178, 1), (201, 2), (205, 2), (223, 2),$
$(228, 2), (231, 2), (266, 1), (286, 1), (299, 5), (308, 1), (369, 1), (376, 1), (392, 35),$
$(395, 1), (408, 3), (446, 1), (448, 4), (451, 1), (463, 1), (486, 2), (489, 3), (494, 1),$
$(529, 1), (537, 1), (545, 1), (546, 2), (612, 1), (616, 2), (635, 1), (678, 1), (686, 1),$
$(695, 1), (713, 1), (724, 1), (756, 2), (768, 1), (776, 3), (777, 1), (793, 1), (798, 1),$
$(814, 1), (856, 1), (864, 1), (873, 2), (874, 1), (875, 2), (876, 1), (886, 1), (890, 2),$
$(909, 1), (919, 2), (921, 1), (927, 1), (956, 1), (957, 2), (958, 1), (959, 1), (960, 1),$
$(961, 1), (962, 2), (963, 1), (964, 1), (965, 2), (966, 1), (967, 1), (968, 2), (969, 1),$
$(970, 1), (971, 2), (972, 2), (973, 1), (974, 1), (975, 2), (976, 6), (977, 2), (978, 2),$
$(979, 1), (980, 1), (981, 1), (982, 1), (983, 2), (984, 1), (985, 1), (986, 1), (987, 1),$
$(988, 1), (989, 2), (990, 1), (991, 1), (992, 1), (993, 1), (994, 1), (995, 1), (996, 1),$
$(997, 2), (998, 1), (999, 1), (1000, 1), (1001, 1), (1002, 2), (1003, 1), (1004, 2), (1005,$
$4), (1006, 1), (1007, 1), (1008, 2), (1009, 1), (1010, 1), (1011, 6), (1012, 2), (1013, 2),$
$(1014, 1), (1015, 1), (1016, 1), (1017, 1), (1018, 6), (1019, 1), (1020, 1), (1021, 1),$
$(1022, 1), (1023, 1), (1024, 2), (1025, 6), (1026, 1), (1027, 1), (1028, 1), (1029, 1),$
$(1030, 1), (1031, 1), (1032, 1), (1033, 1), (1034, 2), (1035, 1), (1036, 1), (1037, 1),$
$(1038, 1), (1039, 1), (1040, 1), (1041, 1), (1042, 1), (1043, 1), (1044, 1), (1045, 1),$
$(1046, 1), (1047, 1), (1048, 1), (1049, 1), (1050, 1), (1051, 1), (1052, 1), (1053, 1),$
$(1054, 1), (1055, 1), (1056, 1), (1057, 3), (1058, 1), (1059, 1), (1060, 1), (1061, 1),$
$(1062, 1), (1063, 1), (1064, 1), (1065, 1), (1066, 5), (1067, 1), (1068, 1), (1069, 2),$
$(1070, 1), (1071, 1), (1072, 4), (1073, 1), (1074, 1), (1075, 1), (1076, 1), (1077, 2),$
$(1078, 1), (1079, 5), (1080, 1), (1081, 1), (1082, 1), (1083, 1), (1084, 1), (1085, 1),$
$(1086, 1), (1087, 5), (1088, 2), (1089, 1), (1090, 1), (1091, 1), (1092, 2), (1093, 15),$
$(1094, 1), (1095, 1), (1096, 1), (1097, 1), (1098, 2), (1099, 1), (1100, 2), (1101, 2),$
$(1102, 1), (1103, 1), (1104, 3), (1105, 1), (1106, 2), (1107, 1), (1108, 1), (1109, 1),$
$(1110, 3), (1111, 1), (1112, 1), (1113, 2), (1114, 1), (1115, 2), (1116, 1), (1117, 2),$
$(1118, 2), (1119, 1), (1120, 2), (1121, 1), (1122, 2), (1123, 1), (1124, 1), (1125, 2),$
$(1126, 1), (1127, 1), (1128, 1), (1129, 1)]$

### 7.3.3.3　遍历主题数目

通过上面一系列步骤，已经成功地为每个文本生成了词频向量，为构建 LDA 模型做好了准备。下面通过对比不同主题数量下的一致性分数（Coherence Score）搜寻最佳主题数。一致性分数是评估 LDA 模型质量的指标，该指标越大说明该主题内的特征词越相关，主题内部差异越小，更具有语义一致性。下面导入 Gensim 工具包的 LDA 模型库 LdaModel 和 LDA 模型评估库 CoherenceModel，前者用于 LDA 模型的训练，后者用于计算一致性分数。代码的思路是，设置主题数为 1 到 5 之间的整数，并创建不同主题数下的 LDA 模型，然后计算并记录相应的一致性分数。此外，下面代码还导入了 tqdm 工具包，用于显示代码运行进程。

```python
from gensim.models.ldamodel import LdaModel
from gensim.models.coherencemodel import CoherenceModel
from tqdm import tqdm

#每次训练模型时将随机种子重置为相同值
np.random.seed(1400)
score_list = list()  #存放模型得分
#定义主题数搜索列表,每次计算差距1个topic
topics_list = list(range(1, 6, 1))
#计算每个主题数目得分,注意进度条的应用
for topic_numbers in tqdm(topics_list):
    lda_model = LdaModel(corpus = corpus, id2word = dictionary, num_topics = topic_numbers)
    #计算主题模型得分
    CM = CoherenceModel(model = lda_model, texts = data_df['cut'], dictionary = dictionary)
    #记录不同主题数下的一致性分数
    score_list.append(CM.get_coherence())
```

输出

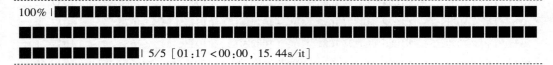

```
100% |████████████████████████████████████
███████████████████████████████████████████
████████████| 5/5 [01:17<00:00, 15.44s/it]
```

依据上面模型训练的结果，绘制主题数对 LDA 模型一致性得分的影响曲线。

```python
import matplotlib.pyplot as plt

plt.rcParams['font.sans-serif'] = ['SimHei']
plt.rcParams['axes.unicode_minus'] = False
plt.xlabel('主题数')
plt.ylabel('一致性得分')
plt.plot(topics_list, score_list, '*-')
plt.show()
```

输 出

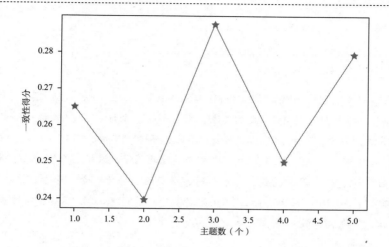

通过趋势图观察最佳主题数，并选择一致性得分最高的主题数为最佳主题数。从上图可以看出，当主题数为 3 个时，一致性得分最高，因而最佳主题数是 3 个。最佳主题数还可以通过下面代码得到。

```
import numpy as np

max_score_index = np.argmax(score_list) #求得最大一致性得分所在的索引
best_topic_numbers = topics_list[max_score_index] #根据最大值的索引找到最佳主题数
print('最佳主题数是:', best_topic_numbers)
```

输 出

最佳主题数是: 3

上述步骤求得的最佳主题数将用作下面 LDA 模型初始化的分类参数。

## 7.3.4 基于 sklearn 实现主题分类

### 7.3.4.1 构建词频矩阵

为提升分类效果，在构建词频矩阵之前先去除文本中的停用词。本案例采用的停用词库存放在 LDA 目录下，文件名为 stop_words.txt。下面从文件导入停用词，将这些停用词转换为每个停用词作为一个元素的列表，并显示前 100 个停用词。

```
with open('./LDA/stop_words.txt', 'r', encoding = 'utf - 8') as f:
        stop_words = f.read()
```

```
stop_words_list = stop_words.splitlines()
print('停用词列表为(前100个):\n\n', stop_words_list[0：100])
```

停用词列表为(前100个):

['啊', '阿', '哎', '哎呀', '哎哟', '唉', '俺', '俺们', '按', '按照', '吧', '吧哒', '把', '罢了', '被', '本', '本着', '比', '比方', '比如', '鄙人', '彼', '彼此', '边', '别', '别的', '别说', '并', '并且', '不比', '不成', '不单', '不但', '不独', '不管', '不光', '不过', '不仅', '不拘', '不论', '不怕', '不然', '不如', '不特', '不惟', '不问', '不只', '朝', '朝着', '趁', '趁着', '乘', '冲', '除', '除此之外', '除非', '除了', '此', '此间', '此外', '从', '从而', '打', '待', '但', '但是', '当', '当着', '到', '得', '的', '的话', '等', '等等', '地', '第', '叮咚', '对', '对于', '多', '多少', '而', '而况', '而且', '而是', '而外', '而言', '而已', '尔后', '反过来', '反过来说', '反之', '非但', '非徒', '否则', '嘎', '嘎登', '该', '赶', '个']

可以通过 CountVectorizer 类的参数 stop_words,传入给定的停用词列表,系统将自动去除停用词。

```
from sklearn.feature_extraction.text import CountVectorizer

#创建词袋数据(去除中文停用词)
n_count_vectorizer = CountVectorizer(stop_words = stop_words_list)
#生成特征词矩阵
words_series = data_df['cut'].apply(lambda x: ' '.join(x))
n_count_vec = n_count_vectorizer.fit_transform(words_series)
print('特征矩阵形状为:', n_count_vec.shape)
n_count_vec.toarray()
```

特征矩阵形状为:(90, 10024)

```
array([[0, 0, 0, ..., 0, 0, 0],
       [0, 0, 0, ..., 0, 0, 0],
       [0, 0, 0, ..., 0, 0, 0],
       ...,
       [0, 0, 0, ..., 0, 0, 0],
       [0, 0, 0, ..., 0, 0, 0],
       [0, 0, 0, ..., 0, 0, 0]], dtype = int64)
```

在上面运行结果中,矩阵行数 90 表示文本数量,矩阵列数 10024 代表特征词总数,

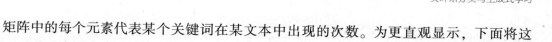

矩阵中的每个元素代表某个关键词在某文本中出现的次数。为更直观显示，下面将这个稀疏矩阵转为 DataFrame 格式。

```
#特征词列表
feature_names = n_count_vectorizer. get_feature_names_out( )
#生成词频矩阵的 DataFrame
n_count_matrix = n_count_vec. toarray( )
n_count_df = pd. DataFrame( n_count_matrix, columns = feature_names)
n_count_df
```

输 出

| | 一不小心 | 一丝 | 一个月 | 一个系列 | 一中 | 一举 | 一举一动 | 一举成名 | 一事 | 一二 | : | 鼻头 | 鼻子 | 鼻尖 | 鼻梁 | 鼻毛 | 鼻翼 | 鼻骨 | 齐达内 | 龙头企业 | 龙岩 |
|---|---|---|---|---|---|---|---|---|---|---|---|---|---|---|---|---|---|---|---|---|---|
| **0** | 0 | 0 | 0 | 0 | 0 | 0 | 0 | 0 | 0 | 0 | : | 0 | 0 | 0 | 0 | 0 | 0 | 0 | 0 | 0 | 0 |
| **1** | 0 | 0 | 0 | 0 | 0 | 0 | 0 | 0 | 0 | 0 | : | 0 | 0 | 0 | 0 | 0 | 0 | 0 | 0 | 0 | 0 |
| **2** | 0 | 0 | 0 | 0 | 0 | 0 | 0 | 0 | 0 | 0 | : | 0 | 0 | 0 | 0 | 0 | 0 | 0 | 0 | 0 | 0 |
| **3** | 0 | 0 | 0 | 0 | 0 | 0 | 0 | 0 | 0 | 0 | : | 0 | 0 | 0 | 0 | 0 | 0 | 0 | 0 | 0 | 0 |
| **4** | 0 | 0 | 0 | 0 | 1 | 0 | 0 | 0 | 0 | 0 | : | 0 | 0 | 0 | 0 | 0 | 0 | 0 | 0 | 0 | 0 |
| ⋮ | ⋮ | ⋮ | ⋮ | ⋮ | ⋮ | ⋮ | ⋮ | ⋮ | ⋮ | ⋮ | : | ⋮ | ⋮ | ⋮ | ⋮ | ⋮ | ⋮ | ⋮ | ⋮ | ⋮ | ⋮ |
| **85** | 0 | 0 | 0 | 0 | 0 | 0 | 0 | 0 | 0 | 0 | : | 4 | 1 | 0 | 1 | 0 | 0 | 0 | 0 | 0 | 0 |
| **86** | 0 | 0 | 0 | 0 | 0 | 0 | 0 | 0 | 0 | 0 | : | 0 | 0 | 0 | 0 | 0 | 0 | 0 | 0 | 0 | 0 |
| **87** | 0 | 0 | 0 | 1 | 0 | 0 | 0 | 0 | 0 | 0 | : | 0 | 0 | 0 | 0 | 0 | 0 | 0 | 0 | 0 | 0 |
| **88** | 0 | 0 | 0 | 0 | 0 | 0 | 0 | 0 | 0 | 0 | : | 0 | 0 | 0 | 0 | 0 | 0 | 0 | 0 | 0 | 0 |
| **89** | 0 | 0 | 0 | 0 | 0 | 0 | 0 | 0 | 0 | 0 | : | 0 | 0 | 0 | 0 | 0 | 0 | 0 | 0 | 0 | 0 |

90 rows × 10024 columns

### 7.3.4.2 模型构建与训练

在 sklearn 工具包中，LDA 主题模型通过 decomposition 模块的 LatentDirichletAllocation 类实现。主题数 n_components 是 LDA 模型重要的超参数之一，上文已经搜寻到最优主题数 best_topic_numbers，下面代入模型进行训练。

```
from sklearn. decomposition import LatentDirichletAllocation

#创建 LDA 模型,使用 best_topic_numbers 作为主题数
```

```
best_lda_model = LatentDirichletAllocation(n_components = best_topic_numbers, max_iter = 100,
                                            learning_method = 'batch', random_state = 0)
#训练 LDA 模型,% time 可统计代码运行时间
% time best_lda_model. fit(n_count_vec)
```

**输 出**

Wall time: 2.33 s

LatentDirichletAllocation(max_iter = 100, n_components = 3, random_state = 0)

### 7.3.4.3　特征词与权重分布

查看训练后的 LDA 模型中各主题相关特征词的权重，该值越高说明对应的特征词对于本主题越重要。

```
print('主题特征词权重矩阵形状为：', best_lda_model. components_. shape)
best_lda_model. components_
```

**输 出**

主题特征词权重矩阵形状为：（3，10024）

```
array([[0.33333709, 0.33333894, 1.33334874, ..., 0.33333451, 0.3369296 , 0.33333688],
       [0.33334185, 0.33334412, 0.33333951, ..., 1.3333301 , 1.32973615, 0.33334138],
       [1.33332106, 3.33331693, 1.33331175, ..., 0.33333538, 0.33333425, 2.33332174]])
```

LDA 模型为每个主题中的每个特征词都分配了相应的权重。所谓**主题模型就是从大量语料中找出最能体现出主题的特征词，并依照特征词之间的相似度提炼成主题**。下面查看各个主题下的特征词分布情况，仅显示前 20 个主题词。

```
n_top_words = 20

rows = []
for topic in best_lda_model. components_:
    #对于每个 topic,依据权重值排序,获取 n_top_words 个最重要的特征词
    top_words = [feature_names[i] for i in topic. argsort()[: -n_top_words - 1: -1]]
    rows. append(top_words)

columns = [f'word {i+1}' for i in range(n_top_words)]
top_words_df = pd. DataFrame(rows, columns = columns)
top_words_df
```

258

输出

| | word1 | word2 | word3 | word4 | word5 | word6 | word7 | word8 | word9 | word10 | word11 | word12 | word13 | word14 | word15 | word16 | word17 | word18 | word19 | word20 |
|---|---|---|---|---|---|---|---|---|---|---|---|---|---|---|---|---|---|---|---|---|
| 0 | 经济 | 美国 | 增长 | 同比 | 中国 | 增速 | 投资 | 百分点 | 企业 | 货币政策 | 疫情 | 全球 | 通胀 | 出口 | 市场 | 政策 | 持续 | 消费 | 风险 | 政府 |
| 1 | 住房 | 市值 | 中国 | 北京 | 体育 | 上市 | 皮肤 | 选择 | 城市 | 时间 | 比赛 | 比例 | 体育新闻 | 护肤品 | 产品 | 传播 | 体校 | 城镇 | 企业 | 传播学 |
| 2 | 搭配 | 选择 | 中国 | 口红 | 颜色 | 奥运会 | 适合 | 运动员 | 皮肤 | 化妆 | 效果 | 风格 | 何雯娜 | 眼影 | 黑色 | 唇峰 | 扎扎 | 梅西 | 新手 | 巴塞罗那 |

为了更直观地展现各个主题的特征词分布，下面将主题特征词用词云可视化表达，该功能通过 wordcloud 词云工具包的 WordCloud 类实现。

```python
from wordcloud import WordCloud

plt.figure(figsize=(20, 10), dpi=80)
i = 1
for word_list in top_words_df.values:
    #必须将 list 转换为字符串,否则不能绘制词云
    words = ' '.join(word_list)
    #生成词云图,注意 WordCloud 默认不支持中文,这里需已下载中文字库
    wc = WordCloud(background_color='white', width=500, height=350,
                   font_path='./text/simhei.ttf',
                   max_font_size=50, min_font_size=10, mode='RGBA')
    wc.generate(words)
    #绘图
    plt.subplot(1, 3, i)
    plt.title('Topic: ' + f'{i}', fontsize=20)
    i = i + 1
    plt.imshow(wc)
    plt.axis('off')

plt.show()
```

**输 出**

Topic:1

同比　货币政策　市场
政府　美国政策　经济
全球　投资　增长　持续　企业
风险　百分点　出口　疫情
中国　消费　增速　通胀

Topic:2

传播　上市　体校　选择
比例　市值北京　时间
传播学　体育　产品　中国
城市　皮肤　住房　城镇
体育新闻　护肤品　企业　比赛

Topic:3

巴塞罗那　皮肤
效果　化妆　扎扎　搭配
何雯娜　新手　中国　梅西
唇峰　奥运会　运动员
风格　眼影　颜色　口红　选择　黑色

请扫码
查看原图

#### 7.3.4.4　主题概率分布

　　LDA 主题分析的最终结果是给出各文本分别归属于各主题的概率分布情况。运行下面代码，显示每条文本的真实主题和 LDA 模型预测的主题概率分布。

```
#生成概率分布矩阵
distribution_matrix = best_lda_model. transform( n_count_vec. toarray( ) )
#转换为 DataFrame,并添加列名
columns = [ f'P( topic {i} )' for i in range( best_topic_numbers ) ]
predict_df = pd. DataFrame( distribution_matrix, columns = columns )
#添加列,显示每个文本的真实主题类型
distribution_df = pd. concat( [ data_df['topic'], predict_df ], axis = 1 )
distribution_df
```

**输 出**

|  | topic | P( topic 0) | P( topic 1) | P( topic 2) |
|---|---|---|---|---|
| **0** | 体育 | 0. 000531 | 0. 998930 | 0. 000539 |
| **1** | 体育 | 0. 000705 | 0. 998594 | 0. 000700 |
| **2** | 体育 | 0. 002090 | 0. 001872 | 0. 996038 |
| **3** | 体育 | 0. 003133 | 0. 003176 | 0. 993692 |
| **4** | 体育 | 0. 000518 | 0. 998949 | 0. 000534 |
| ... | ... | ... | ... | ... |
| **85** | 美妆 | 0. 000718 | 0. 000710 | 0. 998571 |
| **86** | 美妆 | 0. 001278 | 0. 671603 | 0. 327118 |
| **87** | 美妆 | 0. 000921 | 0. 998114 | 0. 000965 |
| **88** | 美妆 | 0. 001372 | 0. 001178 | 0. 997450 |
| **89** | 美妆 | 0. 001180 | 0. 943396 | 0. 055424 |

90 rows × 4 columns

结果数据表中，每列数值代表了文本属于某一主题的概率分布，每一行各项概率数值加总等于 1。运行下面代码，将该数据表保存到 xlsx 文件中。

```
distribution_df. to_excel('document_distribution. xlsx')
```

### 7.3.4.5　分类结果可视化

pyLDAvis 是一个交互式 LDA 可视化 Python 工具包，最初由 R 语言社区的 Carson Sievert 和 Kenny Shirley 开发。下面使用 pyLDAvis 工具包分析并可视化主题模型。

```
import pyLDAvis
import pyLDAvis. gensim_models
import pyLDAvis. sklearn

%time data_vis = pyLDAvis. sklearn. prepare(best_lda_model, n_count_vec, n_count_vectorizer)
```

**输 出**

Wall time：9. 09 s

将可视化结果保存为 html 文件，并在单独浏览器窗口显示。

```
import os

#保存为 html 文件
pyLDAvis. save_html(data_vis, 'lda - visualization. html')
#用浏览器查看可视化结果
os. system('clear') #清屏
os. system(f'start lda-visualization. html')
```

**输 出**

可视化结果
请扫码查看

在结果页面上，每个圆圈区域表示每个主题，圆圈中心之间的距离表示主题之间的相关性。对于每个主题，右侧的直方图列出了最相关的特征词。

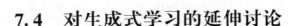

# 7.4　对生成式学习的延伸讨论

## 7.4.1　频率学派与贝叶斯学派

本节暂时脱离具体模型，探讨一个建模哲学话题：如何看待"随机性"的来源？**频率学派**（Frequentist）与**贝叶斯学派**（Bayesian）是统计学里长期以来彼此争论不休的两种理论体系，它们代表两种不同的建模出发点，其关键区别在于**如何看待"随机性"的来源**。

**频率学派从"自然"角度出发，试图直接对"事件"本身建模，采用的是一种"客观"看待随机性的视角**。若某事件在独立重复试验中发生的频率趋于收敛于 $p$，那么 $p$ 就是该事件的概率。例如，要计算抛掷硬币时正面朝上的概率，需要不断地抛掷硬币，当抛掷次数趋向无穷时，正面朝上的频率即为正面朝上的概率。

**贝叶斯学派并不试图刻画"事件"本身，而从"观察者"的角度出发，采用的是一种"主观"看待随机性的视角**。贝叶斯学派并不假定事件本身是随机的，而是从"观察者知识不完备"这一出发点开始，构造一套在贝叶斯框架下对不确定知识做出推断的方法。

在贝叶斯学派看来，频率学派所谓随机事件并不是指事件本身具有某种客观随机性，而是指观察者知识状态中尚未包含这一事件结果。此时，观察者试图通过已经观察到的"经验证据"来推断这一事件结果。贝叶斯学派试图构建一套完备的理论框架描述此理性推断的**"猜的过程"**。在贝叶斯框架下，随机性并不源于事件本身是否发生，而只是描述观察者对该事件的知识状态。

## 7.4.2　贝叶斯学派：知识更新的视角

总的来说，频率学派试图描述的是事物本体，而贝叶斯学派试图描述的是观察者在新观测发生后的知识更新。为了描述这一更新过程，**贝叶斯学派假设观察者对某事件始终处于某个知识状态中**。下面举一个例子加以说明。小明最开始认为一枚硬币是均匀的（可能是因为均匀硬币是常见共识），之后小明开始新的观测或实验，他开始不断抛硬币，发现抛了 100 次后，居然只有 20 次是正面朝上。这些新观测将影响小明的原有信念，他开始怀疑：这枚硬币究竟是不是均匀的？小明此时无法用简单逻辑来推断，因为他并没有完全的信息作为证据。因此只能采用似真推断（Plausible Reasoning），对于各种各样可能的结果赋予一个"合理性"（Plausibility）。此时小明很可能认为硬币不均匀这一推断的合理性更高，支持的证据就是他刚刚的实验观测结果。

用贝叶斯框架对上例进行重新描述如下。观察者持有某个先验信念（Prior Belief），通过观测获得统计证据（Evidence），通过满足一定条件的逻辑一致推断得出关于该陈述的"合理性"，从而得出后验信念（Posterior Belief）来表征观测后的知识状态（State of Knowledge）。这里，观察者对某变量的信念或知识状态就是频率学派所说的概率分布，换言之，**观察者的知识状态就是对被观察变量取各种值所赋予的"合理性"的分布**。从这个意义上来讲，贝叶斯概率论试图构建的是知识状态的表征，而不是客观世界的表征。

下面以线性回归模型为例阐述频率学派和贝叶斯学派的区别。假设因变量为 $y$，自变量为 $x$，使用线性回归模型建模得到方程为

$$y = ax + b + \epsilon$$

上式中，$\epsilon$ 为随机扰动项，它的方差为 $\sigma^2$。$a$、$b$、$\sigma$ 为模型参数，都是确定的值，**数据中的随机性完全来源于随机扰动项 $\epsilon$**。这其实是频率学派的建模方式：数据里的随机性是真实存在的，而且能被合适的模型所捕捉，模型参数本身是确定的值。在求解模型时，参数的估计值是一个随机变量，它的随机性来源于数据本身，可以通过假设检验或置信区间等统计工具来判断参数的估计值离真实值有多远。

在贝叶斯学派看来，线性回归模型的数学表达仍如上式所示。但公式中的**参数 $a$、$b$、$\sigma$ 不再是确定的值，而是服从一定分布的随机变量**。具体处理中，首先假设这些参数的先验分布 $P(a)P(b)P(\sigma)$；然后根据数据中所蕴含的信息 $P(y \mid x,a,b,\sigma)$ 得到参数的后验分布 $P(a,b,\sigma \mid y,x)$；最后由参数的后验分布得到相应的估计值，即

$$P(a,b,\sigma \mid y,x) \propto P(y \mid x,a,b,\sigma)P(a)P(b)P(\sigma)$$

从上面公式可以看到，数据里的随机性部分来自**参数本身的随机分布**。贝叶斯学派认为，参数的分布情况其实反映了观察者对事件的认识并不完美。观察者会根据不断得到的信息更新自己的知识，即从训练数据集中更新参数的后验分布，并最终根据新的知识得到参数的估计值。

频率学派主要使用最优化方法，在数学处理上比较方便成熟，所以频率学派诞生后快速地占领了整个统计领域。贝叶斯学派在数学处理上存在一些难题，比如当先验分布选取不合适或者模型不合适的时候，后验分布的具体形式可能无法表达，更难以进行统计推断。直到 20 世纪 90 年代依靠电子计算机的迅速发展，以及抽样算法的进步（如 Metropolis-Hastings 算法、Gibbs 采样）使得对于任何模型任何先验分布都可以有效地求出后验分布，贝叶斯学派才重新回到主流视线。

### 7.4.3　一个形象的例子

下面这个例子可以更直观地表达了频率学派和贝叶斯学派之间的差异（见图 7 –

5）。假定为了弄清楚月球刚刚是否脱离了银河系，频率学派学者和贝叶斯学派学者一起使用探测仪寻找结果。假定探测仪通过掷骰子来决定是否说真话，但人们并不能观察到掷骰子的结果。如下图所示，两人均观察到探测仪回答"yes"，即脱离了。那么，月球究竟是否脱离银河系了呢？

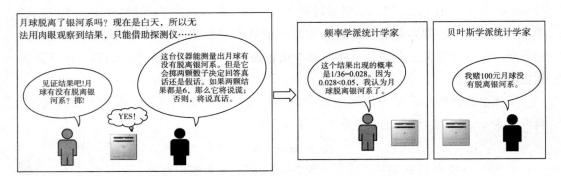

图 7 - 5　频率学派统计学家 vs 贝叶斯学派统计学家

**频率学派学者**认为此时有两种可能：当正好掷出一对 6 时，表示探测仪说了谎话。这种情况出现的概率为 $1/36 = 0.028$；而当掷出其他数字，表示探测仪说了真话。这种情况出现的概率为 $35/36 = 0.972$。由于 $0.028 < 0.05$，因而接受探测仪说的是真话，从而推断月球刚刚真的脱离了银河系。

**贝叶斯学派学者**也认为正好掷出一对 6 的概率很低（$0.028$），即探测仪说谎的概率很低，但却并不仅靠此信息推断月球是否脱离银河系。他做判断的流程如下。首先设定一个月球脱离银河系的先验概率，比如一亿分之一。然后从探测器获得新的信息：月球脱离银河系了，而且探测仪显示月球脱离银河系了，即探测仪说真话的概率是 $(35/36) \times (10^{-8})$；月球没脱离银河系，但是探测仪显示月球脱离银河系了，即探测仪说谎话的概率是 $(1/36) \times (1 - 10^{-8})$。令 $A =$ 月球脱离银河系，$B =$ 探测仪显示月球脱离银河系，则有

$$P(A \mid B) = \frac{P(B \mid A)P(A)}{P(B)} = \frac{P(B \mid A)P(A)}{P(B \mid A)P(A) + P(B \mid \bar{A})P(\bar{A})}$$

$$= \frac{35}{36} \times 10^{-8} \div \left[\frac{35}{36} \times 10^{-8} + \frac{1}{36} \times (1 - 10^{-8})\right]$$

$$\approx 35 \times 10^{-8}$$

通过计算得到：月球脱离银河系的概率大约是一亿分之三十五，概率非常小，所以推断月球没有脱离银河系。

因此，频率学派和贝叶斯学派的分析产生了完全不同的观点。导致这种分歧的一个重要原因是贝叶斯学派引入了较为主观的月球脱离银河系的先验概率，而过于依赖先验信念也是频率学派对贝叶斯学派的一项诟病。

## 本章注释

1. 根据贝叶斯决策论（Bayes Decision Thoery），最小化分类错误率的贝叶斯最优分类器为：对每个样本都选择使得后验概率最大的类别进行标记。可以从理论上证明这种决策方法的平均错误率是最低的。

2. 举此例只是为了说明极大似然估计的思路，因而略去了一些计算细节。

3. 虽然多项式模型假设向量 $X$ 的元素文字出现的次数 $x_i$ 为正整数，但从数学上来看，无论是模型参数的估计公式还是模型的预测公式，都只需 $x_i$ 为正实数即可，这也是多项式模型能结合 TF-IDF 使用的原因所在。

## 本章小结

本章围绕生成式模型展开，与判别式模型直接考察特征与标签之间的关系相比，生成式模型更关心数据的生成规律。生成式模型基于历史数据通过极大似然估计法得出参数估计值，再通过贝叶斯定理计算属于各标签的概率，以概率最大类别作为最终预测结果。贝叶斯分类模型是一类常见的生成式模型，其中朴素贝叶斯模型直接假定各特征之间相互独立，常用于文本分类问题。利用文本这类非结构化数据的前提是通过特征提取将文本转化为数值型变量。根据不同特征提取方式得到不同类型的数据，分别适用于朴素贝叶斯所包含三种模型：伯努利模型、多项式模型以及高斯模型。对文本向量进行 TF-IDF 变换后再使用朴素贝叶斯多项式模型，有利于提升模型的分类效果。另一类常用于文本主题分类的生成式模型是 LDA 模型，该模型认为主题是一组关键词的集合，并通过文本中的词语概率分布来判定其主题。本章结尾还延伸讨论了频率学派与贝叶斯学派在理论视角和实现途径上的不同观点。

## 课后习题

1. 贝叶斯定理的数学表达式是什么？并简述基于贝叶斯定理进行贝叶斯分类的算法原理。

2. 生成式学习与判别式学习之间的区别是什么？并举例说明。

3. 采用朴素贝叶斯进行文本分类时，请阐述伯努利模型、多项式模型和 TF-IDF 与多项式模型在特征提取方式和分类效果上的差异。

参考答案
请扫码查看

4. 频率学派和贝叶斯学派的建模思路有何本质区别？

5. 编写代码依次完成下面步骤。基于鸢尾花数据集（iris），利用 sklearn 库的 MultinomialNB 类训练一个朴素贝叶斯分类器，并在测试集上评估模型的性能。

（1）载入 sklearn 的鸢尾花数据集，指出特征变量和标签变量。

（2）将数据集划为 80% 的训练集和 20% 的测试集。

（3）创建朴素贝叶斯分类器，在训练集上进行数据训练。

（4）在测试集上进行预测。

（5）使用 accuracy_score 函数计算模型准确率，并输出结果。

# 第 8 章

# 聚类降维与无监督学习

## 8.1 监督学习与无监督学习

### 8.1.1 监督学习

根据训练数据是否拥有标签信息，机器学习算法大致可划分为监督学习和无监督学习两大类。所谓**监督学习**（Supervised Learning）指以带标签样本为训练对象的机器学习方法。可将监督学习形象理解为一位学生备考数学考试的过程：学生在考前需要完成一定数量的习题（训练样本），通过将演算结果（预测标签）与标准答案（真实标签）进行对照分析，可归纳总结出一套行之有效的解题思路（预测模型）。

根据标签变量 $y$ 的不同类别，监督学习大体又分为回归任务和分类任务。回归任务对应标签变量为连续变量情况，例如根据一个人的年龄、学历和工作经验等特征预测其年收入；分类任务对应标签变量为离散变量情况，比如根据一个人的身高、体重和年龄等特征判断其性别。

### 8.1.2 无监督学习

采用监督学习方法建立的机器学习模型往往在训练成本和预测性能方面都表现良好。然而在很多现实场景中，采集到的数据样本中可能并不含标签变量。在某些情况下，标签值 $y$ 可能是**无法量化**的模糊概念，比如通过一个人的行为预测其性格，而性格本身并没有清晰定义；还有些情况下，标签值 $y$ 的收集**成本过高**，如在零售行业很难收集到顾客对某件商品的偏好程度和能承受的最高价格等信息。由于难以获得所需的带标签样本，此时监督学习方法不再适用。然而无标签数据集本身就含有很多有用信息，故直接对这些样本进行分析也能完成一些有价值的机器学习任务。这种从无标签样本中挖掘数据内在规律的机器学习过程被称为**无监督学习**（Unsupervised Learning）。无监督学习的两种常见算法是聚类和降维。聚类分析的目标是将相似的样本聚集到同一类别中；降维处理则旨在将高维空间的向量转换为低维空间的向量。

相比于监督学习，无监督学习仅从数据特征出发寻找有价值的信息。在无标签数据大量产生和积累的大数据时代，无监督学习拥有更多的应用场景和更高的潜在价值。目前，无监督学习已被广泛应用于互联网信息搜索与推荐、经济统计分析与投资风险评估、视频图像处理与模式识别等多个领域。下面将系统地介绍和讨论聚类和降维这两种无监督学习的常用方法。

## 8.2  聚类模型：$K$ 均值聚类

常言道"物以类聚、人以群分"。在日常生活和工作中，人们通过把性质相似的对象归为一类实现对事物的有效区分。例如，经济学家通常根据国家的经济状况和发展水平将国家划分为发达国家和发展中国家。这种分类有助于研究和比较不同国家的经济特征及发展进程。类似地，机器学习的**聚类**（Clustering）能够根据样本数据之间某种相似关系将它们归并到若干个族群。直观上，相似样本聚集在相同族群，不相似样本分散在不同族群。

聚类任务不存在给定的类别标签，只能根据样本之间的相似度实现样本分组，是一种典型的无监督学习方式。聚类是一项非常重要的机器学习方法，它能够解决诸如信息推荐和投入产出分析等很多实际问题。本节以一种最常用的聚类模型——**$K$ 均值聚类**（$K$-means Clustering）模型为例，介绍聚类算法的基本原理。

### 8.2.1  直观例子

为便于理解算法原理，先从一个现实例子开始。某村请来 $A$ 和 $B$ 两位农技师为村民培训作物种植技术，每位农技师负责一个培训点。农技师 $A$ 所在的培训点被称为培训点 $A$；农技师 $B$ 所在的培训点被称为培训点 $B$。应该怎样安排培训地点才能使村民最方便呢？

最初农技师们随意选取了两个培训点，并将其地理位置公告给所有村民。于是每个村民选择前往**距离自己家最近**的培训点去听课。这样村民就被分成了两类，分别对应培训点 $A$ 和培训点 $B$。然后，农技师 $A$ 统计了自己课堂上所有村民的地址，决定将下次培训点 $A$ 的地点设置在这些地址的中心地带，并且公告了培训点 $A$ 的新位置。农技师 $B$ 也采取了同样的行动。村民再次根据新的培训点位置选择离自己最近的培训点。这个过程不断重复，直到培训点的位置稳定下来。

下图展示了这个逐渐收敛的过程：图 8-1 中圆点表示村民位置，正方形和三角形代表两位农技师所选择的培训点 $A$ 和培训点 $B$。图 8-1 中的图 1 至图 5 的培训地点不稳定，需要进一步迭代。直至图 6 一切才达到稳定状态。如果**将每个村民的地理位置看作数据点**，那么它们最初是没有类别之分的。但在上述过程中，实际上村民被分成了 $A$ 和 $B$ 两类，分类依据是村民所属的培训点。

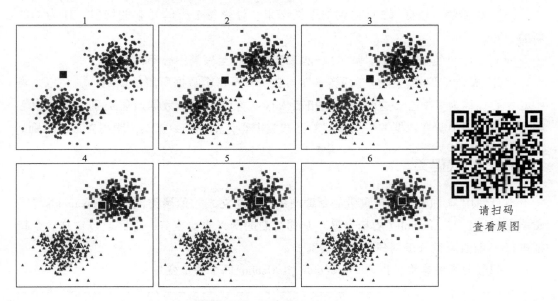

**图 8 - 1　$K$ 均值聚类算法的迭代过程**

上述例子说明了 $K$ 均值聚类模型的基本工作原理。聚类的目的就是将相似度高的样本归为一类，特征空间中距离较近的样本应较为相似，由此得到一种基于距离的相似性假设。$K$ 均值聚类常采用**欧氏距离平方**（Squared Euclidean Distance）衡量样本之间的距离，欧氏距离平方值越大，则数据之间的相似度越低。从图像上来看，$K$ 均值聚类表现为尽可能地将离得近的数据划分为一类，也即用半径尽可能小的圆圈分别圈住数据。

请扫码
查看原图

## 8.2.2　算法原理

$K$ 均值聚类实际上是一种**最大期望算法**（Expectation-Maximization Algorithm，EM 算法）。EM 算法是一种寻找模型参数的极大似然估计方法，用于处理含隐变量的观测数据。**隐变量**（Latent Variable）也称潜在变量，指无法直接观测得到，但根据模型可能推断出来的变量。聚类问题中的隐变量就是样本的类别标签。EM 算法分为 E 步骤和 M 步骤。E 步骤，即**期望步骤**（Expectation Step），指根据当前模型参数求取隐变量的期望；M 步骤，即**最大化步骤**（Maximization Step），指利用所求期望结果对模型的参数重新进行极大似然估计。两个步骤交替重复，直到收敛为止。具体地，$K$ 均值聚类算法的实现步骤如下。

269

（1）初始化。随机生成 $k$ 个聚类中心点。

（2）E 步骤。计算每个样本到聚类中心的距离，将样本逐个指派到与其最近的中心的类中，得到一个聚类结果。

（3）M 步骤。根据（2）得到的聚类结果，计算每个类的样本的均值，作为类的新的中心。

（4）不断重复上述（2）和（3）两个步骤，直至聚类中心不再变动。

因此，$K$ 均值聚类模型包含两类未知参数：一是每个数据所属的**类别**；二是每个类别的**中心**，称为类中心。这两类参数相互依存：若已知每个数据所属类别，则类中心将等于该类别中所有数据的平均值；若已知类中心，则单个数据属于距离更近的类别。

### 8.2.3 代码实现

本节使用 sklearn 工具包自带的葡萄酒数据集建立 $K$ 均值聚类模型。Flavanoids（类黄酮化合物）与 Alcohol（酒精含量）是葡萄酒的两大主要成分，下面通过对这两个特征进行 $K$ 均值聚类分析划分葡萄酒类别。

加载葡萄酒数据集，提取 Flavanoids 和 Alcohol 两个特征变量。

```
import numpy as np
import pandas as pd
from sklearn. datasets import load_wine

#加载葡萄酒数据集
wine = load_wine()
#创建 DataFrame
data_selected = pd. DataFrame(wine. data, columns = wine. feature_names)
#提取指定特征变量
selected_columns = ['alcohol', 'flavanoids']
data = data_selected[selected_columns]
```

以 Alcohol 为横坐标，Flavanoids 为纵坐标绘制散点图，展示原始数据基本情况。

```
import matplotlib. pyplot as plt

fig = plt. figure(figsize = (6, 6))
ax = fig. add_subplot(1, 1, 1)
ax. scatter(data['alcohol'], data['flavanoids'])
ax. set_xlabel('alcohol', fontsize = 14)
ax. set_ylabel('flavanoids', fontsize = 14)
```

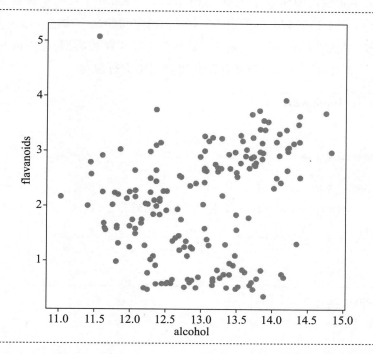

　　直观来看，上图中各样本数据点在三处相对密集，因此猜测该数据集中葡萄酒的真实类别数为3，分别设为 $A$、$B$ 和 $C$，如图 8−2 所示。

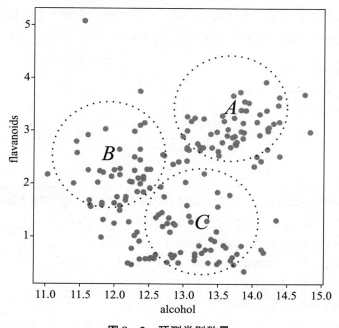

图 8−2　预测类别数量

sklearn 工具包中提供了实现该算法的 KMeans 类，与监督学习的调用方法基本一致，KMeans 类也是通过使用 fit 方法进行模型训练。KMeans 类的主要参数及参数含义如下：n_clusters 用于指定聚类的类数；init 用于指定初始的类中心；max_iter 用于指定执行聚类过程的最大迭代次数；algorithm 用于指定实现算法类型；n_init 用于指定算法运行的次数。下面使用 KMeans 模型对葡萄酒数据集进行聚类。

```
from sklearn. cluster import KMeans
import warnings

warnings. filterwarnings('ignore')

model = KMeans(n_clusters =3,
                init = np. array([[11.5, 2.5], [13.5, 0.5], [14.2, 3.5]]))
model. fit(data)
```

**输出**

```
KMeans(init = array([[11.5,   2.5],
        [13.5,   0.5],
        [14.2,   3.5]]),
        n_clusters =3)
```

完成模型训练后，可以通过查看模型的属性获取有关聚类结果的信息。如 labels_ 是一个数组，包含每个数据点的类标签；cluster_centers_ 也是一个数组，包含每个簇的中心点坐标；n_iter_ 则是模型运行时实际迭代的次数。

```
labels = model. labels_
print('每个数据点的类标签:', labels)
print('类中心点:', model. cluster_centers_)
print('实际迭代的次数:', model. n_iter_)
```

**输出**

```
每个数据点的类标签: [2 2 2 2 2 2 2 2 2 2 2 2 2 2 2 2 2 2 2 2 0 2 0 2 2 2 2 2 2 2 2 2 2 2 2
2 2 2 2 2 2 2 2 2 2 2 2 2 2 2 2 2 2 1 1 1 1 0 0 0 2 0 1 0 1 2 1 2
0 0 0 0 0 0 0 0 1 0 0 0 0 0 0 0 1 0 0 0 0 2 0 0 1 0 0 0 0 0 0 0 0
0 0 0 0 0 0 0 1 0 0 0 0 2 0 0 0 0 0 0 1 1 1 1 1 1 1 1 1 1 1 1 1 1 1
1 1 1 1 1 1 1 1 1 1 1 1 1 1 1 1 1 1 1 1 1 1 1 1 1 1 1 1 1]
类中心点: [[12.12192982   2.14929825]
[13.09525424   0.88457627]
```

$$\begin{bmatrix} 13.7183871 & 3.00822581 \end{bmatrix}\end{bmatrix}$$
实际迭代次数: 3

---

下面展示 KMeans 模型的收敛过程。定义可视化函数 visualize, 使用不同的颜色和标记样式绘制不同类别的数据点。

```python
#设置中文字体
plt.rcParams['font.sans-serif'] = ['SimHei']
plt.rcParams['axes.unicode_minus'] = False

#定义可视化函数
def visualize(ax, data, labels, centers, markers, marker='o', marker_size):
    #颜色和标记形状
    colors = ['gray', 'steelblue', 'indianred']
    markers = ['d', '+', '~']    #不同类别使用不同标记形状

    if labels is None:
        ax.scatter(data[:, 0], data[:, 1], c=colors[0], alpha=0.6)
    else:
        unique_labels = np.unique(labels)
        for i, label in enumerate(unique_labels):
            cluster_data = data[labels == label]
            ax.scatter(
                cluster_data[:, 0], cluster_data[:, 1],
                c=colors[i], marker=markers[i], alpha=0.6,
                label=f'类别 {label}')

        ax.legend()    #添加图例

    for i, center in enumerate(centers):
        ax.scatter(
            center[0], center[1],
            marker=markers[i], c=colors[i],
            edgecolors='white', s=marker_size, linewidths=2)
        ax.annotate(
            f"(聚类中心:{center[0]:.1f}, {center[1]:.1f})", xy=center,
            textcoords='offset points', xytext=(80, -10), ha='center',
            fontsize=12, color='black', bbox=dict(boxstyle='round',
                                                  fc='white', ec='k',
```

```
                              lw = 1, alpha = 0.8))
    ax. set_xlabel(selected_columns[0])
    ax. set_ylabel(selected_columns[1])
    ax. get_xaxis().set_visible(True)
    ax. get_yaxis().set_visible(True)
    ax. set_title(title, fontsize = 14)
```

由于实际迭代次数为 3，所以共绘制 4 个子图。其中子图 1 绘制第一次聚类时，主观猜测指定三个聚类中心为 (12.5, 2)、(13.5, 0.5) 和 (14, 3)；剩余 3 个子图则绘制 KMeans 模型的三次迭代所分别对应的聚类过程。

```
#设置中文字体
plt. rcParams['font. sans - serif'] = ['SimHei']
plt. rcParams['axes. unicode_minus'] = False
#创建一个 2x2 的图形框
fig, axes = plt. subplots(2, 2, figsize = (10, 10))

#初始化第一个子图的聚类中心
initial_centers = np. array([[11.5, 2.5], [13.5, 0.5], [14.2, 3.5]])

#可视化第一个子图的初始设置
visualize(axes[0, 0], data. values, None, initial_centers, '指定聚类中心', marker_size = 300)

#在循环中处理各个子图的聚类过程
for i, ax in enumerate(axes. flatten()[1:]):
    model = KMeans(n_clusters = 3, max_iter = 1, algorithm = 'full',
                    n_init = 1, init = initial_centers) #使用 3 个初始聚类中心
    model. fit(data. values)
    #可视化当前步骤的聚类结果
    visualize(ax, data. values, model. labels_,
            model. cluster_centers_, f'迭代{i + 1}', marker_size = 300)
    #更新下一步的初始聚类中心
initial_centers = model. cluster_centers_

#设置实际变量名称作为标签
for ax in axes. flatten():
    ax. set_xlabel('Alcohol', fontsize = 14)
    ax. set_ylabel('Flavanoids', fontsize = 14)
```

```
plt. tight_layout( )
plt. show( )
```

输 出

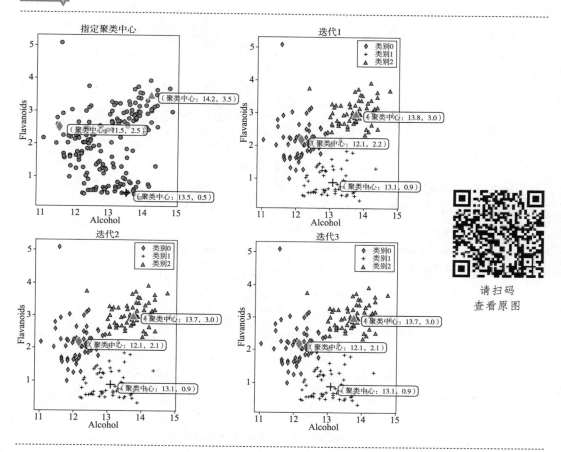

## 8.2.4 结果稳定性

$K$ 均值聚类方法本身较为简单易行，但也存在一个重要缺陷是聚类结果可能缺乏稳定性。在很多情境下，最终聚类结果高度依赖于其初始类别中心的选择。$K$ 均值聚类所采用的 EM 算法目标是迅速到达局部最小值，这导致聚类中心在算法执行过程中的移动区域受到一定局限。因此，不同初始化条件可能会导致它收敛于不同局部最小值。

沿用葡萄酒数据集，尝试采用不同的初始聚类中心并可视化最终的聚类结果。

```python
#创建一个图形框
fig, axes = plt.subplots(1, 2, figsize=(16, 8))

#尝试采用不同的初始聚类中心并可视化最终的聚类结果
initial_centers_list = [
    np.array([[12, 2], [10, 1], [13, 3]]),
    np.array([[11.5, 2.5], [13.5, 0.5], [14.2, 3.5]])
]

for i, initial_centers in enumerate(initial_centers_list):
#创建 KMeans 模型并拟合数据
    model = KMeans(n_clusters=3, init=initial_centers,
                   max_iter=10, algorithm='full', n_init=1)
    model.fit(data.values)
#调用 visualize 函数可视化聚类结果和初始聚类中心
    visualize(axes[i], data.values, model.labels_,
              model.cluster_centers_, f'初始聚类中心 {i+1}', marker_size=300)
#绘制初始聚类中心的圆圈标记
    axes[i].scatter(initial_centers_list[i][:,0],
                    initial_centers_list[i][:,1],
                    marker='o', c='k', s=200)
#添加初始聚类中心的注解
    for initial_center in initial_centers_list[i]:
        axes[i].annotate(
            f"(初始中心:{initial_center[0]:.1f}, {initial_center[1]:.1f})",
                         xy=initial_center, textcoords='offset points',
                         xytext=(-30, -25), ha='center',
                         fontsize=12, color='black',
                         bbox=dict(boxstyle='round', fc='white',
                                   ec='k', lw=1, alpha=0.8))

#设置实际变量名称作为标签
for ax in axes.flatten():
ax.set_xlabel('Alcohol', fontsize=14)
ax.set_ylabel('Flavanoids', fontsize=14)

plt.show()
```

输出

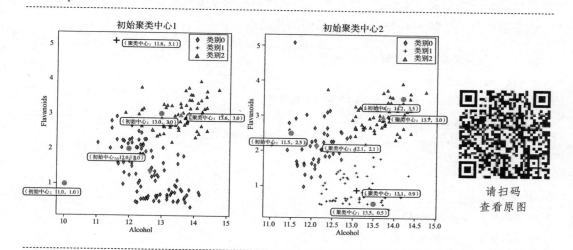

请扫码
查看原图

由不同初始化情形下的聚类结果可以看出，初始聚类中心设定对聚类结果影响很大。事实上，很多机器学习模型都存在预测结果不稳定问题，即采用同样的数据多次训练模型，每次得到模型结果可能并不一样。这是因为机器学习模型参数由最优化算法估算，而这些算法优化计算过程或多或少带有一定随机性。为解决 KMeans 模型结果不稳定问题，实践中通常**反复多次地使用同一批数据训练模型，并从中选择效果最好的模型参数**。

### 8.2.5　最优类别数目

在 $K$ 均值聚类模型中，初始设定的类别数目 $k$ 在某种意义上体现了模型复杂度。$k$ 的取值越大，模型在训练集上的性能表现越好，但也越容易引发过拟合问题。因此需要在聚类个数和预测误差之间做出某种权衡。聚类数目选择较为主观，常常依赖于领域经验，但可应用一些方法辅助确定最优聚类数目。最常用的 $k$ 值选择方法是**手肘法**（Elbow Method），其核心指标是残差平方和：

$$\mathrm{SSE} = \sum_{i=1}^{k} \sum_{p \in C_i} |p - m_i|^2$$

其中，$C_i$ 是第 $i$ 个类别；$p$ 是 $C_i$ 中的样本点；$m_i$ 是 $C_i$ 的类中心，也是 $C_i$ 中所有样本的均值。

初始设定不同类别数目 $k$ 对应着不同聚类结果。一般而言，随着 $k$ 的增大，样本划分更加精细，每个类别的聚合程度逐渐提高，残差平方和 SSE 相应逐渐变小。手肘法基于如下规律：当 $k$ 小于真实聚类数时，$k$ 增大将大幅增加每个类的聚合程度，故 SSE 下降幅度很大；当 $k$ 到达最佳聚类数时，进一步增加 $k$ 所得到的边际回报迅速变小，故

SSE 下降幅度骤减,即随 $k$ 值增大而趋于平缓。通过绘制 SSE 和 $k$ 的关系图,可发现曲线形状类似一条弯曲的手臂,"**肘关节**"部位所对应的 $k$ **值就是数据的最佳聚类数**。[1]

下面给出了绘制 SSE 与 $k$ 之间关系图的代码。

```
SSE = [ ]    #存放每次结果的误差平方和
for k in range(1,9):
    estimator = KMeans(n_clusters = k)   #构造聚类器
    estimator. fit(data)
    SSE. append(estimator. inertia_)    #estimator. inertia_获取聚类 SSE
X = range(1,9)

plt. figure(figsize = (7, 5))
plt. xlabel('k', fontsize = 14)
plt. ylabel('SSE', fontsize = 14)
plt. plot(X,SSE,'o - ')
plt. show( )
```

输 出

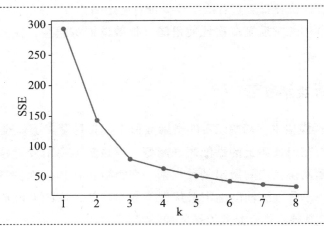

图中 $k = 3$ 为关系曲线的明显拐点,类似手臂的"肘关节"部位,因此本例最佳聚类数目应为 3。

## 8.3　降维模型:主成分分析

机器学习中,很多时候需要处理样本特征个数比较多的高维数据。若直接对高维数据进行建模处理,很可能出现"**维数灾难**"(Curse of Dimensionality)。缓解维数灾难的一个重要途径是**降维**（Dimension Reduction），也就是将高维空间里的数据映射到低维空间，通过使用更少特征来抽象表达数据。比如，点 $A$ 为三维空间中的一个点，其完整坐标为三维向量 $(X_a, Y_a, Z_a)$；将点 $A$ 投影至 $XY$ 平面得到二维向量 $(X_a, Y_a)$，该坐标可以部分表示点 $A$ 的相关信息。上述从三维向量 $(X_a, Y_a, Z_a)$ 到二维向量 $(X_a, Y_a)$ 的过程就是一种降维。事实上，有效的降维方法可以从大量特征中获取其本质特性，在尽可能保留有用信息的同时去除无用噪声。例如，机械和建筑等工程制图中的各种视图，虽然省略掉了很多细节，但却可以清晰表达关键性信息。

### 8.3.1　算法原理

**主成分分析**（Principal Component Analysis，PCA）是一种基于无监督学习的常用降维方法，它通过正交变换将一组可能线性相关的变量转换为一组线性不相关的变量，转换后的这组线性无关变量称为**主成分**（Principal Component）。主成分的个数通常小于原始变量的个数，所以主成分分析属于降维方法。下面通过一个简单例子理解主成分分析模型的基本思想。

假设研究对象具有 $X_1$ 与 $X_2$ 两个特征属性，现共有五个样本点，其分布情况如图 8 - 3 所示。

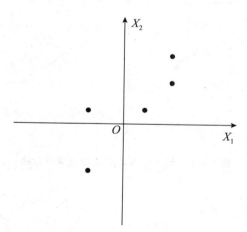

**图 8 - 3　五个样本点的分布情况**

将该二维数据集转换为一维数据集最简单的思路是删除其中一个特征变量，然而这种处理方式忽视了变量间的相关关系，可能带来严重的信息损失。PCA 的思想则是构建一个新的坐标系，并将数据投影到新坐标系的坐标轴上。为了使这些新特性能够很好地总结原有数据规律，PCA 会创建尽可能体现数据之间差异的新特性。也就是说，数据集在新坐标轴上投影的**方差越大越好**。

以数据在坐标轴上的坐标值的平方表示相应变量的方差，主成分分析选择方差之和最大的方向作为新坐标系的第一坐标轴，也即第一主成分；之后选择与第一坐标轴正交，且方差之和次之的方向作为新坐标系的第二坐标轴，也即第二主成分。在新坐标系中，第一主成分与第二主成分线性无关。

图 8 -4 展示了对上文五个样本数据进行主成分分析的结果。通过正交变换后，在新坐标系中，样本点由第一主成分 $Y_1$ 和第二主成分 $Y_2$ 表示。样本点 $A$ 在第一主成分轴上的投影为 $A'$，$|OA'|^2$ 表示样本点 $A$ 在第一主成分轴上的投影坐标的平方，也即点 $A$ 在这个方向上的方差。类似地，其余样本点在该轴投影并得到对应的方差。第一主成分轴是各数据点的方差之和最大的方向。如果主成分分析只取第一主成分，即新坐标系的 $Y_1$ 轴，就等价于将数据投影在该轴上，实现将二维数据降至一维。

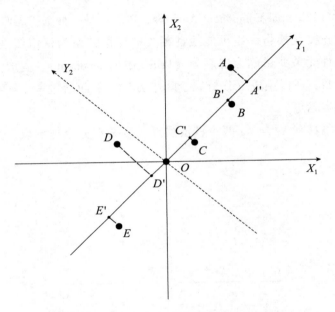

**图 8 -4　对五个样本点进行主成分分析**

## 8.3.2　代码实现

了解主成分分析的基本原理后，下面通过代码演示数据的降维过程。生成一个二维数据集，数据集共包含 15 个样本点，每个样本点具有 $X_1$ 与 $X_2$ 两个特征属性。将所有样本点绘制在二维坐标系上并查看其坐标。

```
import numpy as np
import matplotlib. pyplot as plt

#设置中文字体
plt. rcParams['font. sans-serif'] = ['SimHei']
plt. rcParams['axes. unicode_minus'] = False

X = np. array([[0, 1], [-1, 0], [0, 0], [1, 1], [0, -0.5],
               [3, 2], [1, 0.5], [-0.5, -1], [-2, -2], [-1.5, -1],
               [2, 1], [1.5, 1.5], [-3.5, -3], [-2.5, -2], [2.5, 2.5]])

fig = plt. figure(figsize=(4, 4))
ax = fig. add_subplot(1, 1, 1)
ax. scatter(X[:, 0], X[:, 1], color='gray')
ax. set_title('原始坐标系')
ax. set_xlabel('X1', fontsize=14)
ax. set_ylabel('X2', fontsize=14)
print('X:', X)
```

**输出**

-----------------------------------------------------------------------------------

```
X: [[ 0.    1. ]
 [-1.    0. ]
 [ 0.    0. ]
 [ 1.    1. ]
 [ 0.   -0.5]
 [ 3.    2. ]
 [ 1.    0.5]
 [-0.5 -1. ]
 [-2.   -2. ]
 [-1.5 -1. ]
 [ 2.    1. ]
 [ 1.5   1.5]
 [-3.5 -3. ]
 [-2.5 -2. ]
 [ 2.5   2.5]]
```

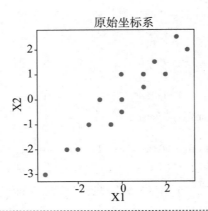

下面尝试使用 PCA 模型对该数据集进行正交变换。sklearn 工具包中的 decomposition 模块提供了用于实现 PCA 数据降维算法的 PCA 类。PCA 类所含参数 n_components 表示降维后的数据维度，其返回值是一个 PCA 对象。类似地，PCA 类使用 fit 方法训练模型。

为展示 PCA 的原理及应用，设置参数 n_components 等于 2，即指定要提取的主成分数量为 2。

```
from sklearn. decomposition import PCA

pca = PCA( n_components = 2)
pca. fit( X)
```

输 出

PCA( n_components = 2)

此时得到了一个返回的 PCA 对象。PCA 对象包含如下属性：components_返回具有最大方差的成分；explained_variance_返回具有降维后各主成分的方差值；explained_variance_ratio_返回具有所保留各个特征的方差百分比；n_components_返回具有所保留的特征个数。通过查看 components_属性得到第一主成分方向和第二主成分方向的详细信息。

```
components = pca. components_

print('第一主成分方向为:', components[0])
print('第二主成分方向为:', components[1])
```

输 出

第一主成分方向为：[ - 0.76828661  - 0.640106   ]
第二主成分方向为：[ - 0.640106      0.76828661]

上述主成分方向向量通常由两个分量表示。第一主成分方向 [ 0.78004181，0.62572739] 意味着从原始坐标轴原点出发，沿横轴负方向移动 0.78004181 个单位，然后沿纵轴负方向移动 0.62572739 个单位，最终到达了向量的终点。第一主成分指明了数据中方差最大的方向。第二主成分与第一主成分正交，指明了数据中方差次大的方向。二者构成了新的二维特征空间。

　　下面在原始坐标轴中可视化第一主成分方向和第二主成分方向，分别用 $Y_1$ 和 $Y_2$ 表示。进一步根据主成分的解释方差（explained_variance_）对轴线长度进行缩放，轴线越长说明方差越大。

```python
fig = plt.figure(figsize = (4, 4))
ax = fig.add_subplot(111)
#绘制原始数据散点图
ax.scatter(X[:,0], X[:,1], color = 'gray', label = '原始数据')

#根据主成分的解释方差对箭头长度进行缩放
variance_scaling = np.sqrt(pca.explained_variance_)

#绘制第一主成分箭头
ax.annotate('', xy = (pca.mean_[0] + components[0, 0] * variance_scaling[0],
                      pca.mean_[1] + components[0, 1] * variance_scaling[0]),
            xytext = (pca.mean_[0], pca.mean_[1]),
            arrowprops = dict(arrowstyle = '->', color = 'indianred'),
            label = '第一主成分 $Y_1$')

#在箭头的尾端添加标签"$Y_1$"
ax.text(pca.mean_[0] + components[0, 0] * variance_scaling[0],
        pca.mean_[1] + components[0, 1] * variance_scaling[0],
        '$Y_1$', fontsize = 12, ha = 'right', va = 'bottom', color = 'indianred')

#绘制第二主成分箭头
ax.annotate('', xy = (pca.mean_[0] + components[1, 0] * variance_scaling[1],
                      pca.mean_[1] + components[1, 1] * variance_scaling[1]),
            xytext = (pca.mean_[0], pca.mean_[1]),
            arrowprops = dict(arrowstyle = '->', color = 'steelblue', linestyle = 'dashed'),
            label = '第二主成分 $Y_2$')#在箭头的尾端添加标签"$Y_2$"
ax.text(pca.mean_[0] + components[1, 0] * variance_scaling[1],
        pca.mean_[1] + components[1, 1] * variance_scaling[1],
        '$Y_2$', fontsize = 12, ha = 'right', va = 'bottom', color = 'steelblue')
```

```
ax. set_xlabel('X1', fontsize = 14)
ax. set_ylabel('X2', fontsize = 14)
ax. axis('equal')
ax. set_title('主成分分析')
plt. show( )
```

**输 出**

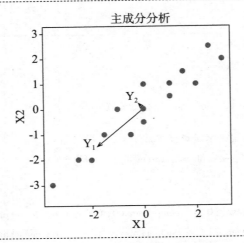

对数据集进行正交变换后，新的坐标通常由原始数据坐标与主成分矩阵相乘得到。以原始样本点 $(0,1)$ 为例：

$$[0\ 1] \times \begin{bmatrix} -0.76828661 & -0.640106 \\ -0.640106 & 0.76828661 \end{bmatrix} = [-0.640106\ 0.76828661]$$

因此样本点 $(0,1)$ 进行正交变换后的坐标为 $(-0.640106, 0.76828661)$。调用 transform 方法查看全部样本点在新坐标系中的坐标。

```
newX = pca. fit(X). transform(X)
print(newX)
```

**输 出**

```
在新坐标系中的坐标为：[[ -0.640106      0.76828661]
 [ 0.76828661    0.640106    ]
 [ 0.            0.          ]
 [ -1.40839261   0.12818061]
 [ 0.320053     -0.3841433  ]
 [ -3.58507182  -0.38374478]
```

$$\begin{bmatrix} -1.08833961 & -0.25596269 \\ 1.0242493 & -0.44823361 \\ 2.81678521 & -0.25636122 \\ 1.79253591 & 0.19187239 \\ -2.17667921 & -0.51192539 \\ -2.11258891 & 0.19227091 \\ 4.60932112 & -0.06448883 \\ 3.20092851 & 0.06369178 \\ -3.52098151 & 0.32045152 \end{bmatrix}$$

可视化降维后的数据集。以第一主成分轴 $Y_1$ 为横轴，第二主成分轴 $Y_2$ 为纵轴绘制新坐标系，新坐标系中绘制了降维后数据点的分布情况。

```python
fig = plt.figure(figsize = (4, 4))
ax = fig.add_subplot(111)
ax.scatter(newX[:, 0], newX[:, 1], color = 'steelblue')
ax.set_xlabel('Y1', fontsize = 14)
ax.set_ylabel('Y2', fontsize = 14)
ax.axis('equal')
ax.set_title('正交变换后的坐标系')
plt.tight_layout()
plt.show()
```

**输 出**

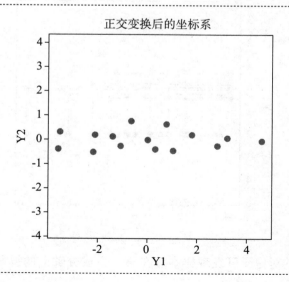

查看样本点在第一主成分轴 $Y_1$ 和第二主成分轴 $Y_2$ 上的投影。

```
fig = plt.figure(figsize = (4, 4))
ax = fig.add_subplot(111)
ax.scatter(newX[:, 0], newX[:, 1], color = 'steelblue')
ax.set_xlabel('Y1', fontsize = 14)
ax.set_ylabel('Y2', fontsize = 14)
ax.set_title('在主成分轴上的投影')
ax.axis('equal')

#绘制投影点与虚线
for i in range(len(newX)):
    ax.plot([newX[i, 0], newX[i, 0]], [newX[i, 1], -2],
            color = 'gray', linestyle = '--', linewidth = 0.5)   #纵向虚线
    ax.plot([newX[i, 0], -4], [newX[i, 1], newX[i, 1]],
            color = 'gray', linestyle = '--', linewidth = 0.5)   #横向虚线
    ax.scatter(newX[i, 0], -2, color = 'gray', marker = 'o')   #纵轴投影点
    ax.scatter(-4, newX[i, 1], color = 'gray', marker = 'o')   #横轴投影点

plt.tight_layout()
plt.show()
```

**输 出**

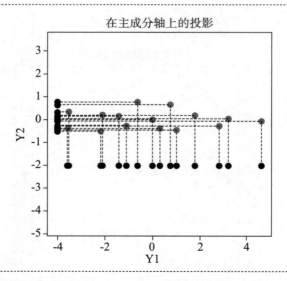

通过上面得到的对比图可发现样本点在第一主成分轴上的投影更为分散，即方差更大。

相较于分析样本点在不同主成分轴上的投影图，更简单的方法是通过查看 ex-plained_variance_ratio_属性获得每个主成分的方差解释率，进而比较每个主成分轴上的数据集方差的比例。下面查看该案例中两个主成分轴的方差解释率。

```
explained_variance_ratio = pca. explained_variance_ratio_
explained_variance_ratio
```

**输 出**

```
array([0.97265941, 0.02734059])
```

　　该结果表明，97.27% 的数据集方差位于第一轴，2.73% 的数据集方差位于第二轴。实践中通常按照方差解释率将特征向量进行排序，并倾向于选择累积方差解释率达到足够占比（例如 95%）的前 $k$ 个特征向量作为主成分，其中 $k$ 是降维后的目标维度。本例中，第一主成分轴的方差解释率大于 95%，因此选择将原始数据集降至一维是合理的。

　　接下来设置参数 n_components 为 1，将原始数据降至一维。

```
pca = PCA(n_components = 1)
newX = pca. fit_transform(X)
print(newX)
```

**输 出**

```
[[ -0.71029213]
 [  0.70164876]
 [ -0.04439326]
 [ -1.45633415]
 [  0.28855618]
 [ -3.61431706]
 [ -1.12338471]
 [  0.99452662]
 [  2.77948852]
 [  1.74056864]
 [ -2.20237617]
 [ -2.16230459]
 [  4.56445042]
 [  3.8184084 ]
 [ -3.57424548]]
```

查看该主成分轴对应的方差解释率。

```
print( pca. explained_variance_ratio_)
```

输出

[ 0. 97265941 ]

### 8.3.3 核函数主成分分析

上文介绍的主成分分析案例中，每个主成分都是原始数据特征的线性组合。通过将数据点投影到这些主成分上，可实现数据的降维。这种处理方法**对线性数据的降维效果较好**，降维过程中损失信息较小，如图8-5中的左图所示。然而对于类似右图的非线性数据，仍使用上述 PCA 方法将导致损失信息过多。

线性数据集         非线性数据集

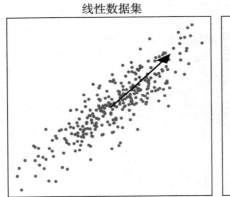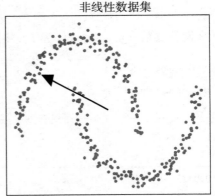

图8-5 线性数据集与非线性数据集

之前章节讨论了核技巧，一种将样本隐式地映射到高维空间的数学技术，使高维特征空间中的线性决策边界对应于原始空间中的复杂非线性决策边界，让支持向量机可以应用于非线性分类问题。这种技巧也可应用于主成分分析。对于非线性数据，通过使用**核函数**将低维空间中的数据映射到高维空间，使得数据在高维空间里是近似线性的，然后再将高维空间里的数据降到所需的维度，这种方法被称为**核函数主成分分析**（Kenel PCA，KPCA）。

KPCA 的目的是对数据进行**降维**，但它的第一步却是使用核函数对数据进行**升维**。这种做法似乎南辕北辙，但在本质上还是通过某种非线性映射方式实现对复杂数据分布的降维。例如，图8-6中的左图所示数据在二维空间内呈双月牙分布，互相交错的月牙形数据显然线性不可分，此时使用 PCA 方法很难获得满意的效果。然而通过将原始数据映射到三维，再投影到一维可以有效减少信息损失，进而实现对数据的有效降维，如图 8-6 的右图所示。

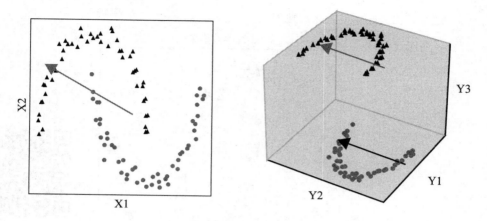

**图 8-6 核函数主成分分析原理**

### 8.3.4 两种降维方法比较

本节通过代码展示主成分分析和核函数主成分分析两种方法在处理非线性数据降维时的效果差异。生成呈双月牙分布的非线性数据集，在绘制散点图时使用不同的颜色和形状表示不同类别数据。

```
import numpy as np
import matplotlib. pyplot as plt
from sklearn. datasets import make_moons

#生成双月牙形状的数据集
np. random. seed(20001)
data, labels = make_moons(n_samples = 100, noise = 0.05)
colors = ['indianred', 'steelblue']
markers = ['^', 'o']
#散点图
fig, ax = plt. subplots(figsize = (4, 4))
for label in np. unique(labels):
    ax. scatter(data[labels = = label, 0], data[labels = = label, 1],
            color = colors[label], marker = markers[label], s = 20)
ax. set_xlabel('X1', fontsize = 12)
ax. set_ylabel('X2', fontsize = 12)
ax. set_title('非线性数据集', fontsize = 14)
plt. show()
```

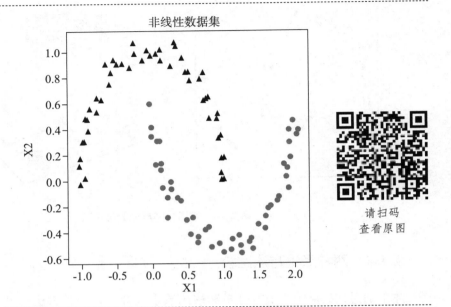

非线性数据集

请扫码
查看原图

### 8.3.4.1 采用 PCA 方法

使用主成分分析方法处理该数据集。定义主成分分析函数，设置参数 n_components 等于 1。

```
from sklearn. decomposition import PCA

def trainPCA( data) :
    model = PCA( n_components = 1)
    model. fit( data)
    return model
```

使用 PCA 对数据降维，并将结果可视化。第一个子图展示原始数据点以及第一主成分轴；第二个子图则展示数据点在主成分方向上的投影。

```
fig = plt. figure( figsize = (10,5) )
#绘制子图一:数据点和第一主成分
ax = fig. add_subplot( 1, 2, 1)
model = trainPCA( data)
for label in np. unique( labels) :
    ax. scatter( data[ labels = = label, 0] , data[ labels = = label, 1] ,
                color = colors[ label] , marker = markers[ label] , s = 20)
m = model. mean_
```

```
v = model. components_[0]
l = data[:, 0]. max() - data[:, 0]. min()
start, end = m, m + 0.5 * l * v / np. linalg. norm(v)
ax. annotate(", xy = end, xytext = start,
            arrowprops = dict(facecolor = 'k', width = 2.0))
ax. get_xaxis(). set_visible(False)
ax. get_yaxis(). set_visible(False)
ax. set_title('非线性数据集与 PCA')

#绘制右图:线性 PCA 降维的结果
ax = fig. add_subplot(1, 2, 2)
x = model. transform(data)[:, 0] #获取降维后数据的第一列(第一主成分)
firstDimension = np. c_[x, [0] * len(x)]
for i in range(len(colors)):
    ax. scatter(firstDimension[labels == i, 0],
                firstDimension[labels == i, 1],
                color = colors[i], s = 50, marker = markers[i])
ax. get_xaxis(). set_visible(False)
ax. get_yaxis(). set_visible(False)

ax. set_title('使用 PCA 降到一维效果')

plt. show()
```

输 出

非线性数据集与PCA

使用PCA降到一维效果

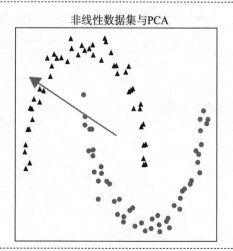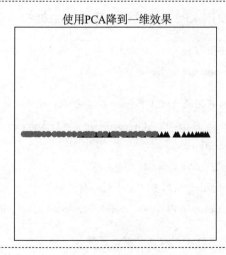

上图展示了直接使用 PCA 方法的降维结果，一维空间上两类不同数据的分布区间

有较大重叠，极大损失了原始数据的信息。

### 8.3.4.2 采用 KPCA 方法

接下来尝试在主成分分析的基础上加上径向基函数（Radial Basis Function，RBF）核函数。sklearn 工具包中的 KernelPCA 类实现了核函数加主成分分析的模型组合。KernelPCA 类采用指定核函数进行数据映射，并在映射后的高维特征空间中进行主成分分析，这使得它在处理非线性数据集时非常有效。KernelPCA 类包含两个重要参数：参数 n_components 表示降维后的维度；参数 kernel 表示使用核函数的种类[2]。

定义核函数主成分分析函数。该函数指定使用 RBF 核函数进行数据映射，最终返回一个训练好的 KernelPCA 模型。

```
from sklearn. decomposition import KernelPCA

def trainKernelPCA( data) :
    model = KernelPCA( n_components = 1, kernel = 'rbf')
    model. fit( data)
    return model
```

定义 visualizeKernelPCA 函数用于实现经过核函数主成分分析降维后的数据可视化。

```
def visualizeKernelPCA( ax, data, labels) :
    for i in range( len( colors) ) :
        ax. scatter( data[ labels = = i, 0], data[ labels = = i, 1],
                color = colors[ i], s = 50, marker = markers[ i] )
    ax. get_xaxis( ). set_visible( False)
    ax. get_yaxis( ). set_visible( False)
```

使用 KPCA 将数据先后降至二维和一维，并分别可视化降维后的数据分布情况。

```
#创建图形
fig = plt. figure( figsize = ( 10,5) )

#展示数据在 KPCA 第一和第二主成分的降维结果( 总共两个主成分)
model = KernelPCA( n_components = 2, kernel = 'rbf')
model. fit( data)
ax = fig. add_subplot( 1, 2, 1)
ax. set_title( '使用 KPCA 降到二维效果')
visualizeKernelPCA( ax, model. transform( data), labels)

#使用 KPCA 对数据降维并将结果可视化
ax = fig. add_subplot( 1, 2, 2)
```

```
ax. set_title('使用 KPCA 降到一维效果')
x = model. transform( data) [ :, 0]
visualizeKernelPCA( ax, np. c_[ x, np. zeros_like( x) ], labels)

plt. tight_layout( )
plt. show( )
```

输 出

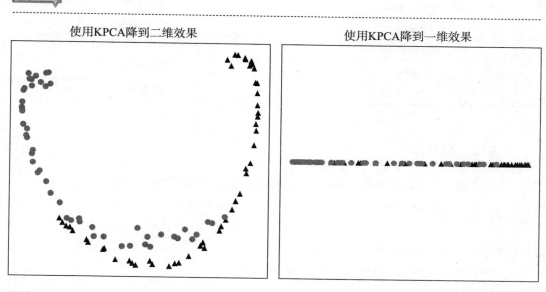

使用KPCA降到二维效果　　　　　　使用KPCA降到一维效果

　　RBF 核函数能够将原始二维数据映射到高维空间，然后将升维到高维空间的数据降维到二维空间得到上图左，此时数据分布接近线性分布。通过对近似线性分布的数据集进一步进行降维操作可得到一维空间的最终结果，如上图右所示。最终得到的降维结果中两类数据基本没有重叠，说明损失信息相对较少。通过使用核函数主成分分析方法，有效实现了非线性数据的低维数据展示。[3]

# 8.4 客户价值分析案例

　　面对庞大的客户群体，企业需要依据客户的日常消费行为对他们进行分门别类管理，以利于持续挖掘客户价值和维系客户关系。商业实践中，通过聚类分析将客户群体划分为若干类别，为不同群体制定具有针对性的营销策略，可有效提高客户满意度和忠诚度。本章基于某在线零售公司的客户数据，借助聚类算法将客户分为特定的几类目标群体。选取 2020 年 12 月 1 日至 2022 年 1 月 1 日作为分析观测窗口，汇总该时间段内所有与顾客类型相关的商品详细数据。完成对汇总数据的数据清洗工作后，总共得到了392338条数据记录。各特征属性说明如表8－1所示。

表8－1　各特征属性说明

| 变量名称 | 变量说明 |
|---|---|
| InvoiceNo | 发票编号 |
| StockCode | 仓库编号 |
| Description | 商品名称 |
| Quantity | 购买数量 |
| InvoiceDate | 发票日期 |
| UnitPrice | 商品单价 |
| CustomerID | 顾客ID |

### 8.4.1　数据概览

导入数据，将InvoiceDate列的数据类型转换为datetime后查看数据。

```python
import pandas as pd

data = pd.read_csv('Customer.csv')
data['InvoiceDate'] = pd.to_datetime(data['InvoiceDate'])
data.head(10)
```

输 出

| | InvoiceNo | StockCode | Description | Quantity | InvoiceDate | UnitPrice | CustomerID |
|---|---|---|---|---|---|---|---|
| 0 | 536365 | 85123A | WHITE HANGING HEART T-LIGHT HOLDER | 6 | 2020－12－01 08:26:00 | 2.55 | 17850.0 |
| 1 | 536365 | 71053 | WHITE METAL LANTERN | 6 | 2020－12－01 08:26:00 | 3.39 | 17850.0 |
| 2 | 536365 | 84406B | CREAM CUPID HEARTS COAT HANGER | 8 | 2020－12－01 08:26:00 | 2.75 | 17850.0 |
| 3 | 536365 | 84029G | KNITTED UNION FLAG HOT WATER BOTTLE | 6 | 2020－12－01 08:26:00 | 3.39 | 17850.0 |

（续表）

| | InvoiceNo | StockCode | Description | Quantity | InvoiceDate | UnitPrice | CustomerID |
|---|---|---|---|---|---|---|---|
| 4 | 536365 | 84029E | RED WOOLLY HOTTIE WHITE HEART. | 6 | 2020－12－01 08:26:00 | 3.39 | 17850.0 |
| 5 | 536365 | 22752 | SET 7 BABUSHKA NESTING BOXES | 2 | 2020－12－01 08:26:00 | 7.65 | 17850.0 |
| 6 | 536365 | 21730 | GLASS STAR FROSTED T-LIGHT HOLDER | 6 | 2020－12－01 08:26:00 | 4.25 | 17850.0 |
| 7 | 536366 | 22633 | HAND WARMER UNION JACK | 6 | 2020－12－01 08:28:00 | 1.85 | 17850.0 |
| 8 | 536366 | 22632 | HAND WARMER RED POLKA DOT | 6 | 2020－12－01 08:28:00 | 1.85 | 17850.0 |
| 9 | 536367 | 84879 | ASSORTED COLOUR BIRD ORNAMENT | 32 | 2020－12－01 08:34:00 | 1.69 | 13047.0 |

上表中每行数据记录了每张发票上每种商品的仓库编号、商品名称、商品单价、发票日期、商品单价以及顾客 ID 等信息。比如第一行数据记录了 InvoiceNo 为 536365 的发票对应的某种商品的详细信息。该商品为 WHITE HANGING HEART T-LIGHT HOLDER（白色挂式心形蜡烛台），单价为 2.55，存放于 85123A 号仓库。CustomerID 为 17850 的顾客于 2020 年 12 月 1 日购买了 6 个该商品。

### 8.4.2 指标构建

**RFM 模型**是对客户价值和消费能力进行分类的经典方法。RFM 模型基于客户最近一次消费时间、消费频率以及总消费金额这三个指标来衡量该客户的价值状况。RFM 模型强调以客户消费行为刻画客户画像，适用于各类服务企业对客户进行分群管理，进而建立完善的客户导向运营体系。

RFM 模型的三个重要特征指标如下。

• **R**（Recency）为最近一次消费时间：表示客户最近一次消费日期距离分析时间点的天数。理论上，最近一次消费时间越近的客户接触到即时营销活动的机会越大，故价值应该越大。本案例以 2022 年 1 月 1 日为分析时间点。

• **F**（Frequency）为消费频率：表示客户在最近一段时间内消费的次数。通常在平台上消费频率越高的用户，其满意度与忠诚度就越高，价值也就越大。

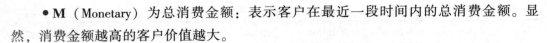

• **M**（Monetary）为总消费金额：表示客户在最近一段时间内的总消费金额。显然，消费金额越高的客户价值越大。

下面基于案例数据，构建 R、F 和 M 三个指标。

首先计算单个客户的消费频率 Frequency，即按照 CustomerID 列进行分组，然后统计每个分组中不同 InvoiceNo 的出现次数。

```
#按 CustomerID 进行分组,并统计每个分组中不同的 InvoiceNo 出现次数
frequency_data = data. groupby('CustomerID')['InvoiceNo']. nunique()

#将结果转换为 DataFrame
frequency_data = frequency_data. reset_index()
frequency_data. columns = ['CustomerID', 'Frequency']
frequency_data. set_index('CustomerID', drop = True, inplace = True)
frequency_data. head()
```

输 出

| CustomerID | Frequency |
|---|---|
| 12347. 0 | 7 |
| 12348. 0 | 4 |
| 12349. 0 | 1 |
| 12350. 0 | 1 |
| 12352. 0 | 8 |

在表格中添加一列消费金额 Monetary，消费金额等于商品数量与商品单价的乘积。

```
data['Monetary'] = data['Quantity'] * data['UnitPrice']
data
```

输 出

| | InvoiceNo | StockCode | Description | Quantity | InvoiceDate | UnitPrice | CustomerID | Monetary |
|---|---|---|---|---|---|---|---|---|
| 0 | 536365 | 85123A | WHITE HANGING HEART T-LIGHT HOLDER | 6 | 2020 − 12 − 01 08 :26 :00 | 2. 55 | 17850. 0 | 15. 30 |
| 1 | 536365 | 71053 | WHITE METAL LANTERN | 6 | 2020 − 12 − 01 08 :26 :00 | 3. 39 | 17850. 0 | 20. 34 |

（续表）

| | InvoiceNo | StockCode | Description | Quantity | InvoiceDate | UnitPrice | CustomerID | Monetary |
|---|---|---|---|---|---|---|---|---|
| 2 | 536365 | 84406B | CREAM CUPID HEARTS COAT HANGER | 8 | 2020 − 12 − 01 08:26:00 | 2.75 | 17850.0 | 22.00 |
| 3 | 536365 | 84029G | KNITTED UNION FLAG HOT WATER BOTTLE | 6 | 2020 − 12 − 01 08:26:00 | 3.39 | 17850.0 | 20.34 |
| 4 | 536365 | 84029E | RED WOOLLY HOTTIE WHITE HEART. | 6 | 2020 − 12 − 01 08:26:00 | 3.39 | 17850.0 | 20.34 |
| ... | ... | ... | ... | ... | ... | ... | ... | ... |
| 392333 | 581587 | 22613 | PACK OF 20 SPACEBOY NAPKINS | 12 | 2021 − 12 − 09 12:50:00 | 0.85 | 12680.0 | 10.20 |
| 392334 | 581587 | 22899 | CHILDREN'S APRON DOLLY GIRL | 6 | 2021 − 12 − 09 12:50:00 | 2.10 | 12680.0 | 12.60 |
| 392335 | 581587 | 23254 | CHILDRENS CUTLERY DOLLY GIRL | 4 | 2021 − 12 − 09 12:50:00 | 4.15 | 12680.0 | 16.60 |
| 392336 | 581587 | 23255 | CHILDRENS CUTLERY CIRCUS PARADE | 4 | 2021 − 12 − 09 12:50:00 | 4.15 | 12680.0 | 16.60 |
| 392337 | 581587 | 22138 | BAKING SET 9 PIECE RETROSPOT | 3 | 2021 − 12 − 09 12:50:00 | 4.95 | 12680.0 | 14.85 |

392338 rows × 8 columns

根据 CustomerID 分组计算每个客户的总消费金额 Monetary 和最后一次交易的日期。

```
data_group = data. groupby('CustomerID')
data_rm = data_group. agg({'Monetary':'sum','InvoiceDate':'max'})
data_rm
```

输 出

| CustomerID | Monetary | InvoiceDate |
|---|---|---|
| 12347.0 | 4310.00 | 2021 − 12 − 07 15:52:00 |
| 12348.0 | 1797.24 | 2021 − 09 − 25 13:13:00 |
| 12349.0 | 1757.55 | 2021 − 11 − 21 09:51:00 |
| 12350.0 | 334.40 | 2021 − 02 − 02 16:01:00 |
| 12352.0 | 2506.04 | 2021 − 11 − 03 14:37:00 |

（续表）

| | Monetary | InvoiceDate |
|---|---|---|
| ... | ... | ... |
| 18280.0 | 180.60 | 2021 − 03 − 07 09：52：00 |
| 18281.0 | 80.82 | 2021 − 06 − 12 10：53：00 |
| 18282.0 | 178.05 | 2021 − 12 − 02 11：43：00 |
| 18283.0 | 2045.53 | 2021 − 12 − 06 12：02：00 |
| 18287.0 | 1837.28 | 2021 − 10 − 28 09：29：00 |

4333 rows × 2 columns

通过最后一次的交易日期计算出客户最近一次下单距离分析时间点 2022 − 01 − 01 的天数。

```
data_rm['Recency'] = ( pd. to_datetime('2022 − 01 − 01') −
                    data_rm['InvoiceDate']). dt. days

#删除 InvoiceDate 字段列
data_rm = data_rm. drop('InvoiceDate', axis = 1)
data_rm. head()
```

输 出

| CustomerID | Monetary | Recency |
|---|---|---|
| 12347.0 | 4310.00 | 24 |
| 12348.0 | 1797.24 | 97 |
| 12349.0 | 1757.55 | 40 |
| 12350.0 | 334.40 | 332 |
| 12352.0 | 2506.04 | 58 |

创建一个 DataFrame 进行数据汇总。DataFrame 中每行表示一个客户样本，每个样本包含三个特征：客户的最近一次下单距离 2022 − 01 − 01 的天数（Recency）、消费频率（Frequency）和总消费金额（Monetary）。

```
#合并数据
data_rfm = data_rm. merge(frequency_data, on = 'CustomerID')

#重新选择列的顺序
data_rfm = data_rfm[['Recency', 'Frequency', 'Monetary']]
data_rfm
```

输出

| CustomerID | Recency | Frequency | Monetary |
|---|---|---|---|
| 12347. 0 | 24 | 7 | 4310. 00 |
| 12348. 0 | 97 | 4 | 1797. 24 |
| 12349. 0 | 40 | 1 | 1757. 55 |
| 12350. 0 | 332 | 1 | 334. 40 |
| 12352. 0 | 58 | 8 | 2506. 04 |
| … | … | … | … |
| 18280. 0 | 299 | 1 | 180. 60 |
| 18281. 0 | 202 | 1 | 80. 82 |
| 18282. 0 | 29 | 2 | 178. 05 |
| 18283. 0 | 25 | 16 | 2045. 53 |
| 18287. 0 | 64 | 3 | 1837. 28 |

4333 rows × 3 columns

　　为了避免指标取值偏差对距离计算产生影响，需要对数据进行无量纲化处理，即通过去除均值和缩放到单位方差来标准化特征。将标准化后的特征分别命名为 R、F 和 M。

```
from sklearn. preprocessing import StandardScaler

#选择需要标准化的列
columns_to_standardize = ['Recency', 'Frequency', 'Monetary']
#创建 StandardScaler 对象
scaler = StandardScaler( )
#对选定的列进行拟合和转换
data_rfm[columns_to_standardize] = scaler. fit_transform(
    data_rfm[columns_to_standardize])

#将列名改为'R、M、F'
data_rfm. columns = ['R', 'F', 'M']

data_rfm. head( )
```

输 出

| | R | F | M |
|---|---|---|---|
| **CustomerID** | | | |
| 12347. 0 | − 0. 900529 | 0. 353664 | 0. 255551 |
| 12348. 0 | − 0. 170435 | − 0. 035474 | − 0. 026257 |
| 12349. 0 | − 0. 740508 | − 0. 424613 | − 0. 030708 |
| 12350. 0 | 2. 179867 | − 0. 424613 | − 0. 190315 |
| 12352. 0 | − 0. 560485 | 0. 483377 | 0. 053236 |

### 8.4.3 构建聚类模型

通过绘制 SSE 与 $k$ 值的关系图，采用"**手肘法**"选择合适的聚类中心数，其中 $k$ 的取值为 1 到 10。

```
from sklearn. cluster import KMeans
import matplotlib. pyplot as plt

SSE = [ ]    #存放每次结果的误差平方和
for k in range(1,11):
    estimator = KMeans(n_clusters = k)    #构造聚类器
    estimator. fit(data_rfm)
    SSE. append(estimator. inertia_)    #estimator. inertia_获取聚类 SSE
X = range(1,11)
plt. xlabel('k')
plt. ylabel('SSE')
plt. plot(X,SSE,'o − ')
plt. show( )
```

输 出

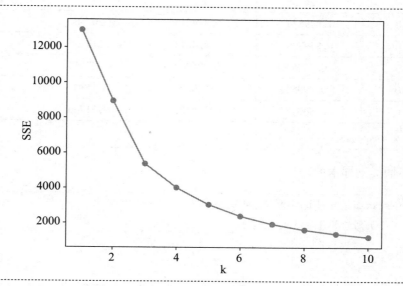

由上图可知，上述关系曲线的拐点为 $k=3$。下面设定 $k$ 值为 3，构建 $K$ 均值聚类模型。

输 出

KMeans（n_clusters = 3，random_state = 123）

在数据表中添加样本的类别标签列 label。

```
data_rfm['label'] = kmeans_model. labels_
data_rfm
```

输 出

|  | R | F | M | label |
|---|---|---|---|---|
| **CustomerID** | | | | |
| 12347. 0 | − 0. 900529 | 0. 353664 | 0. 255551 | 0 |
| 12348. 0 | − 0. 170435 | − 0. 035474 | − 0. 026257 | 0 |
| 12349. 0 | − 0. 740508 | − 0. 424613 | − 0. 030708 | 0 |
| 12350. 0 | 2. 179867 | − 0. 424613 | − 0. 190315 | 1 |
| 12352. 0 | − 0. 560485 | 0. 483377 | 0. 053236 | 0 |
| … | … | … | … | … |

（续表）

|  | R | F | M | label |
|---|---|---|---|---|
| 18280.0 | 1.849824 | -0.424613 | -0.207564 | 1 |
| 18281.0 | 0.879700 | -0.424613 | -0.218755 | 1 |
| 18282.0 | -0.850522 | -0.294900 | -0.207850 | 0 |
| 18283.0 | -0.890527 | 1.521080 | 0.001589 | 0 |
| 18287.0 | -0.500477 | -0.165187 | -0.021766 | 0 |

4333 rows × 4 columns

统计不同类别样本的数目。

```
r1 = pd. Series( kmeans_model. labels_). value_counts( )
print('最终每个类别的数目为:\n',r1)
```

输 出

最终每个类别的数目为:

```
0      3221
1      1086
2        26
dtype: int64
```

获取各类别客户的聚类中心。

```
#获取聚类中心
cluster_centers = pd. DataFrame( kmeans_model. cluster_centers_,
                         columns = data_rfm. columns[ :-1])
cluster_centers. columns = data_rfm. columns[ :-1]
    'ZR', 'ZF', 'ZM'
cluster_centers. rename( columns = {'R': 'ZR', 'F': 'ZF', 'M': 'ZM'},
                     inplace = True)
cluster_centers
```

|   | ZR | ZF | ZM |
|---|---|---|---|
| 0 | $-0.511726$ | $0.052302$ | $-0.020293$ |
| 1 | $1.542257$ | $-0.349106$ | $-0.165068$ |
| 2 | $-0.865909$ | $8.071579$ | $9.397645$ |

将聚类中心和样本数目合并为一个数据表。

$$result = pd.\,concat([cluster\_centers,\, r1],\, axis = 1)$$
$$result.\,rename(columns = \{0: '样本数目'\},\, inplace = True)$$
$$result$$

|   | ZR | ZF | ZM | 样本数目 |
|---|---|---|---|---|
| 0 | $-0.511726$ | $0.052302$ | $-0.020293$ | 3221 |
| 1 | $1.542257$ | $-0.349106$ | $-0.165068$ | 1086 |
| 2 | $-0.865909$ | $8.071579$ | $9.397645$ | 26 |

### 8.4.4　客户分群可视化

在数据表中添加"类别标签"列,并将它映射为相应的"客户类别"列。

$$result['类别标签'] = result.\,index$$
$$result['客户类别'] = result.\,index.\,map($$
$$\quad \{0: '客户群1', 1: '客户群2', 2: '客户群3'\})$$
$$result$$

|   | ZR | ZF | ZM | 样本数目 | 类别标签 | 客户类别 |
|---|---|---|---|---|---|---|
| 0 | $-0.511726$ | $0.052302$ | $-0.020293$ | 3221 | 0 | 客户群1 |
| 1 | $1.542257$ | $-0.349106$ | $-0.165068$ | 1086 | 1 | 客户群2 |
| 2 | $-0.865909$ | $8.071579$ | $9.397645$ | 26 | 2 | 客户群3 |

可视化上述数据集:绘制柱状图展示不同客户类群的数量,然后绘制折线图表示

不同客户类别所对应的聚类中心。

```python
import matplotlib. pyplot as plt

#设置中文字体
plt. rcParams['font. sans - serif'] = ['SimHei']
plt. rcParams['axes. unicode_minus'] = False

#计算不同客户类群的数量
cluster_counts = result['样本数目']
cluster_labels = result['客户类别']

#计算百分比
total_samples = cluster_counts. sum( )
percentages = (cluster_counts / total_samples) * 100

#设置绘图窗口大小
fig, (ax1, ax2) = plt. subplots(1, 2, figsize = (12, 6))

#绘制客户群数量图
bars = ax1. bar(cluster_labels, cluster_counts, alpha = 0. 5, color = 'gray')
for bar, percentage in zip(bars, percentages):
    height = bar. get_height( )
    ax1. annotate(f'{height} ({percentage:. 2f}% )',
                  xy = (bar. get_x( ) + bar. get_width( ) / 2, height),
                  xytext = (0, 3), textcoords = 'offset points',
                  ha = 'center', va = 'center')

#设置图形标题和坐标轴标签
ax1. set_ylabel('样本数量')
ax1. set_title('客户群数量图', fontsize = 10)
clu = kmeans_model. cluster_centers_

#获取聚类中心数据
cluster_centers = result. drop(['样本数目', '客户类别'], axis = 1)
line_styles = ['-', '- -', '-. ']
line_markers = ['o', '*', '^']

for i, (label, style, marker) in enumerate(zip(cluster_centers. columns,
                                               line_styles, line_markers)):
```

```
        ax2. plot( cluster_labels, cluster_centers[ label ], label = label,
                linewidth = 2, linestyle = style, marker = marker,
                color = [ 'indianred', 'black', 'steelblue' ][ i ] )

#添加图例
ax2. legend( loc = 'upper left' )
#设置坐标轴标签和标题
ax2. set_ylabel('聚类中心取值')
ax2. set_title('客户群聚类中心特征分析图', fontsize = 10)

#显示图形
plt. tight_layout( )
plt. show( )
```

**输 出**

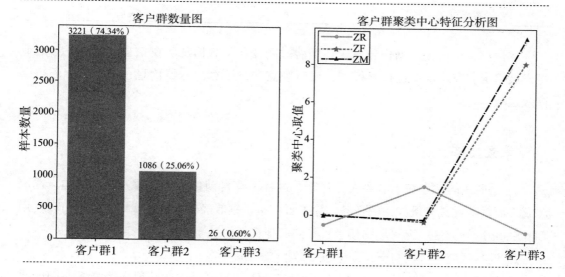

分析上图可知：

**客户群 3** 人数为 26，在总人数中占比仅为 0.60%。进一步分析其客户群特征，ZR 取值很低说明该类客户近期发生过购买行为，消费频率 ZF 和消费金额 ZM 较高则表明该类客户忠诚度很高。这类客户具有出色的客户生命周期价值，不仅目前能为企业创造很高的价值，还具有很高的潜在价值，因此应被视为重要客户。企业可通过持续关注该类客户日常消费行为，并进一步为他们提供个性化优质服务，从而稳定维系这类高价值客户。

**客户群 1** 人数为 3221，在总人数中占比最高，占比高达 74.34%。通过分析客户群特征发现该类客户近期有购买行为，但是其消费频率和总消费金额两个指标较低。这类客户很可能是新客户，客户忠诚度不高。然而该类客户基数庞大，拥有巨大的消费潜力，是后期需要关注的发展对象。企业可通过周期性促销活动等方式刺激该类客户的消费行为，防止客户流失。

**客户群 2** 人数为 1086，在总人数中占比为 25.06%。该类客户最近一次消费时间较为久远，而且消费频率和总消费金额都很低，说明这类客户可能是低价值客户。但是该类客户人数占比达到了 1/4，因此企业可考虑通过复购产品推荐和限时折扣等活动尝试激活这类客户，增加销售收入。

客户群体分类汇总如表 8–2 所示：

表 8–2　客户群体分类汇总

| 类别含义 | 客户群 | 价值排名 |
|---|---|---|
| 客户群 3 | 1 | 重要保持客户 |
| 客户群 1 | 2 | 重要发展客户 |
| 客户群 2 | 3 | 低价值客户 |

本模型采用历史数据进行建模，随着时间变化，数据观测窗口也在变换。考虑业务发展情况，建议定期运行该模型，实时观测和诊断客户分群信息，以支持业务持续高效运行。

## 本章注释

1. 手肘法的缺点在于需要人工观察，过程不够自动化。在数据分析实践中，选取最优 $k$ 值是一件具有挑战性的任务。除了可以基于领域经验以及多次试验，还可以使用 Gap Statistic 等方法，感兴趣的读者可参照其他资料。

2. 该参数使用方法与支持向量机一致。

3. 如何找到合适的核函数，将低维空间的线性不可分问题映射成为高维空间的线性可分问题，是一个非常复杂的数学难题。目前并没有找到这个映射的系统性方法，实践中多依靠经验和尝试选择核函数。

## 本章小结

机器学习大致分为监督学习和无监督学习。监督学习指以带标签样本为训练对象的机器学习方法，其典型应用包括分类和回归。无监督学习指从无标签数据中构建模型的机器学习方法，其本质是学习数据中的统计规律或潜在结构，主要包括聚类和降维两种方法。具体地，聚类是依据样本特征将集合中相似样本分配到相同的类。$K$ 均值聚类是常用的聚类模型，根据数据点之间的距离可以将它们分配至 $k$ 个类，使得每个类中的数据点距离最近。降维则是将高维空间里的数据样本映射到低维空间，即通过使用更少特征来抽象表达数据。通过降维可更好地展示样本数据的结构，也即更好抽象出样本之间的关系。主成分分析是一种常用的线性降维技术，它通过找到数据中的主要方差方向来实现降维。通过引入核函数，主成分分析还能应用于非线性数据集。最后，本章通过一个客户价值分析案例展示了聚类算法的实践应用。

## 课后习题

1. 聚类算法与分类算法所采用的训练数据集有何不同？其实现原理有何区别？

2. 为什么设定合适的聚类数量非常重要？可以使用什么方法确定最优聚类数量？

3. 试用自己的语言说明 PCA 方法的基本思想，并简要说明 PCA 方法的缺点。

参考答案
请扫码查看

4. 葡萄酒数据集是一个常用的机器学习数据集，该数据集共有 178 个样本，每个样本包含 13 个特征，涵盖了葡萄酒的各种化学成分，例如酒精含量、苹果酸含量、灰分、镁含量等。请使用 sklearn 工具包对该数据集进行主成分分析（PCA）。

（1）加载葡萄酒数据集，并将数据集分为特征数据集（wine_X）和标签数据集（wine_y）。

（2）使用 PCA 对特征进行降维，将特征降维到 3 维（random_state = 123）。

（3）绘制降维后的数据散点图，试用不同的颜色表示不同品种的葡萄酒。

（4）降维后的前两个主成分解释了原始数据的多少百分比的方差？（请输出百分比）

# 本书资源

**读者资源**

本书附有数字资源，获取方法：

第一步，关注"博雅学与练"微信公众号；

第二步，扫描右侧二维码标签，获取上述资源。

一书一码，相关资源仅供一人使用。

读者在使用过程中如遇到技术问题，可发邮件至 em

@ pup. cn。

**教辅资源**

本书配有教辅资源，获取方法：

第一步，扫描右侧二维码，或直接微信搜索公众号"北京大学经管书苑"，进行关注；

第二步，点击菜单栏"在线申请"—"教辅申请"；

第三步，准确、完整填写表格上的信息后，点击提交。